LEONARDO'S MACHINES

Secrets & Inventions in the Da Vinci Codices

[意]多米尼哥·罗伦佐 著

[意]马里奥·塔戴

[意]埃多阿多·赞农 绘

胡炜 —— 译

中国画报出版社 · 北京

图书在版编目（CIP）数据

达·芬奇机器 / (意) 多米尼哥·罗伦佐著 ; (意)
马里奥·塔戴, (意) 埃多阿多·赞农绘 ; 胡炜译. --
北京 : 中国画报出版社, 2021.7
书名原文: LEONARDO'S MACHINES
ISBN 978-7-5146-1939-3

Ⅰ. ①达… Ⅱ. ①多… ②马… ③埃… ④胡… Ⅲ.
①科学技术－创造发明－图集 Ⅳ. ①N19-64

中国版本图书馆CIP数据核字(2020)第179252号

著作权合同登记号：图字01-2020-5150

达·芬奇机器

[意] 多米尼哥·罗伦佐 著
[意] 马里奥·塔戴 [意] 埃多阿多·赞农 绘
胡炜 译

出 版 人：于九涛
策划编辑：刘晓雪
责任编辑：郭翠青
责任印制：焦 洋
营销编辑：孙小雨

出版发行：中国画报出版社
地　　址：中国北京市海淀区车公庄西路33号　邮编：100048
发 行 部：010-68469781　010-68414683（传真）
总编室兼传真：010-88417359　版权部：010-88417359

开　　本：16开（889mm×1194mm）
印　　张：14.75
字　　数：150千字
版　　次：2021年7月第1版　　2021年7月第1次印刷
印　　刷：北京汇瑞嘉合文化发展有限公司
书　　号：ISBN 978-7-5146-1939-3
定　　价：98.00元

目录

前言

在过去100年里，达·芬奇设计的那些奇妙的机器引起了人们越来越浓厚的兴趣，甚至令人陶醉痴迷。而关于这些机器的书籍和小册子也多了起来——它们争相向读者揭示天才设计师那惊人的超时代创举。与此同时，谁都可以办一个“发明家达·芬奇展”，每座历史名城都能开一个所谓的“达·芬奇博物馆”。这些博物馆的展品常常和达·芬奇没什么关系，但是馆长们口气都挺大，反而常常指责所谓的“达·芬奇世界”里的骗子。如今，研究达·芬奇的大环境变得越来越热烈，但质量却越来越低劣。这是“达·芬奇热”带来的“反噬”。丹·布朗（《达·芬奇密码》的作者）在达·芬奇的世界里进行了一场异想天开的旅行，他的成功更加刺激了人们的贪婪。

然而，本书却并非“达·芬奇热”的产物。

首先，它把达·芬奇的技术图纸用有效的电脑视觉图表现了出来。图形转换过程中出现的一些变形也是合理的，因为有时候达·芬奇的技术分析方式非常复杂，这些变形有助于人们理解原图中难以理解的意图。如果变形是不可避免的，那么，就应该用更高端的图形模式来“转化”原稿。用通俗易懂的方式来展现和“转化”原稿，也正是达·芬奇本人的追求。本书绘图者塔戴和赞农使这些机械图稿更为完美，更容易理解，也更具有穿透力。在图像的表达力度方面，达·芬奇也做过同样的尝试。从他的手稿中可以看到，他竭力使自己的草图能够表现出对机械和装置的分析过程、思考结果及创新的概念。事实上，这本图册的独特之处就在于，它完全实现了达·芬奇本人的目标——将这些极为复杂的设备清晰、完整地展现出来，不仅是它们的构造，还包括它们的运作原理。他所借助的绘图手段（俯视图、透视图、爆炸图、运动序列模拟图、力线示意图、以明暗对比的方式来突出接触面等），以前没人想过把它们结合成一个体系，更没有人想过把它们运用于复杂的机械设计中。精美的达·芬奇机器被赋予了数码语言，摆在本书的书页中，呼之欲出。它反映了达·芬奇展示这些机械的本意和目标。这些“被分解”的机器，可以通过透视图和爆炸图模式，显现出藏于内部的装置，与达·芬奇美妙优雅的手稿交相辉映。虽然它们并非由大师那只无可替代的妙手绘成，但是谈到清晰易懂，这些数码图似乎更胜一筹。

除了把达·芬奇的原图大胆地用三维图像表达出来之外，本书所选择的机械也没有重复那几部老套的“名作”。传统的达·芬奇书籍有一个共通点：它们执着地描述着有限的几部机器，以至于形成了一种套路，用来渲染达·芬奇是一个超越时代的天才。这些机器包括飞行器、潜水艇、直升机、装甲坦克车、汽车及最近成为热门话题的“自动车”。

然而，在这本书里，我们的视野拓宽了。塔戴和赞农非常仔细地检视了达·芬奇的手稿，而罗伦佐则用客观的语言对手稿进行了阐述。因此，本书为读者提供了一些市面上相关书籍里没有的东西。读者可以发现一些新的设备，它们不见得多么超前，也不见得多么惊人，但是却能告诉你，达·芬奇曾经尝试过解决什么问题，又是如何利用才华解决了这些难题，并将它们运用于实践之中的。

即便是展现大家所熟知的发明，本书的插图也非常客观，并且罕见地从技术层面进行了分析。例如，飞行器里面的部分机械，以及所谓的“汽车”的研究等，书中都提供了大量的例图。而这些例图都是根据历史手稿，以精确的数码形式再现的。

在有关飞行器的章节中，罗伦佐的文字介绍起到了重要作用，手稿、逼真的数码图和文字资料相得益彰。这些文字不仅提供了手稿的背景资料，还清晰地讲述了绘制的年代和目的，并且将它和同时期的达·芬奇手稿进行了横向对比。塔戴和赞农的数码图则将达·芬奇原本神秘的素描转换成透视图，不仅清晰地展现了运行机制，还提供了运行顺序图。由于运用了三维效果，读者就像看到模型在运转一样。

参照所谓的“汽车”手稿，把达·芬奇笔下复杂的线条转换成能看懂的图画，这本身就是一项“不可能完成”的任务。“汽车”是一个大胆的创新，每个细节都要很精确。大师凭借惊人的洞察力，展现了如何将弹簧马达的能量转化为动力的复杂过程。卡罗·佩德雷蒂对原稿进行了长期的研究，而马克·罗斯海姆则运用机械学原理，对这个设计做出了合理的诠释。在这里，塔戴和赞农不仅清晰地展示了“汽车”的结构，还同时解析了达·芬奇 1478 年构思的“可操控车”原理。他们确信，这个大胆的设施是为文艺复兴时期的皇家节日设计的，为的是让参加庆典的人感觉耳目一新。

感谢塔戴、赞农和佛罗伦萨科学历史博物馆的合作，同时感谢坎比亚诺信用合作银行的鼎力支持，我们才能将达·芬奇的“汽车”做成真正的、可以开动的模型，并带着这个模型进行了一场极为成功的世界巡回展（见：http://brunelleschi.imss.fi.it/automobile）。在本书关于达·芬奇“汽车”的内容中，塔戴和赞农细致地运用了一种极为生动的图像模式。由于这种模式的运用，即使读者不是机械结构的专家，也能看懂设计的复杂过程和巧妙的机械方案。罗伦佐简练的介绍和描述，加上塔戴和赞农的精致数码图像，最终使达·芬奇的设计变得可信、可懂。绘制这些图像的目的，不仅是为了提供三维的画面，同时也是为了谨慎细致地将机械进行结构分解，把不同的部件拆分开来，使每一件都清晰地展现在读者面前。读者就像拿到了一套真正的模型，可以在脑海中拼接和拆卸。

这种表达方式不仅精美、清晰，我们必须强调的是，它还体现了达·芬奇当年的渴望。达·芬奇认为，绘制一台机器，就是要把它分解成最细致的零件，对其进行精确地“解构”，从而体现出它的全局和细节。因此，达·芬奇采用了前所未有的绘图方式。他的机器手稿，绝非仅仅是一个让人摸不着头脑的“雕塑”。他的目的是有效地解释机械的运作方式——通过对静态构件的展现，来阐述构件之间的动能转换。我们必须指出，达·芬奇的绘画方法之所以超越时代，正是因为他设计的机器几乎是“运动”着的，并且这种绘画方法最终驱动了动画和电脑动画的诞生。而运用这些手段对达·芬奇原稿进行升华，也符合他本人的意志。达·芬奇的画结合了科技想象，人们需要运用新的绘画概念去理解。这种新概念必须整合知识、通俗易懂，不仅能展现机械的外观，同时还要能展现它的运作原理和内部构造。达·芬奇之所以伟大，是在于他在机械概念上的创新，而不是因为他发明了某件神奇的机器。他是第一个把机械绘图当作分析和研究工具的人，在他之前，机械绘图只能够达到展示外观的效果。这本图册可以帮助我们了解达·芬奇对现代机械文明的巨大贡献：运用严格的绘画法则，创造出了一种精准的视觉语言。

佛罗伦萨科学历史博物馆馆长

帕奥罗·格鲁兹

简介一

今天，达·芬奇留下的只有他的画作。即使他设计的机器曾经存在过，但今天也无一幸存。从设计到施工的过程中，达·芬奇肯定使用过三维模型，而这些模型同样没有遗留下来。他的部分绘画作品也遭遇了类似的命运，如油画《安吉里之战》，留存后世的只有无数草图，最终的作品却消失在历史之中。

然而，假如时光保留下来的只有那些机器，我们的损失将更加巨大。他的许多设计仍然处于构思阶段，绘画则是它们最理想和完整的载体。对于过去的许多发明家来说，能了解机械图的本质含义、机械的运作目的和方式、零件之间的关系就已经足够了。

达·芬奇画草图有两个目的，其中“设计机器”并不是最重要的。对他来说，更重要的是掌握绘图背后的意义：机械设计理论及如何运用图像把这些理论表达出来。达·芬奇设计的许多机器，包括最壮观的那些，都只不过是他图像研究的试验品，都是他运用图像来表达理论的尝试。例如，《巴黎手稿 B》80r（与飞行器同组）上绘制的所谓“飞船”，是达·芬奇人体潜能系列研究的巅峰之作。与其说它是一个飞行器的设计稿，不如说它是一种构想，如何使人调动全身所有部位的能量。从这个角度来看，人们就不难解释为什么达·芬奇的许多设计看起来都像是痴人说梦，很难被付诸实践。事实上，这些机器的实际大小、形状和规格，都可能和设计稿上的不一样。

在15世纪以前，“工程师”这个概念依旧很不明确——他们仍然被归为工匠阶层。绘画对知识的价值，直到15世纪才被广泛认可。罗伯托·瓦初里奥（Roberto Valturio，1405—1475）在《军事艺术》一书中，就利用绘图重塑了大量的古代战争机械，后来这些图片便成了研究文献学的工具。佛朗契斯科·迪·乔吉奥（1439—1501）则清晰地阐明，机械绘图是知识表达的工具，是技师和工程师们的一种表达方式。除此之外，他还强调了在机械制造过程中，使用三维模型的重要性。他写道："用绘图来表现所有细节是很困难的，因为各种不同形状的零件要分别绘画，然后叠加在一起，这几乎是不可能画出来的。因此，应该把所有零件都做成模型。"（《论建筑》，*Treatiseon Architecture*）。

很明显，达·芬奇打破了乔吉奥所说的这种局限性。虽然达·芬奇在所有研究中（机械、绘画、解剖）都使用模型，但他似乎把重点放在了绘图上，因为他明白绘图在设计和认知方面的价值。意大利艺术理论家瓦萨里在《艺苑名人传》中阐述了绘画的本质，并引用了一句古希腊名言："熟练的画家只需窥得一斑，就能画出全局；得见雄狮雕塑的一爪，即能雕出全狮。"瓦萨里认为，这句话表现了画家们的思维能力。在他看来，虽然绘画是通过体力达成的，但是它实质上是一项脑力工作："经过认知，画家的头脑里形成了某种概念和判断，并且用手通过绘画的方式把它表达出来。"这句话无疑为绘画艺术和绘画行为下了一个崇高的定义。而绘画作为达·芬奇最擅长的表达形式，被他运用到艺术、科学和技术领域。想要了解达·芬奇画作的知识价值，就必须了解达·芬奇的绘画概念，然后带着这个概念来欣赏他的作品。众所周知，他发明了晕涂法（一种绘画技巧），区别于用线条和鲜明的界限来圈住画作中的人物。事实上，从光学角度来说，人的肉眼是看不见尖锐的线条的；而从哲学的角度看，达·芬奇认为不可能绝对真实地界定出任何一个表面和物体的外部边缘。他写道："一个物体的外部边缘根本就不属于这个物体本身，因为一个物体结束，另一个物体即出现……因此这些边缘事实上是不存在的。"每个物体都被空气包裹，因此从该理论的角度来看，它们的外部极限是不存在的。如果物品没有外部极限，这就意味着达·芬奇在绘画的时候清楚地知道，他不是在尽可能地描绘现实，而是在“重塑”现实，抽取现实的神髓。在绘画中模仿现实，就不能看见画笔的笔触；绘画中的机器，应该属于思维和抽象的范畴——从他设计的“现实主义”判断，这种想法值得思考。

1513—1516年，达·芬奇应罗马教皇利奥十世邀请旅居罗马。教皇的弟弟朱里亚诺·德·美第奇请来一位技师给他当助手。这位仁兄常常索要额外的报酬，喜欢四处游荡，很少待在作坊里。最麻烦的是，他总是把大师的设计信息透露给外人，这给达·芬奇三年的罗马生活添了不少烦恼。为了解决这个问题，达·芬奇给朱里亚诺写了一张相当狡黠的便条：“此人要求把原来的木质模型做成铁的，以便带回德国。我拒绝了。我告诉他，如果他想做，我就给他画出机器的宽度、长度、大小和形状。因此，我们的关系变坏了。”（《图谱抄本》671r）这段话非常重要——如果解读得当，能使我们获得一些有趣的信息。助手要求达·芬奇提供一些机器的木质模型，以便用铁来制作一套。达·芬奇拒绝提供模型，而是提供了绘有机器“长度、宽度、大小和形状”的手稿。手稿很可能是透视图或者多视角视图，以便提供机器制作的信息。但是，由于达·芬奇信不过他，提供手稿的做法则别有深意。助手之所以索要三维模型，是因为他懂得如何依照模型仿造。而解读比例图就没那么容易了，他可能需要大师的帮助。假如他拿到的只是图纸，达·芬奇就能够避免泄露太多的设计秘密。由此看来，大师之所以偏爱绘图，也许还有另外一层原因：它比三维模型复杂许多，解读它需要特殊的理论知识（例如构件之间的大小比例）。图纸的使用把现代工程师和传统工匠区分了开来。通过绘图，工程师认为自己除了有灵巧的双手，还有一个聪明的头脑。

通过研究，达·芬奇的许多机器已经被制作成三维模型，在各地博物馆展出。人们在重塑的过程中，必须考虑到这些机器的本质，也就是它们的实用价值。事实上，大部分研究只关注它们的实用价值，而忽略了这些手稿背后的知识层面——也就是它们最重要的一面。试问，有没有可能在展现这些机器的同时，也突出原始图像的重要性呢？

塔戴和赞农在书中以三维模型的方式展示机器，以便凸显出它们在机械方面的重要性。同时，他们运用了大量的视觉效果（多视角视图、爆炸图、箭头等）来强调达·芬奇的绘画细节。每部机器的介绍文字都有意强调了这两个方面。随着达·芬奇各种发明、展览和相关书籍的日益增多，帕奥罗·格鲁兹馆长最近提到要搞一场"哥白尼式的革命"：把达·芬奇的绘画放在核心位置，模型则应该扮演次要的角色。本书的目的，也正是在不损害机械意义的基础上，尝试这样一场"革命"。

多米尼哥·罗伦佐

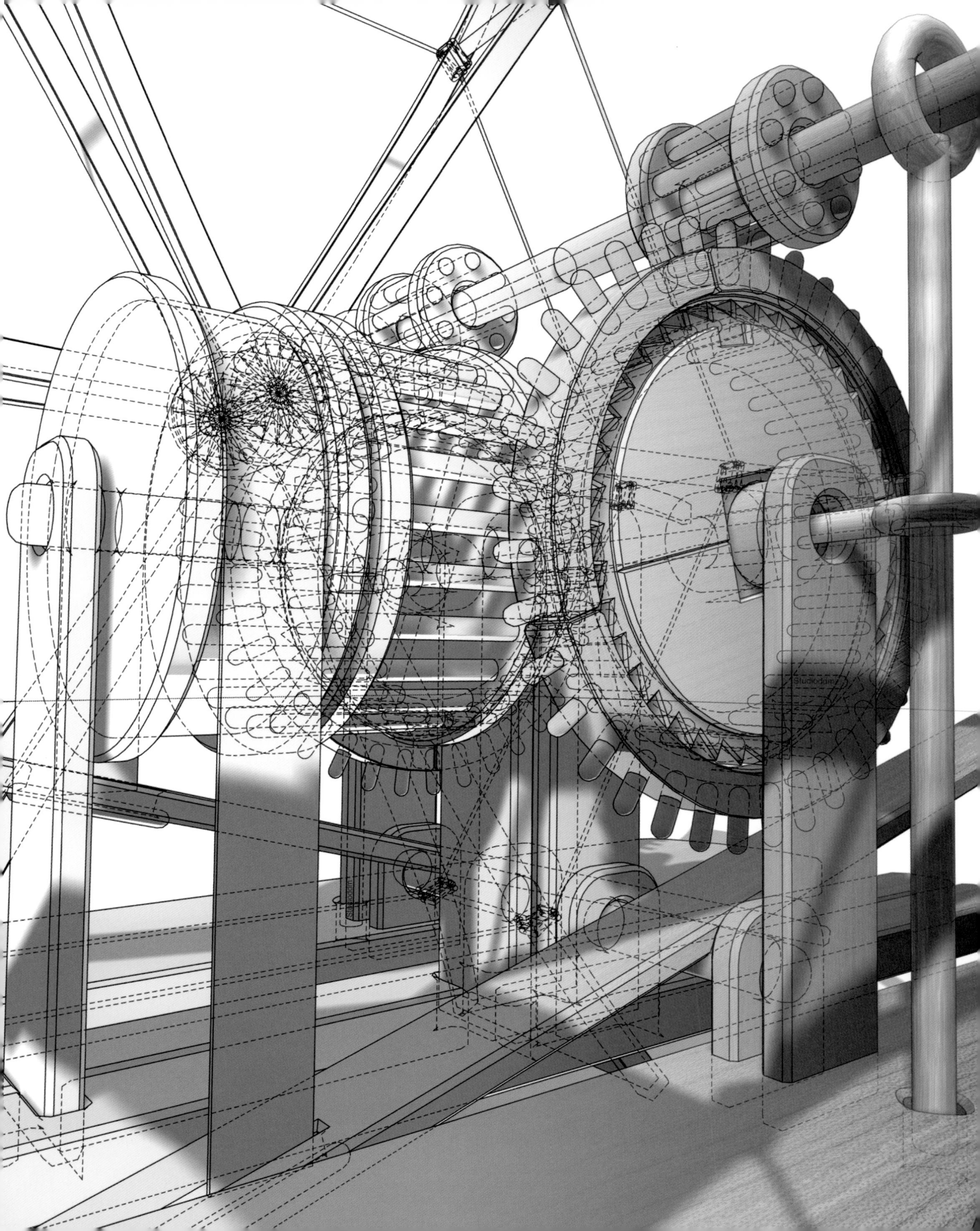
Studioddm

简介二

左图

明轮船的技术细节，使用踏板动力。（见本书第141页）

介绍达·芬奇机器的新书？作为人类历史上最著名的科学家，他真的需要一本新书来展示他的发明吗？人们对他的机器已经耳熟能详，市面上相关的书籍更是多如牛毛。

然而，达·芬奇的科技遗产是人类无穷无尽的灵感宝藏，这位科学家的毕生之作，几乎是不可能完全被人类所把握的。即便是最有名的机器、最精心重现的模型、最权威的展品，背后仍然隐藏着等待人们发现的秘密。即使是今天，这些文艺复兴时期的机器，仍然会让研究它们的人感到惊奇。不论是谁，包括我们自己，甚至达·芬奇本人，都意识到他设计的项目是不可能被完全实现的。在编写本书的过程中，每当我们认为已经完全正确地解读了机械的运作，但另一页手稿上的某句话或者某个速写又总能让我们清楚地认识到，还有别的解决途径可以采纳、新的概念需要理清、新的发展方向需要考虑。当我们确信明白了某部机器的结构和功能时，最后一秒钟发现的某个小细节往往能推翻前面所有的研究成果。在研究所谓的“汽车”时，就发生了类似的情况。而对这部机器的研究已经困扰了学者们长达一个世纪之久，其中包括达·芬奇专家西门萨（Semenza）和卡尼斯垂尼（Canestrini）。在佛罗伦萨科学历史博物馆的协助下，我们开始着手研究这部机器。大家很快发现，如果严格地按照达·芬奇绘制的线条来制作模型，所有部件都能精确地组装在一起——这让参与工作的每个人都觉得惊讶和着迷。也许，以往的学者们并没有意识到要这样做。必须承认，2004年之前的许多博物馆展品，都没能表现达·芬奇本人的意图，最关键的是，这些机器无法运作。而我们的研究则有着坚实的基础：一方面，我们依靠马克·罗斯海姆的正确诠释；另一方面，帕奥罗·格鲁兹、卡罗·佩德雷蒂等专家给我们提出了许多宝贵的建议，使我们最终能准确地做出参考模型，并完成机器的最后组装工作。也许这部机器并不美观，但是却能够完美地运行。当时，研究工作已经接近尾声，费奥伦蒂尼工作坊正在给用于巡回展览的模型做最后一道工序。我们在观察手稿的时

图1

《图谱抄本》812r，偶然发现页边上的一幅小图

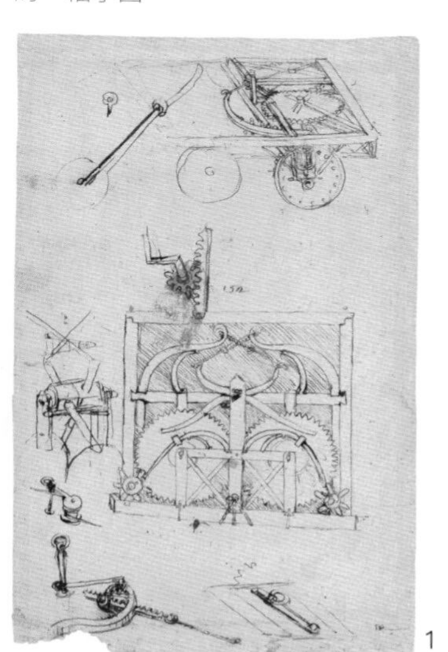

1

候，偶然发现页边上的一幅小图：它画的应该是一个刹车！这是一个令人难忘的时刻。这幅小图被隐藏在一幅速写的下面，它证明，即使是手稿中的几根线条，也能为整部机器带来新的元素。达·芬奇的“汽车”并不是现代的运输工具，而是一种戏剧道具。它本身应该是一个更复杂、更大的项目，因为它的动作可以预先设定，并且能够完成一些剧场特效。这个小细节还揭示了机器的操作方式，操作员躲在侧翼，用绳索操控。他可以松开刹车，让机器自动滑到观众面前。

在这本书的编写过程中，我们对每一部机器都做出了超过 50 种假设。每一种假设我们都会以客观的态度来对待，并且期待有新的细节被发现，给我们带来新的启发。但我们认识到，即使是达·芬奇最著名的设计，也没有完全被人们所理解。而这本书里绘制的机械，也仅仅是从我们研究过的资料中得出的结论。想要确定机器的用途，深入地了解它们，并且把它们再现出来，一年时间是远远不够的。虽然电脑绘图在科技界并不陌生，但是我们认为，要重现大师的想法，就必须使用创新的方式。我们用于绘制图像的工具并不特殊，也就是大家常见的制作商业游戏和电影特效的软件。这本书的创新之处在于，我们用这些技巧创造出一套新的视觉语言。它不是一次划时代的革命，但称得上是一座桥梁，能够连接古代文明与现代世界，连接博物馆和游戏机室，最终把达·芬奇的书稿和迷恋电脑游戏的年轻人连接在一起。我们经常遐想，达·芬奇会用多媒体和现代设计工具做些什么？也许达·芬奇和电脑游戏之间，并没有那么远的距离。他的一些项目，包括运河上的起重机、凿锉机、平转桥等，绘图风格非常直接简练，使人不禁为之着迷。他曾经在《温莎手稿》19071r 中写道：“哦，诗人，用什么样的文字，才能像绘画一样，如此完美地表达整体形象？”

一旦数码模型完工，我们便会把它放在原图上比对。我们常常惊讶地发现，部件之间贴合十分紧密。对于那些不用铅笔，而使用无形工具的画家来说，这一点十分重要。每当此时，我们都会意识到自己在正确的道路上探索，我们用于解析机械运作的工具也是正确的——几乎可以肯定，达·芬奇如果活到今天，也会做出同样的选择。通过利用电脑和数码技术，我们逐渐向他的设计方向摸索，而我们表现出的第三个维度，在他设计的时候，肯定也存在于他的脑海之中。正因为这样，我们用他的名字给自己的网站命名：www.leonardo3.net。这本书从视觉上“讲述了”达·芬奇发明的30多种机械，其中一部分从未被发表过。事实上，在这本书编写过程中，参考的手稿远远超过了书中看到的部分，因为正确理解一部机器的原理，必须借助大量的原始文件，同时对达·芬奇所有的作品有一定的了解。

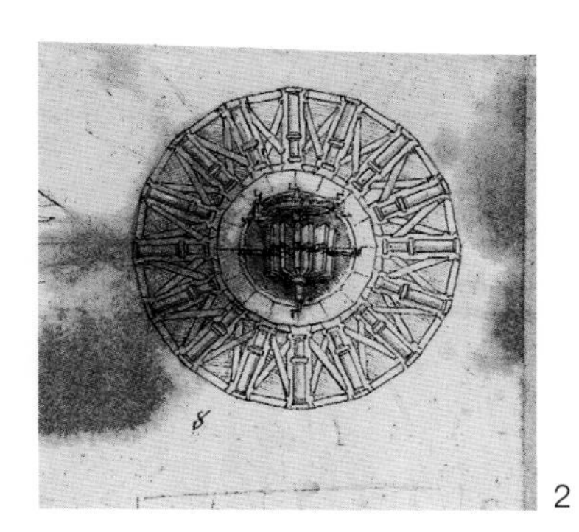
2

3

图2和图3

达·芬奇绘制的CA 1r手稿及叠加在上面的三维齐射炮模型

在此，我们感谢塞尔吉奥·琼蒂、帕奥罗·格鲁兹、卡罗·佩德雷蒂和克劳迪奥·佩斯西奥先生，感谢他们对这本书的信心；同时，也感谢所有和我们共同努力、为本书做出贡献的人：菲利斯·曼西诺、加百列·佩尔尼、贾科莫·吉安内拉、克里斯蒂娜·卡拉莫里及米歇拉·巴尔德萨利。

马里奥·塔戴

埃多阿多·赞农

图表索引

001 飞行器 Flying Machines

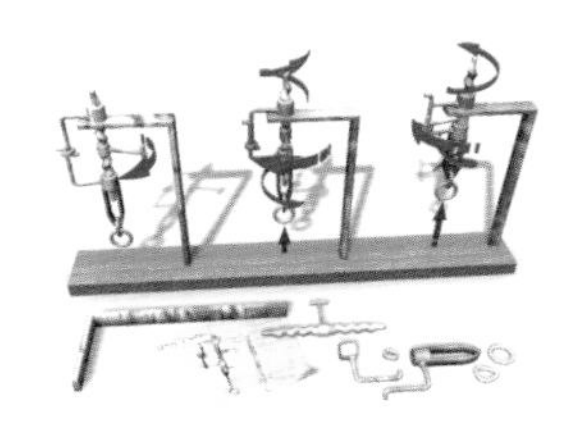

机械翼运作原理

《图谱抄本》1051v
1480—1485 年

使机械翼往复或环绕运动的装置。在这页手稿中，绘制了许多类似的装置。它们是理解达·芬奇飞行器运作原理的关键。

— | 第31页 | —

蜻蜓翼

《艾仕本罕手稿 I》10v
约 1487 年

这张手稿原本是《巴黎手稿》的第一页，而《巴黎手稿》基本上是达·芬奇用于研究飞行器的。据推测，他是受到了大自然的启发，才开始研究飞行。他观察的对象包括蜻蜓和其他昆虫。

— | 第35页 | —

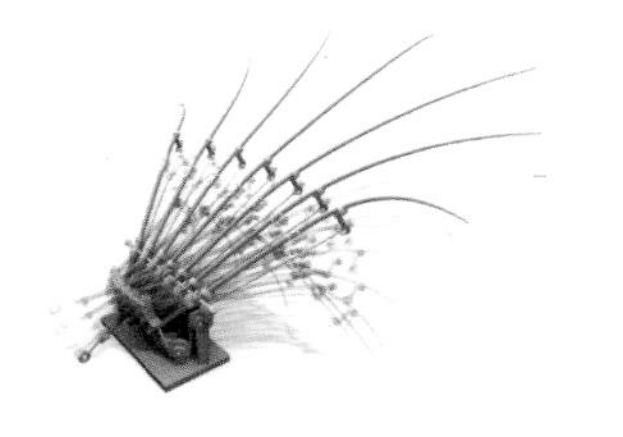

扑翼

《巴黎手稿 B》88v
1487—1489 年

这是一台处于试验阶段的机器，用于验证人是否具备足够的力量来扇动翅膀。这台机器可能还有一个用途，即测试在强烈运动的状态下，机械翼会有什么样的反应。

— | 第39页 | —

螺旋桨

《巴黎手稿 B》83v
约 1489 年

人们通常认为，这个装置是现代直升机的前身。它之所以有趣，并非因为它是一个全新的机械方案，而是因为达·芬奇用它在水中做了模拟实验。达·芬奇认为，空气只是一种更稀薄的液体，而机器可以像拧螺丝那样，旋转着向上推进。因此，把这部机器称为“直升机”是不合适的，“螺旋桨”则是一个更贴切的名称。

— | 第47页 | —

002 战争机械 War Machines

飞行器

《巴黎手稿 B》74v
1488—1489 年

完整的飞行器研究：在研究了许多设备之后，达·芬奇开始着手做各种不同的飞行器。这幅图很明显地展现了飞行员的位置和操作方式，以便让飞行器升空。

–｜第55页｜–

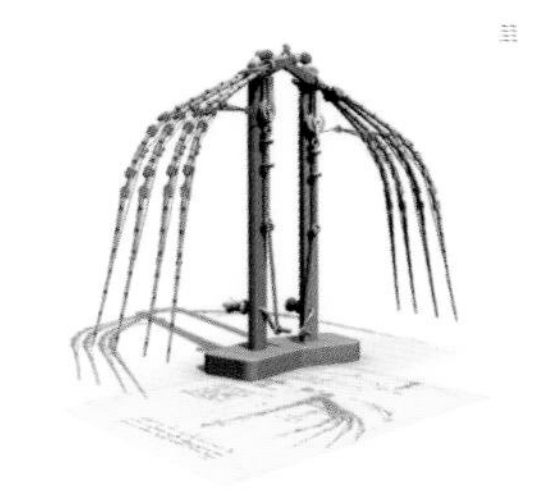

机械翼

《图谱抄本》844r
1493—1495 年

用于研究机翼拍打的小模型。机器本身相当复杂，因为整部机器靠手柄的转动提供能量，而把它转化为往复的线性动作需要不少的部件。这只机械翼无论从构造上还是从动作上，都忠实地模仿了自然飞行。翼尖的弯曲动作和翼根不同。

–｜第63页｜–

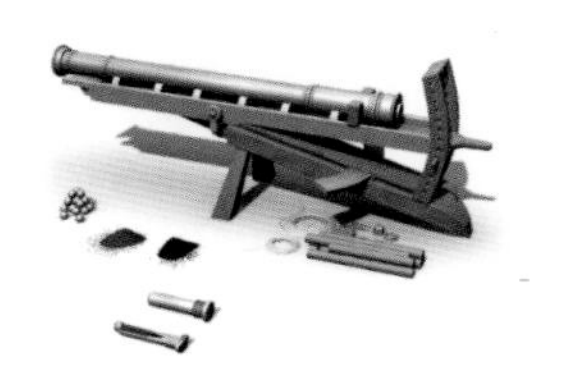

石弩炮

《图谱抄本》32r
约 1482 年

在达·芬奇设计的众多武器当中，相当一部分和大炮有关。这些石弩炮的特点是，炮击手在开火以前，不需要移动整个炮身就可以进行瞄准。事实上，炮筒可以左右、上下转动，以便瞄准不同的目标。整个武器外围有木质的箱子保护。

–｜第75页｜–

多筒机枪

《图谱抄本》157r
约 1482 年

这种机枪的射击强度非常大。枪筒填满弹药之后，能够扫射相当大的范围。因为炮架很容易移动，机枪就能轻易地瞄准目标。而炮火的高度可以通过炮架后面的手柄调节。

–｜第81页｜–

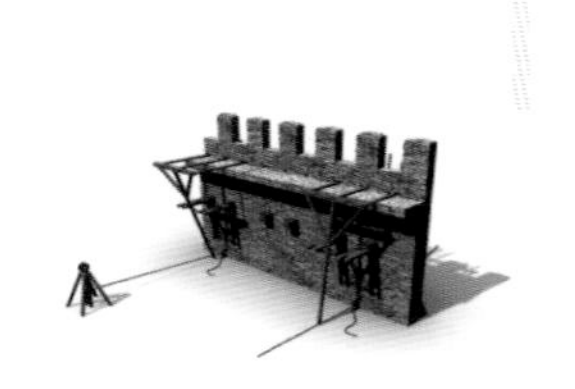

城墙防御

《图谱抄本》139r
1482—1485 年

达·芬奇不仅擅长设计攻击性武器，同时也擅长设计复杂精致的防御系统。在这套防御系统中，当城墙遭到袭击时，躲在城垛后面的士兵只需要做一个动作，就能利用杠杆装置抵抗敌军，破解敌阵。

–｜第85页｜–

卷镰战车

都灵图书馆，《王室抄本》
15583r
约 1485 年

也许是为了给莫罗公爵留下美好的印象，达·芬奇将它画得美轮美奂。它展示了战争中卷镰战车的使用方式。战车由马匹拉动，装备有锋利的刀刃，能够冲入稠密的战阵，杀出一条血路。

–｜第89页｜–

可拆卸加农炮

《图谱抄本》154br
1478—1485 年

大炮非常沉重，用于运输的战车也很不灵活。达·芬奇设计出一种结构，使大炮可以灵活拆卸、方便运输。

–｜第95页｜–

装甲车

伦敦，大英博物馆，
《波帕姆手稿》No.1030
约 1485 年

这是达·芬奇最著名的设计之一。一辆战车，拥有强大的火力、巨大的防护盾且轻便易行；这对于即使是达·芬奇这样的天才来说，也可称得上是宏大的作品。但是经过多次修改，达·芬奇仍然遇到一些解决不了的问题，面对这些几乎不可能解决的难题，他最终放弃了这项设计。

–｜第99页｜–

弹射器（投石车）

《图谱抄本》140ar 和 140br
1485—1490 年

达·芬奇有很多投石车设计稿，其中这一台用了一对弹簧片，利用它们能产生出巨大的能量，把石块或燃烧物掷出很远的距离。至于装填工作，则是通过操作侧面的手柄来完成的。

–｜第103页｜–

齐射式加农炮

《图谱抄本》1ar
1503—1505 年

这幅图是《图谱抄本》的第一页，绘画本身非常完整，十分迷人。它展现了十六门放射状排列的大炮，其中最有趣的部分是炮台的中部：那儿画有一对机械踏板和齿轮。这使得人们只能大致了解机器的作用，而且每个人都可能对这幅图存在不同的见解。

–｜第109页｜–

射石炮

《图谱抄本》33r
约 1504 年

这幅图十分精美，它清晰地展现了两门射石炮在发射时的状态。除了当时已经广泛运用的射石炮之外，达·芬奇还设计了大型的炮弹。一旦射出，这些炮弹便会爆炸，并散成无数碎片，能够打击更广泛的区域。

–｜第119页｜–

堡垒

《图谱抄本》117r
1507—1510 年

达·芬奇设计的这座堡垒十分紧凑、简洁，目的是在敌人进攻时能够起到防御作用。它的外观在当时应该是一种创新，可以有效地抵挡致命的炮弹和投射物。

–｜第127｜–

003 水力机械 Hydraulic Machine

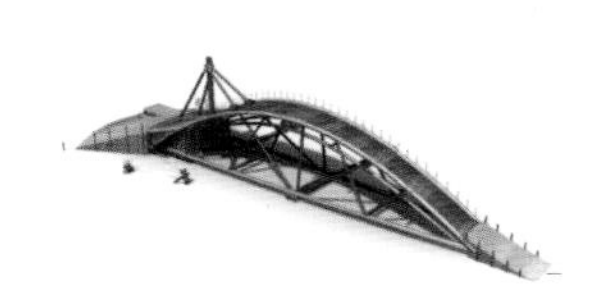

机械锯

《图谱抄本》1078ar
约 1478 年

这部机器是用来切割大树干的。据推断，它应该是利用穿过磨坊的水流，推动水车轮转动，使锯齿有足够的动力锯穿树干。水车提供的动力还能转动滑轮，移动放置树干的车床。

–｜第135页｜–

明轮船

《图谱抄本》945r
1487—1489 年

达·芬奇设计了一艘能够轻松航行、比划桨更实用的轮船。事实上，划桨的时候，人们不断重复做一个动作，提供断断续续的能量。而使用了明轮之后，操作员靠双脚（也有些模型使用双手）来转动巨大的明轮，使船只得以持续前进。

–｜第141页｜–

平转桥

《图谱抄本》855r
1487—1489 年

这座桥设计非常精巧。支撑结构围绕着巨大的中心承枢建造，置于河岸的一边，使陆地和水上交通得以同时通行。通过人力转动绞盘，桥体就可以围着中心承枢旋转。

–｜第147页｜–

挖泥船

《巴黎手稿 E》75v
1513—1514 年

挖泥船是用于疏通和拓宽河道的。在达·芬奇之前，已经有人提出过类似的想法，但是大师为此添加了一些重要的技术支持。例如，他使用了双船体，以便让整套机械更为平稳。

–｜第157页｜–

004 工作机械 Work Machines

起重机

《图谱抄本》30v
1478—1480 年

这个项目研究的是如何把往复运动转换为连续运动。这部机器的力量能够举起重物。操作员将一根杠杆前后推动，就能够在一系列的机械作用下，将绳索卷动到中心转轴上。

–｜第165页｜–

凿锉机

《图谱抄本》24r
约 1480 年

这部机器依靠重力驱动，可以自动凿出铁锉上的斜纹。通过运转一系列滑轮和齿轮系统，铁锉能自动向前推进，同时一柄巨斧会砸向铁锉，在上面砸出斜纹。

–｜第169页｜–

凹镜打磨机

《图谱抄本》87r
约 1480 年

通过摇动手柄，就可以把转动的力量同时传送到两块石头圆盘上，而这两块圆盘并非共用一个轴承。圆盘的转动可以削切固定在水平石盘上的镜面，使其凹陷，还可以对它进行抛光。

–｜第173页｜–

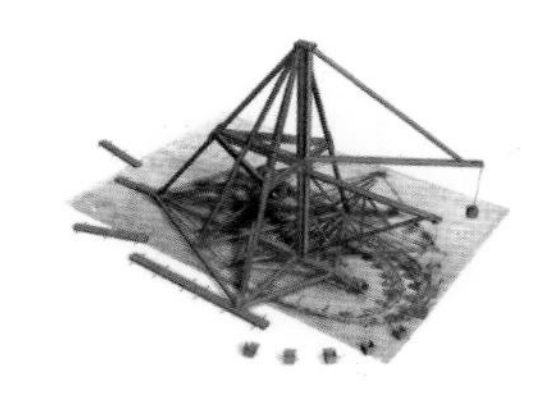

运河挖掘机

《图谱抄本》4r
1503—1504 年

达·芬奇设计这项工程的本意是开凿河床，使河流改道。他选择使用起重机是因为当时的运河挖掘机效率较低。事实上，随着河床挖掘的推进，机器本身也能缓慢移动，能够有效快速地运走挖出来的石块和泥沙。从这一方面来说，该机器非常实用。

–｜第177页｜–

005 舞台机械 Theatrical Machines

006 乐器 Musical Instruments

自动车

《图谱抄本》812r
1478—1480 年

这不是一辆用于运输的车辆，它的设计意图更加惊人。这辆车是一架舞台道具，可以预先设置程序，能够自己转动。它不仅可以走直线，还能够沿曲线运动。这绝对是达·芬奇设计的最迷人的机器之一。它能独自出现在舞台上，不需要驾驶员，也不需要别人推动。

–｜第189页｜–

《俄耳甫斯》舞台布景

《艾伦德尔手稿》231v
约 1507 年

达·芬奇设计了许多舞台道具。这套舞台布景是为《俄耳甫斯》的演出设计的。

–｜第197页｜–

颅骨形竖琴

《艾仕本罕手稿 I》Cr
1485—1487 年

这架竖琴应该是一件舞台道具，而不是一件乐器。古人就有过把动物的身体部位做成乐器共鸣箱的先例。

–｜第207页｜–

机械鼓

《图谱抄本》837r
1503—1505 年

这只机械鼓很可能是在街头游行的队伍中所使用的，也可能作为军鼓，在战争中用于激励我方士兵士气，威慑敌人。事实上，达·芬奇的这项设计有两点突破：其一是它可以用人力或动物拉动，其二是可以通过简单地旋转手柄，使整个机器运作起来。

–｜第211页｜–

007 另类机器 Other types of Machines

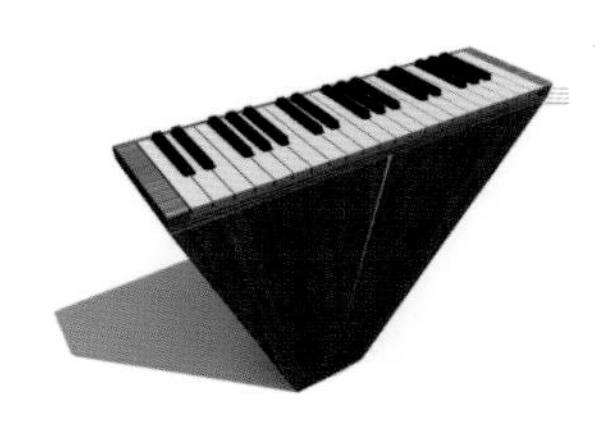

大提琴钢琴

《图谱抄本》93r
1493—1495 年

这是一个非常复杂的设计，而且这件乐器也很难归类。它可以像手风琴一样，用带子挎在身上弹奏。演奏者在触动外部键盘的时候，机器内部的琴弦就会上下移动，接触到安装在旁边的马尾弓。环形的马尾弓滑动着，能够发出类似于提琴的声音。

–｜第217页｜–

印刷机

《图谱抄本》995r
1478—1482 年

自动床连接在一套压力系统上，能够在机器印刷的同时移动纸张。这一整套动作，都可以通过移动前面的杠杆完成。

–｜第227页｜–

里程计

《图谱抄本》1br
约 1504 年

这辆非常奇怪的推车是用来计算路程的。在行驶了一段距离之后，一套复杂的机械系统会把一只铁球或木球抛入下方的容器里。整段路程走完之后，操作者只需要数清球的数量，就能推算出距离。

–｜第231页｜–

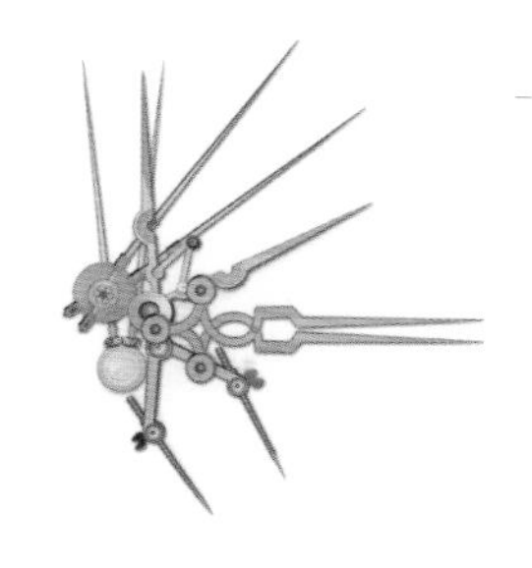

罗盘和圆规

《图谱抄本》696b
1514—1515 年

这是一组工具的设计图纸，包括一些圆规和罗盘。达·芬奇设计的迷人之处在于：他在设计的时候，不仅注重实用性，而且十分注重器具的美观。这些物品完美地诠释了这个特点。

–｜第235页｜–

001

飞行器
Flying Machines

机械翼运作原理
蜻蜓翼
扑翼
螺旋桨
飞行器
机械翼

意大利的乌菲兹美术馆，藏有一页古旧的手稿（447E 号展品），它也许是人类最早的对飞行器的系统研究图。列昂纳多·达·芬奇 —— 手稿的作者，在同一时期绘制过许多飞行器草图。这可能是因为他的老师韦罗基奥拥有佛罗伦萨最顶尖的工艺作坊，而达·芬奇在作坊里当学徒的时候，曾经为当地的剧院设计过很多舞台道具 —— 这些飞行器就是其中的一部分。当时的工艺大师，包括布鲁内莱斯基和韦罗基奥，他们都擅长做类似的工程。尽管达·芬奇对大师们的设计有着强烈的依赖，但他一直都渴望着超越 —— 手稿的背面就是最好的证明。那是一幅鸟的俯冲轨迹图，旁边带有注解。很明显，达·芬奇的研究已经偏离了实践和机械的层面，开始涉及动物学和理论科学。

不久后，达·芬奇决定前往米兰，应聘莫罗公爵府上的工程师一职，但是他的求职信里并没有提到对飞行器的研究。也许他觉得那只是一个舞台道具，也许他担心飞行器没什么实用价值，又或者他怕被人当成疯子。其实，在此之前的几百年里，许多顶尖的机械师都梦想过飞上天空。他们也曾做过一些尝试，但是从科学的角度来看，这些尝试意义不大。

13 世纪伟大的自然哲学家培根曾经提出，人类应该能借助机械翅膀飞行。到了 14 世纪，乔托（意大利画家、雕塑家）雕刻的钟楼底座上出现了一幅代达罗斯像，其双肩绑着一对羽翼。代达罗斯只是一个神话人物，是佛罗伦萨城旺盛生命力的一个极小的组成部分。然而达·芬奇却因此受到启发，并把飞行从神话变成了科学。

这一转变发生在达·芬奇定居米兰之后。出乎意料的是，他在 1480—1490 年的飞行研究，和动物学并没有什么关联。相反，他暂时抛开动物学研究，直到 1500 年后才重新捡起来。15 世纪 90 年代末，达·芬奇结合解剖学和机械学（重力及运动）原理，开始设计载人飞行器。他首先研究人体比例，并且观察重量在运动过程中所表现出的各种特征。意大利的“重物”研究有着光辉的传统，可惜它却一直处于抽象状态，很少被应用

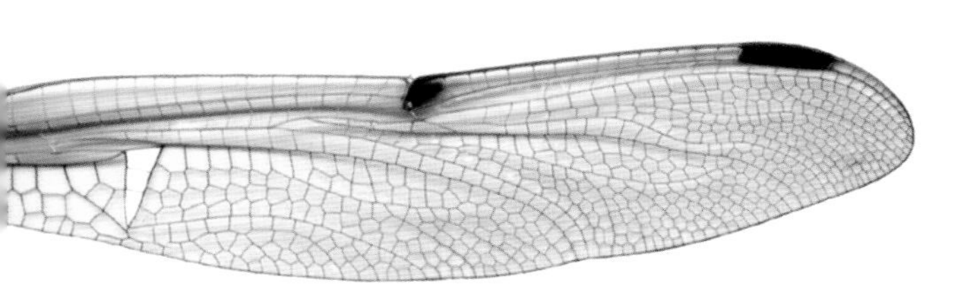

于实际物体。早在15世纪80年代，达·芬奇就开始观察和测量人体的运动潜力。他绘制了大量的素描，来表现人体的不同姿态和空间位置，目的正是了解人的力量潜能。这段时期，他对飞行器的研究重点，也集中在了解人体的力量潜能上。他那张著名的“扑翼”图（《巴黎手稿B》80r）就和动物世界毫无关系。图中交替拍打的翅膀虽然类似于昆虫的翅膀，但是从机器的形状来看（一只半圆的船体连接着四片机翼，能容纳飞行员），它和动物学并没有关联。

它是如何运作的呢？

为了最大限度地利用飞行员的力量潜能，达·芬奇设计了一个复杂的机械系统，不仅能从人的双臂获得动力，还能利用头部和腿部的力量。从图上看，这部机器并没有转向装置，因此飞行员的作用，仅限于使出全身力气，让机翼拍打起来，使机器离开地面而已。关于飞行器的操控问题，达·芬奇在另一组项目中进行了探讨。他尝试让飞行员平躺（见《图谱抄本》824v和《巴黎手稿B》79r），并且倾向于模仿自然飞行中的转向系统。值得注意的是，除了部分草图（例如《图谱抄本》70br和846v）之外，他很少把动力和操控结合在一起进行研究。

16世纪初，达·芬奇回到佛罗伦萨，开始系统地探索人类的飞行。他把注意力转向动物学和大自然，经常整天待在户外，观察鸟类飞行的特征。每当此时，他就会拿出草稿本，一边画速写，一边做笔记，手稿L和手稿K1都属于这种类型的小速写。正因为如此，手稿K1的笔记有两种版本，一版是野外的观察记录，另一版是回到工作室后的补充笔记。《鸟类的飞行》手稿（比其余稿纸略大）也属于同一时期，它之所以罕见，是因为达·芬奇的笔记通常天马行空、包罗万象，而这本手稿却只有一个主题：飞行。它不仅囊括了自然界的飞行，也包含了一些飞行器的设计图。在这个时期，达·芬奇沉迷于大胆模仿自然界的鸟类，模仿它们的形态和动作。只要对《鸟类的飞行》稍加分析，我们就不难发现这一点。整本手稿分成两个主要部分：一部分集中研究扑翼飞翔（通过拍打翅膀获得前进的动力）；另一部分则关注在有风的情况下，如何保持飞行平衡。有趣的是，每个部分又包含了两类研究：一、通过气体力学和解剖学理解鸟类的飞行技巧；二、机械研究，他似乎想制造出一个能够模仿自然飞行的完美机器。

达·芬奇深信，人类能够模仿鸟类在天空翱翔。这种信心源自他对自然的总体观念——即生命之间有着深刻的相似之处。在研究对比解剖学的时候，他曾经通过图画展现人类和其他动物之间的共同点。例如，一些动物靠四肢爬行，而人类在婴儿时期也是如此。随着年龄的增长，下肢逐渐能够完全支撑人的身体，而许多四足动物也能做到这一点。由于人类和动物如此相似，所以达·芬奇深信：人类能够飞行，并且能依赖自己的肌肉提供飞行的动力。

在生命晚期，达·芬奇一方面更沉迷于空气静力飞行（轻飞行器，见《巴黎手稿 G》74r，画面为一个人绑在木板上滑降）研究；另一方面，他减少了对机器的研究，并开始着重研究纯理论（见《巴黎手稿 E》）。他甚至不再研究鸟类的飞行技巧，而是间接地研究气流的定律。即使在这个时期，他还是经常谈论飞行的话题。著名意大利画家瓦萨里和洛马佐也曾经记录过他的一些实验结果。他常常用自动机关来做小鸟模型，或者给弹力材料充气，做一些会飞的小玩意儿。他也许仅仅是为了消遣，或者只是为了好玩。而这种命运，将笼罩着达·芬奇在机械领域里的所有研究。

芬奇镇，1452

1460

1470

1480—1485

1490

1500

1510

安博瓦兹，1519

《图谱抄本》1051v

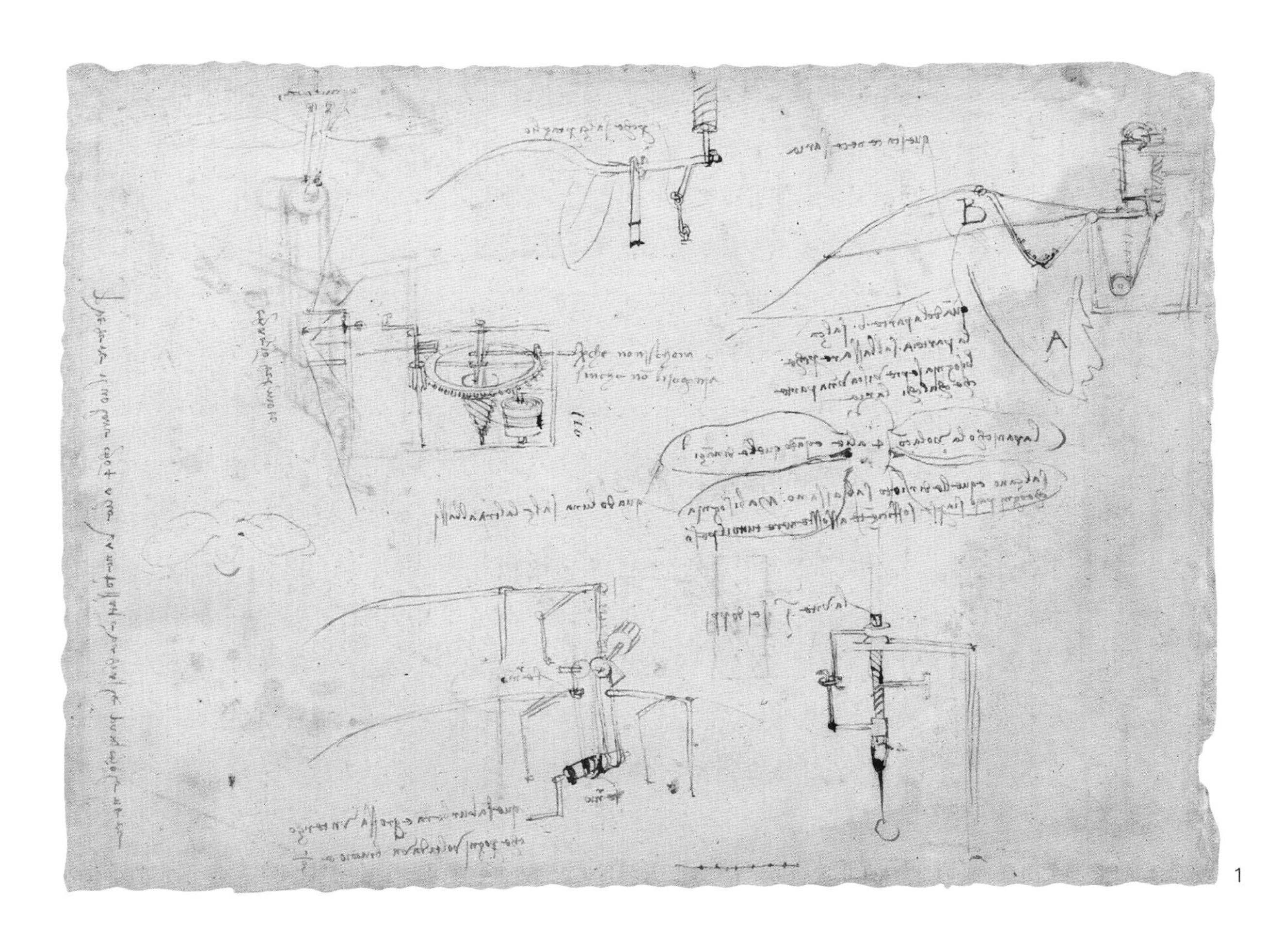

1

机械翼运作原理

这是《图谱抄本》中的一页，是达·芬奇30岁左右的作品。他当时也许还在佛罗伦萨，或者刚刚到达米兰不久（1482）。这幅图非常有趣。首先，它是画在一张典型的工程图纸上的。其次，它体现了飞行器和自然飞行之间的联系——这也是人类对此最古老的探索之一。此外，它还展现了达·芬奇在飞行研究方面的独创性和这种创造的迷人魅力。

达·芬奇的笔记就像日记一样，虽然没有日常的流水账，却和他的工作紧密相连。他的艺术探索、他的科学研究，犹如一部自传，为后人留下珍贵的见证。他用笔记，特别是速写，记录下他的每一段奇思和每一个疑惑。通过分析这些文字和线条，他的研究、观察、疑问和工作项目就可以清晰地重现在人们眼前。

遗憾的是，我们并不知道每一页手稿的绘制顺序。也许他先画了右边的蜻蜓和左边的昆虫，这些都只是寥寥数笔。他不想描绘太多的细节，只是希望能捕捉某种印象而已。在旁边的注释中，他写道，通过对昆虫的观察，他发现当前面的一对翅膀向上摆动的时候，后面的一对翅膀就会向下摆动，以保证身体在空气中得到支撑。这组草图和注释，是在研究自然飞行。手稿的左上方，画着一幅由两部分组成的机械翼（内部和外部）。机械翼拍打的时候，每当外部的双翼上升，内部的双翼就会下降，通过不断拍打空气，使飞行器能悬浮在空中。这种人造翼的原理很明显是通过观察和模仿自然飞行得来的。

手稿的左部边缘上，有一条很长的笔记。它见证了达·芬奇另一个层面的研究——工程项目。笔记中写道："想看四翼飞行，绕过水沟就能看见黑色的网翼。"仅凭这句话，我们无法判断他是想记录自己的观察结果，还是已经实施了某项实验，并向人们保证能够看到这样的结果。

图1

在草图右侧居中位置，可以隐约看到一只蜻蜓。达·芬奇在周围绘制了一些用于模仿蜻蜓飞行的机械

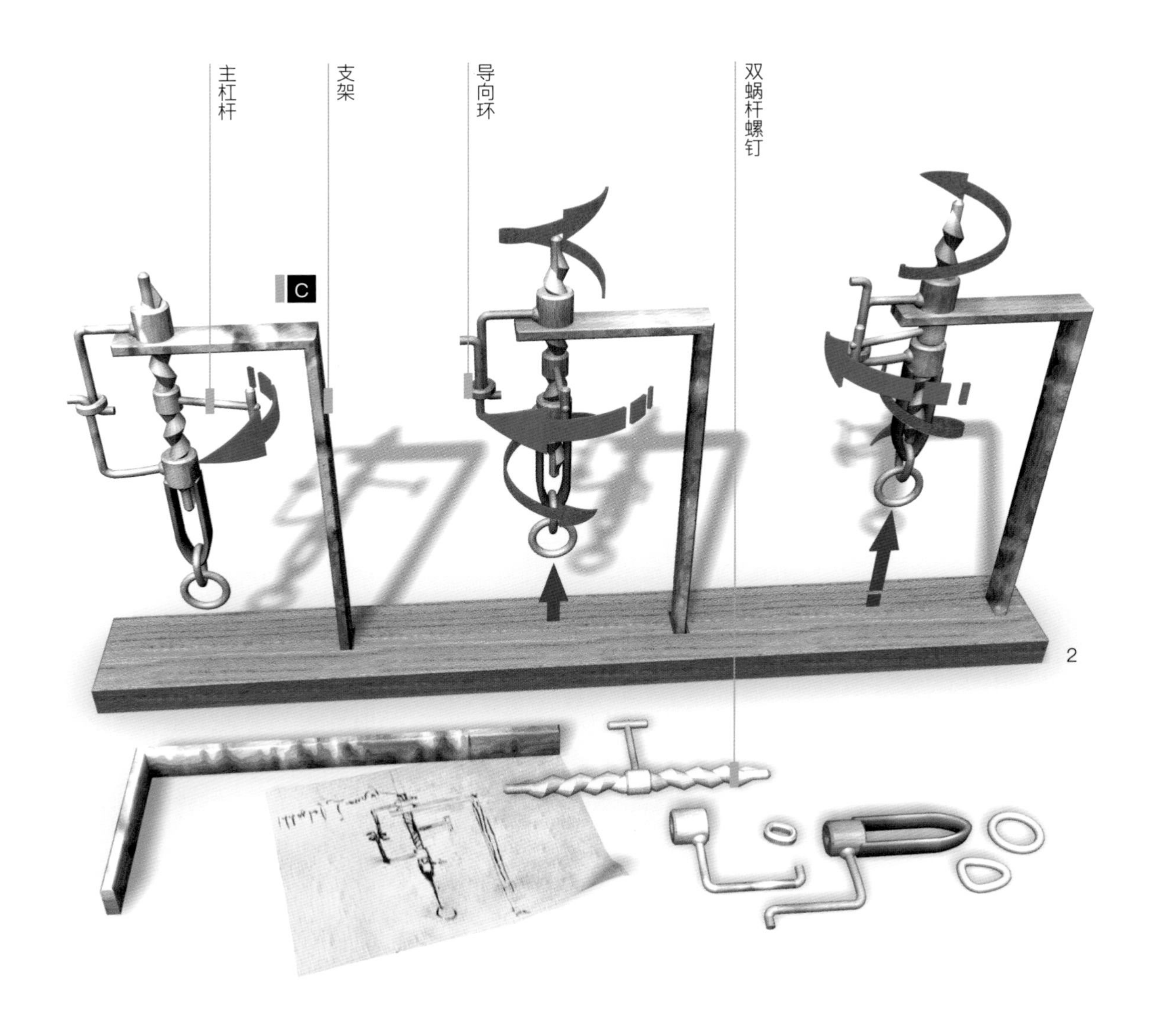

A B 达·芬奇对这套机械的描绘十分清晰，并且用字母A和B标注了机翼屈曲的位置。整个装置是用来折叠机械翼的。在有动力的情况下，A点将下降，而B点则上升，总体的运动模式与动物振翅类似

C 研究机械翼的核心在于研究它的推动系统。这个系统相当复杂，而且达·芬奇在设计时想法也有所改变（见右上角的速写，图1）。他划掉了一个他认为不正确的技术方案。最后的设计图包括一颗双蜗杆螺钉，通过触动一条很小的杠杆，就可以使整个翅膀上下扑打

D 在杠杆的持续作用下，机械翼的动作完美地模仿了动物的飞行：翼尖部分的运动轨迹比翼根长，并且与之完全不同。翼根部分贴近机身，几乎完全包裹着机身

图2

驱动马达的工作原理

图3

机械翼的自动折叠系统。操作员利用杠杆启动机器，杠杆则使得整个机械翼系统转动起来

图4

机械翼动态图

机械翼的研究模型

用作参考物的蜻蜓

动力机制

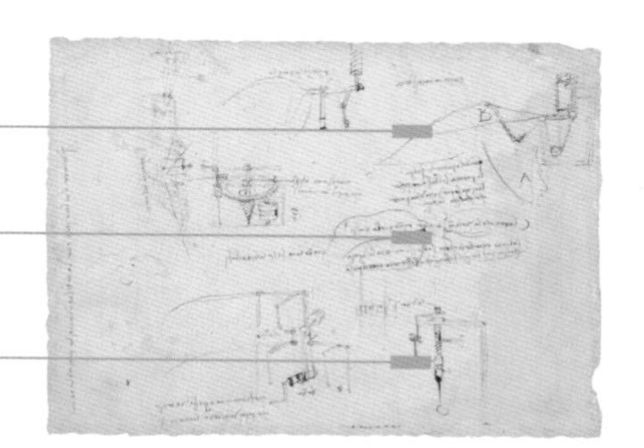

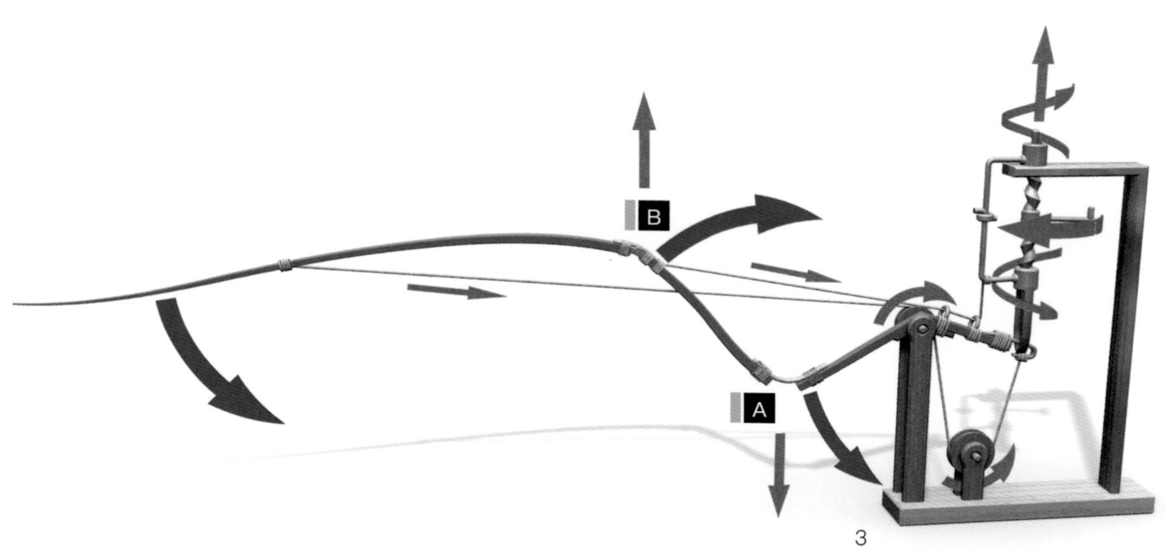

3

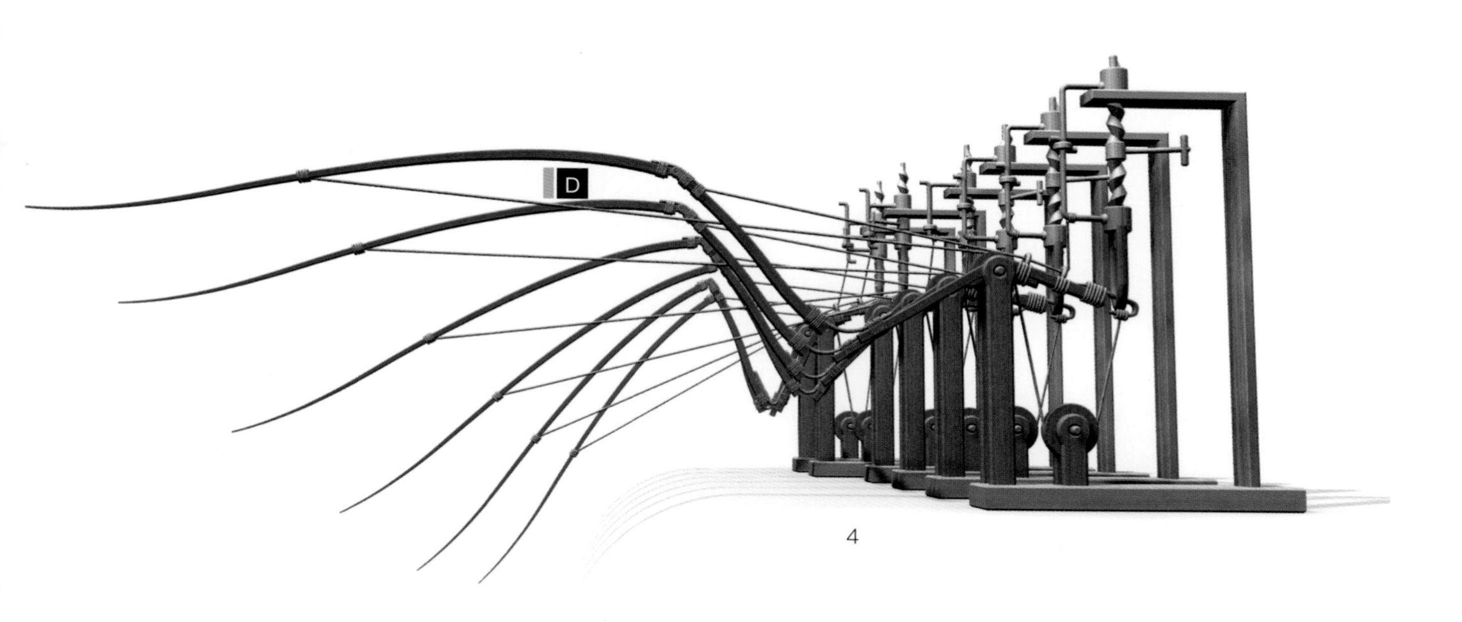

4

芬奇镇，1452

1460

1470

1480

约 1487

1490

1500

1510

安博瓦兹，1519

《艾仕本罕手稿 I》10v

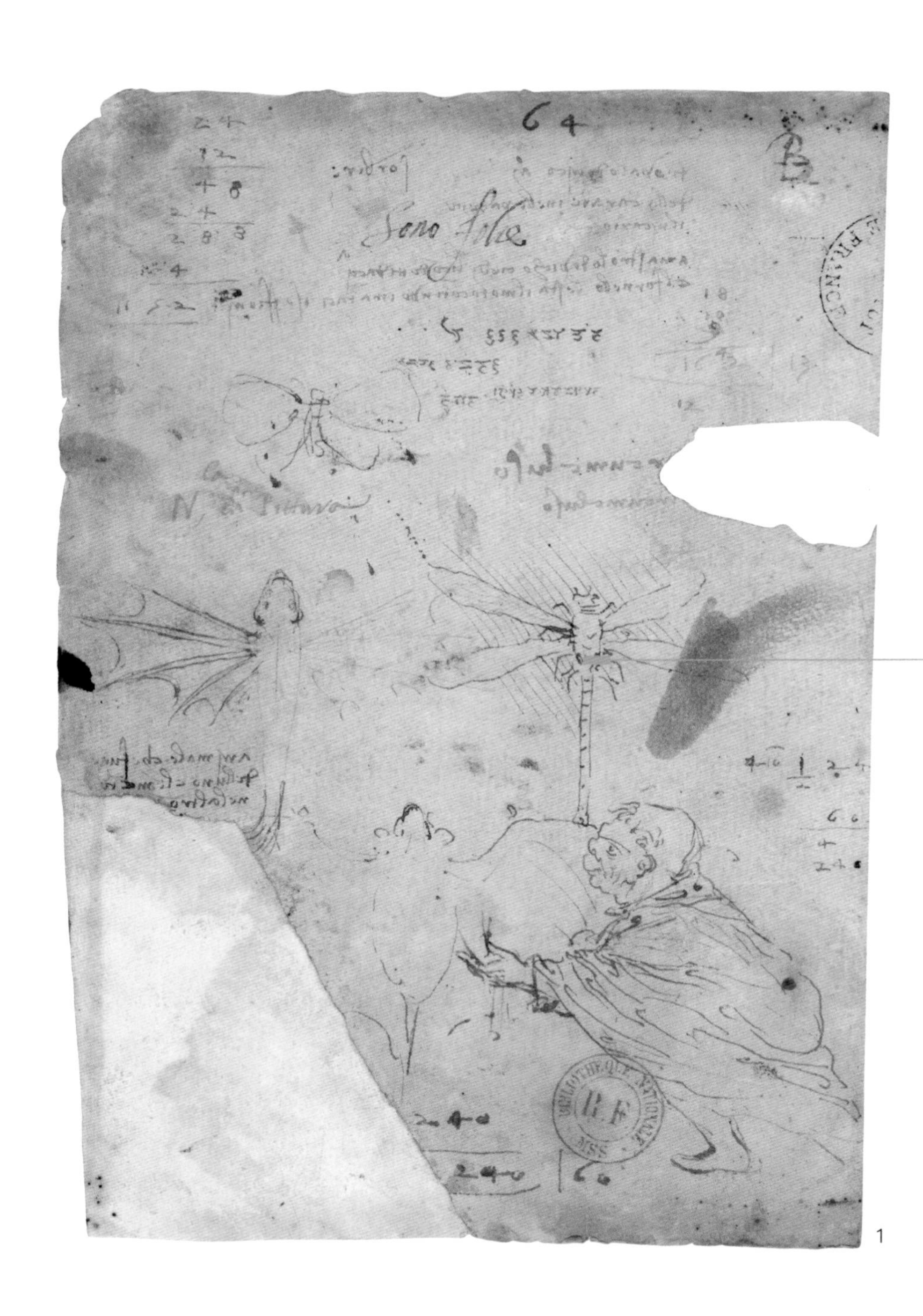

1

蜻蜓翼

《艾仕本罕手稿 I》原本是《巴黎手稿 B》的一部分，但是它在 19 世纪被盗，不久后失而复得。这部分手稿的绘制时间大约是在 1485—1490 年的米兰时期。

当时，达·芬奇正在从两个方面研究载人飞行：一方面是学习自然飞行的法则，模仿自然飞行；另一方面则是研究人体的潜力，并精密规划机械部件，以便最大限度地利用这种潜力。虽然后一个方面似乎占了上风，但达·芬奇从未忽略研究飞行中的动物，并以此作为飞行器的核心基础，这张手稿的部分研究就是与自然飞行有关的。达·芬奇绘制了许多能够飞行的动物：飞鱼、蝙蝠、蜻蜓（也有人把它看成是蚁狮，一种和蜻蜓相似的飞行昆虫）和另外一种会飞的昆虫。从另一个层面上看，这幅图主要用于研究动物，但是更进一步讲，它是在对各种动物的形态进行比较。达·芬奇终其一生笃信亚里士多德派的生物学，并一直尝试从这个角度来解释自己观察到的现象。他将四翅昆虫和用翼膜飞行的动物进行比较，并被其中的差异深深吸引。然而他最感兴趣的还是这两种翅翼的相似性。这一点从他画的飞鱼上面很容易看出来。手稿上的飞鱼翅翼颜色较深，同时他在另一张手稿上写有这样的记录：飞鱼是一种在水中和空中都能轻快飞行的动物。通过这种对比，达·芬奇研究了水和漩流，希望能借此掌握空气的运动规律。由于空气是看不见、摸不着的，直接研究它的运动规律存在一定的困难。达·芬奇经常把存在不同元素的物体进行比对，其中包括人类，而这幅飞鱼图无疑是一个典型例子。在他看来，人类想要在天空翱翔，就必须模仿其他动物。因此这些对比动物学的研究是和飞行器息息相关的。达·芬奇在这个时期设计的机械翼基本上都是双翼（手稿中有两只双翼昆虫）或者是用于模仿蝙蝠和飞鱼的薄膜翼。

2

图 1

《艾仕本罕手稿 I》（原《巴黎手稿 B》的一部分）

图 2

根据达·芬奇的原图（见本书第 36—37 页）绘制的三维蜻蜓复原图

下页对页图 3

《巴黎手稿 B》是一本 100 页的记事本。图 3 是推断达·芬奇刚开始使用它时的样子。这一页手稿后来从记事本上被撕下来了。手稿的一部分用于研究机械飞行，而许多灵感来自这只蜻蜓

芬奇镇，1452
1460
1470
1480
1487—1489
1490
1500
1510
安博瓦兹，1519

《巴黎手稿B》88v

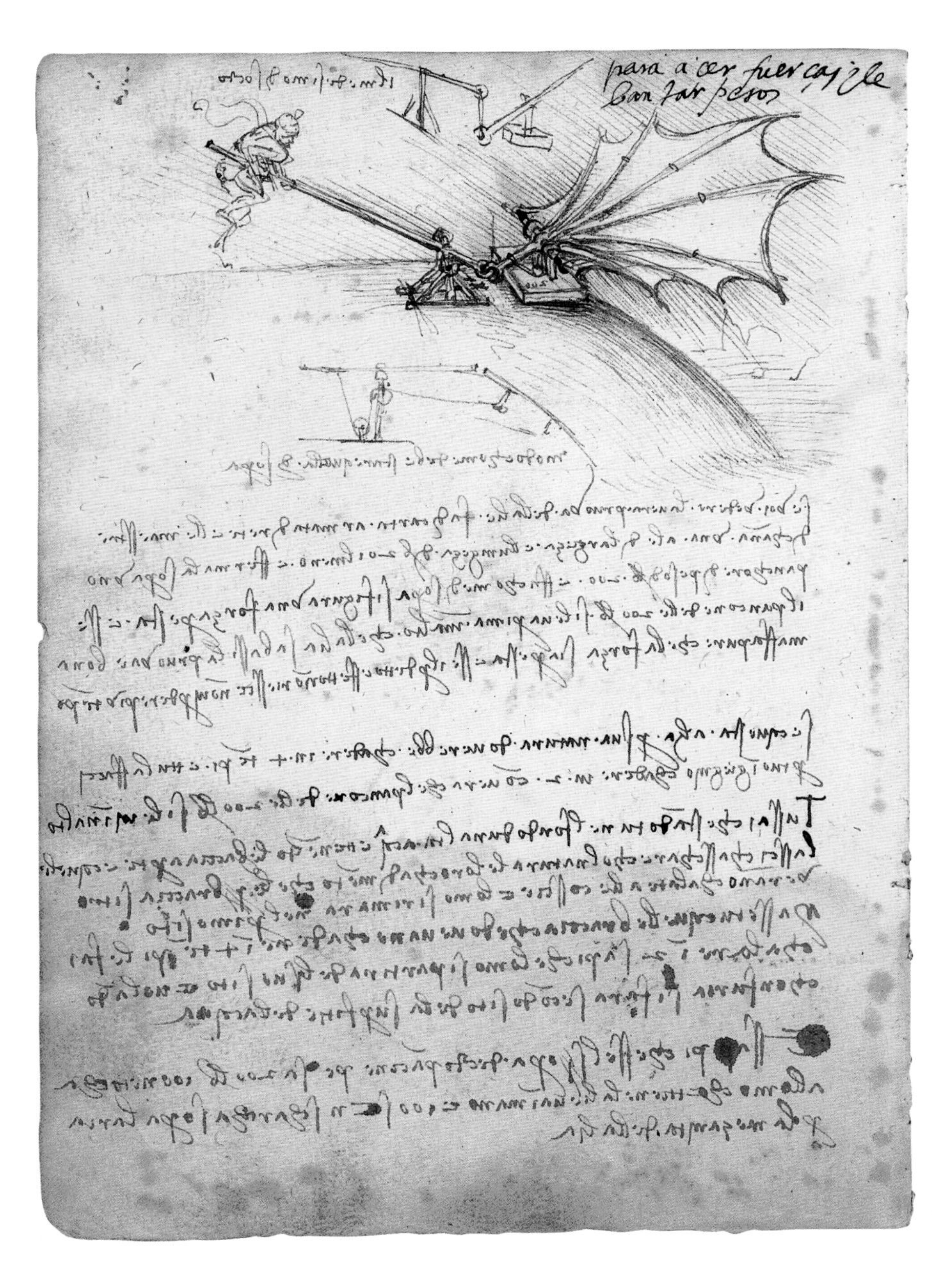

1

扑翼

达·芬奇在设计初期认为，飞行器是人类对自然的动力学挑战。他认为空气和水不同，水不能被压缩，但是空气可以。如果能用人工翅翼压缩空气，飞行就能像在水面上航行一样容易。关键是，如果扑翼拍打的速度不够快，就不能阻止被压缩了的空气逃逸四散；而速度问题则是动力问题，是人体能否提供足够的力量的问题。《巴黎手稿 B》涉及的这个项目，是为了测试人体加上一只翅翼，能否在限定的振幅内托起一块重达 68 千克的铁板。达·芬奇曾经计划在山边对这只扑翼进行现场试验——他也极有可能实施了这项试验。这个项目他画得十分完整实用，不仅画出了机器的工作原理，还画上了适合试验的野外场地。达·芬奇的工具和中世纪到文艺复兴时期的机械师使用的工具并没什么不同：一支笔和一个记事本。他的笔并不局限于记笔记或者迅速地画出图示，而是用于绘制十分复杂的图画和注释。首先他会画出形象，下面的文字则是后期补上的，用于进一步解释。除了表现试验时机器的形态之外，图画还展现出它的工作原理：操作员压动的杠杆处于上升状态。机翼外围的阴影线似乎重现了机翼不断变化的侧面曲线，使人们几乎可以看到空气被压缩时产生的震颤。在开始试验之前，达·芬奇已经在他的脑海里用画面将整个过程预演了一番。虽然这个项目进行了试验，但是他对许多其他项目并没有要付诸实施的想法。这可能正是因为他的绘画本身已经足够说明问题了。扑翼下面的木板上写着“200”字样，标注了铁板的重量（200 佛罗伦萨磅，即约 68 千克），图画的右边是一个山坡和几笔简单的风景元素（一座山和山坡，展现出对面的山谷和远处的房屋）。图画的上下写满了应该使用的各种装置。手稿右上角的笔记则是后期有人添加进去的，并不是达·芬奇本人的笔迹。

图 1

《巴黎手稿 B》88v 的扑翼研究。手稿包含了这个项目的主图和笔记，同时也包含了关于如何改进的重要想法

图 2

扑翼试验的清晰侧面图

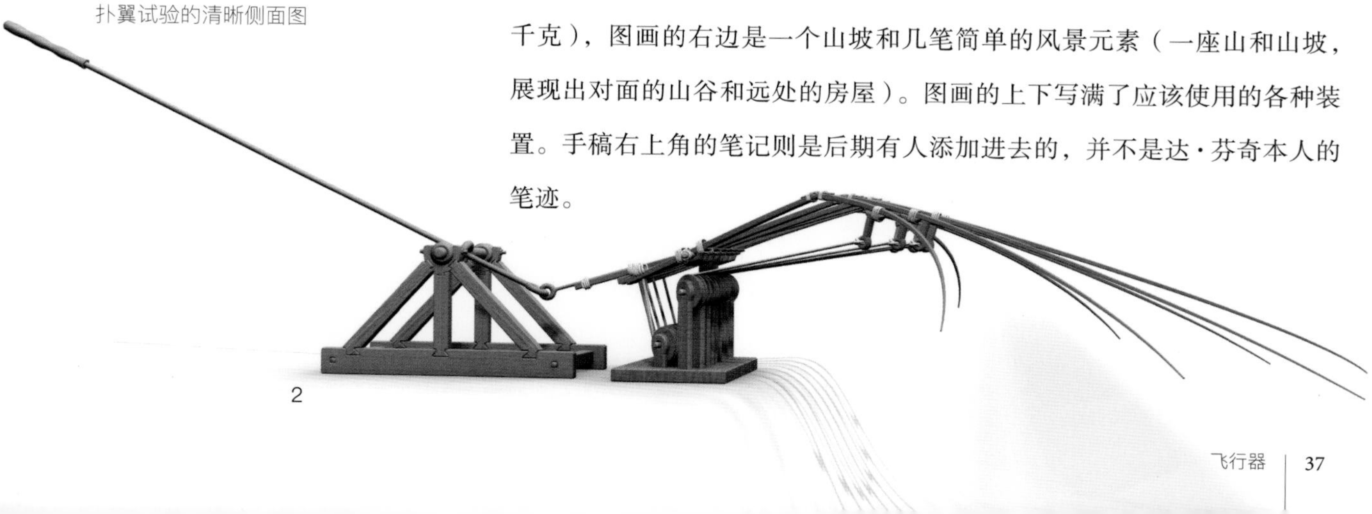

2

图3

达·芬奇很有可能做了许多扑翼的模型。这幅图展现的是绷了布料的扑翼，它被固定在模型主体上

图4

这是根据主图下面的速写绘制的。在这幅图中，机翼并没有固定，能够活动。当操作员压动杠杆的时候，机翼的外部边缘就会随着牵引力的作用而弯曲。达·芬奇想要模仿的是鸟类的翅膀，以便“捕捉”更多的空气

机翼连接结构

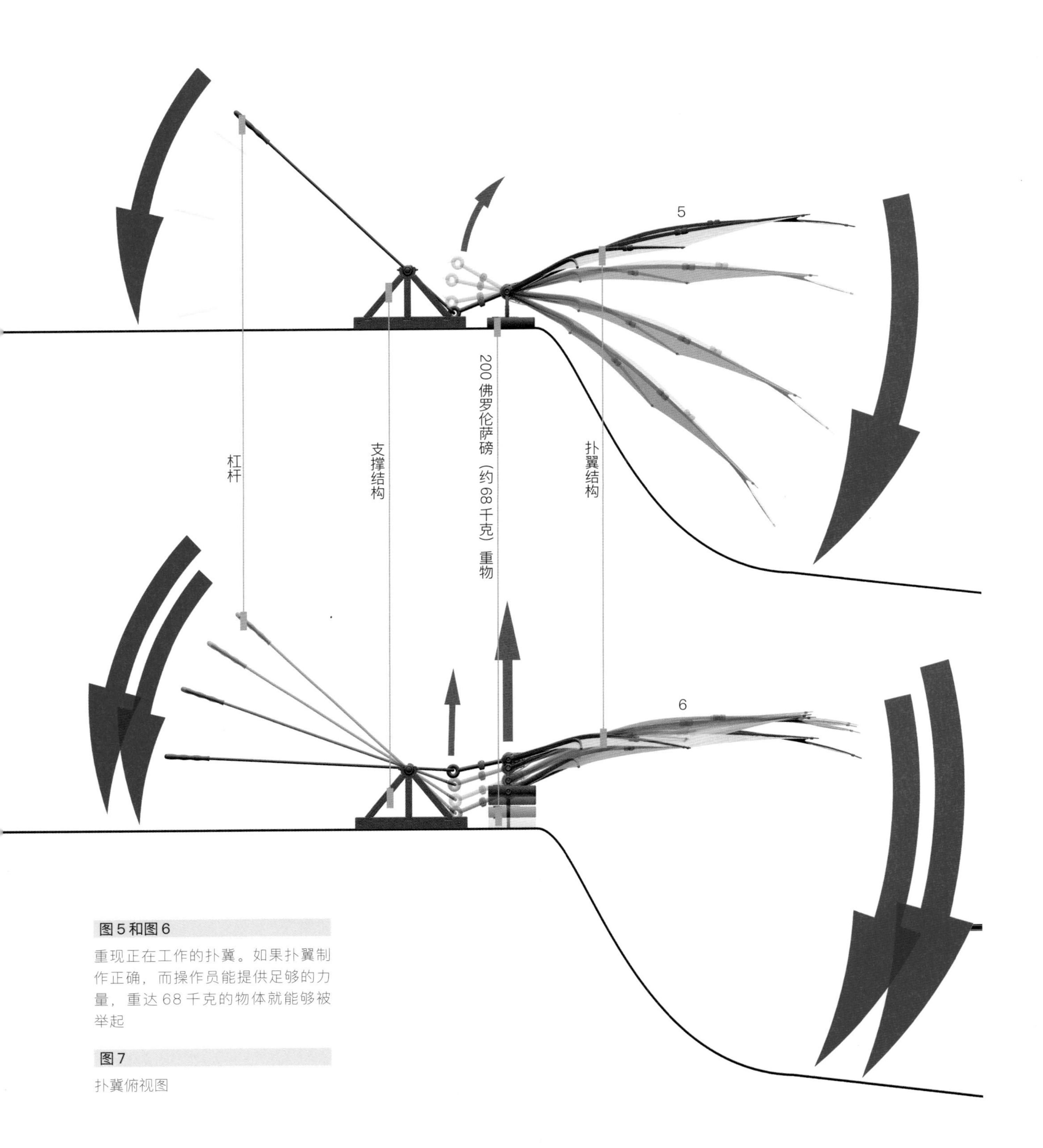

图5和图6

重现正在工作的扑翼。如果扑翼制作正确，而操作员能提供足够的力量，重达68千克的物体就能够被举起

图7

扑翼俯视图

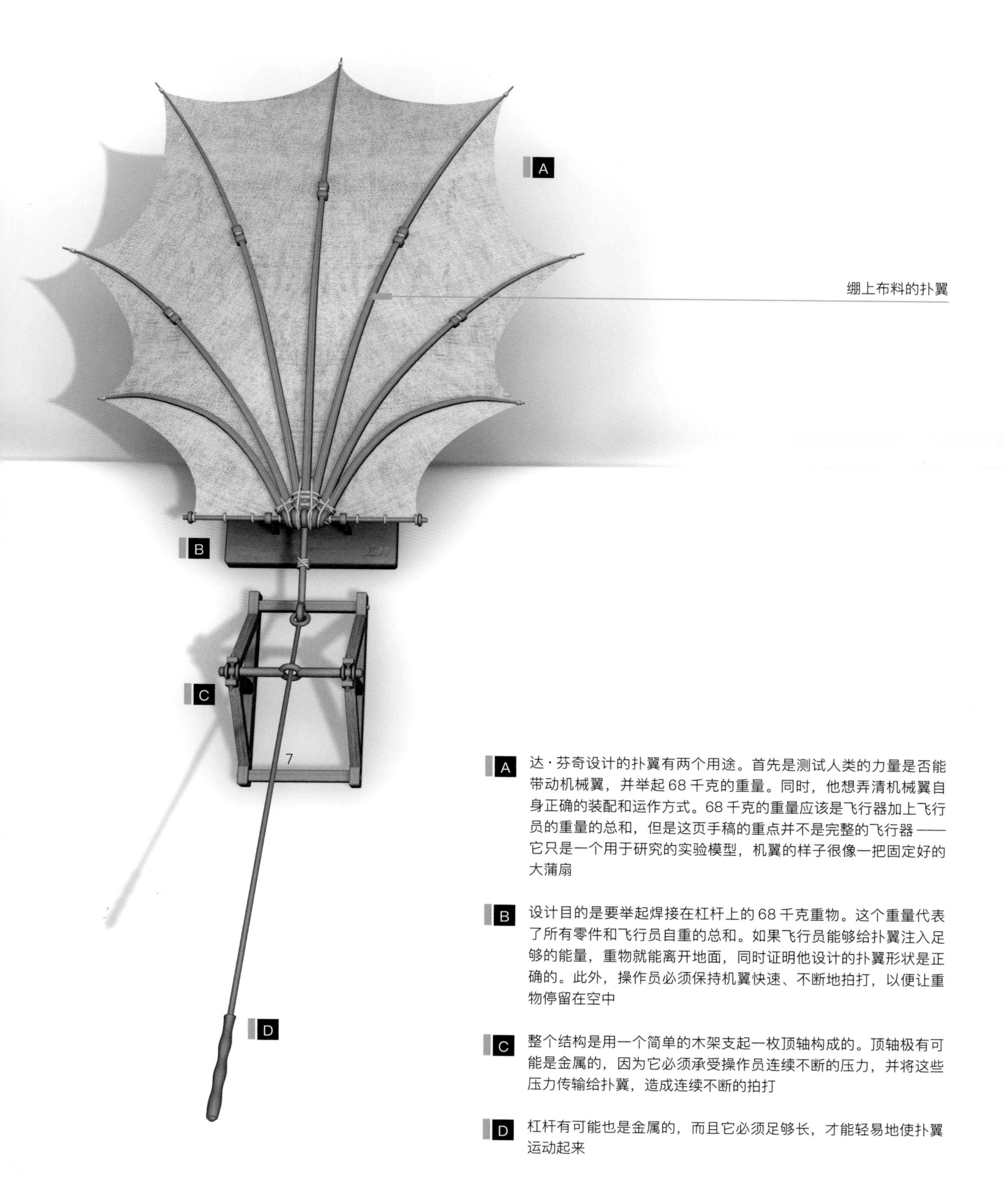

A 达·芬奇设计的扑翼有两个用途。首先是测试人类的力量是否能带动机械翼，并举起68千克的重量。同时，他想弄清机械翼自身正确的装配和运作方式。68千克的重量应该是飞行器加上飞行员的重量的总和，但是这页手稿的重点并不是完整的飞行器——它只是一个用于研究的实验模型，机翼的样子很像一把固定好的大蒲扇

B 设计目的是要举起焊接在杠杆上的68千克重物。这个重量代表了所有零件和飞行员自重的总和。如果飞行员能够给扑翼注入足够的能量，重物就能离开地面，同时证明他设计的扑翼形状是正确的。此外，操作员必须保持机翼快速、不断地拍打，以便让重物停留在空中

C 整个结构是用一个简单的木架支起一枚顶轴构成的。顶轴极有可能是金属的，因为它必须承受操作员连续不断的压力，并将这些压力传输给扑翼，造成连续不断的拍打

D 杠杆有可能也是金属的，而且它必须足够长，才能轻易地使扑翼运动起来

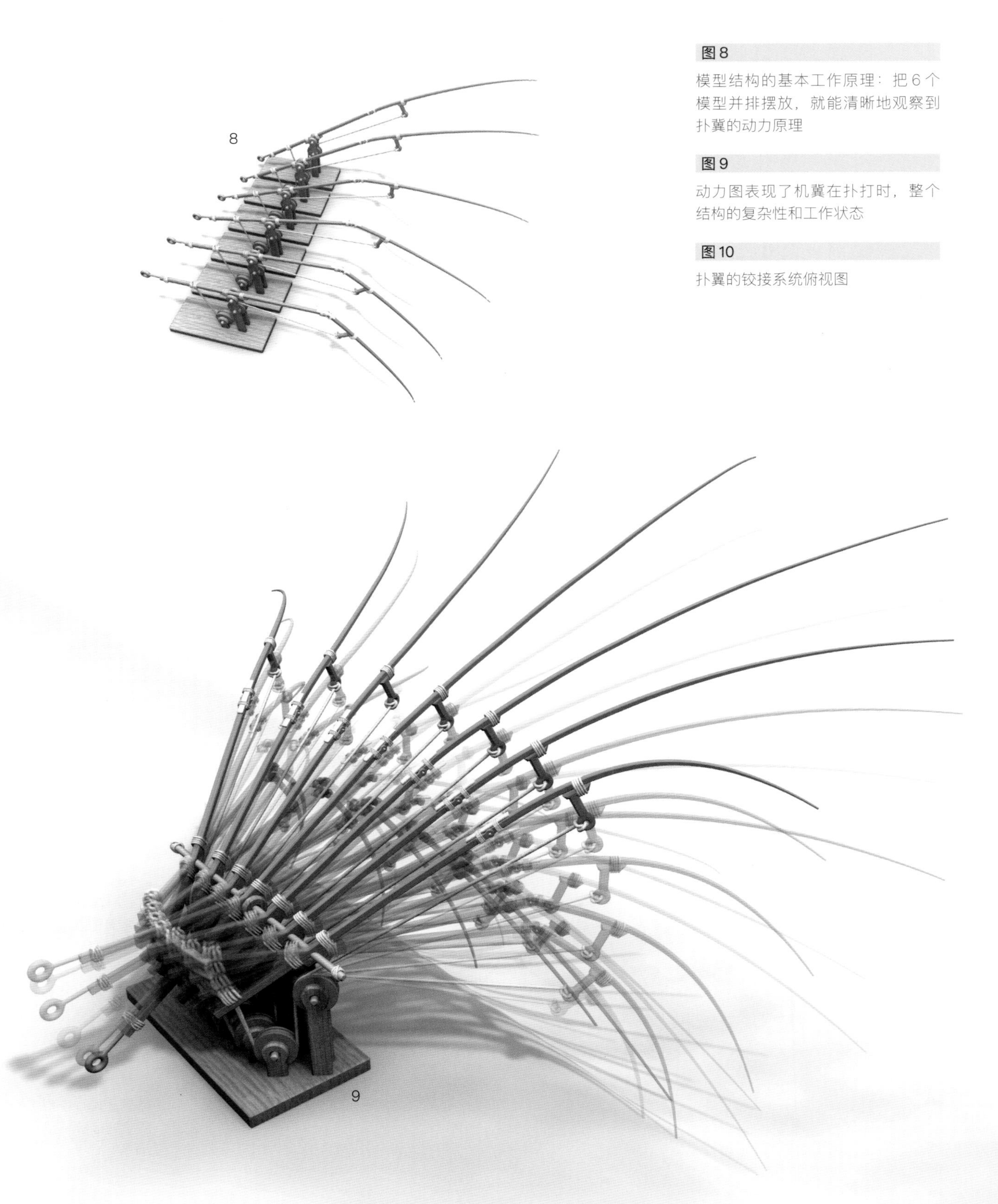

图8

模型结构的基本工作原理：把6个模型并排摆放，就能清晰地观察到扑翼的动力原理

图9

动力图表现了机翼在扑打时，整个结构的复杂性和工作状态

图10

扑翼的铰接系统俯视图

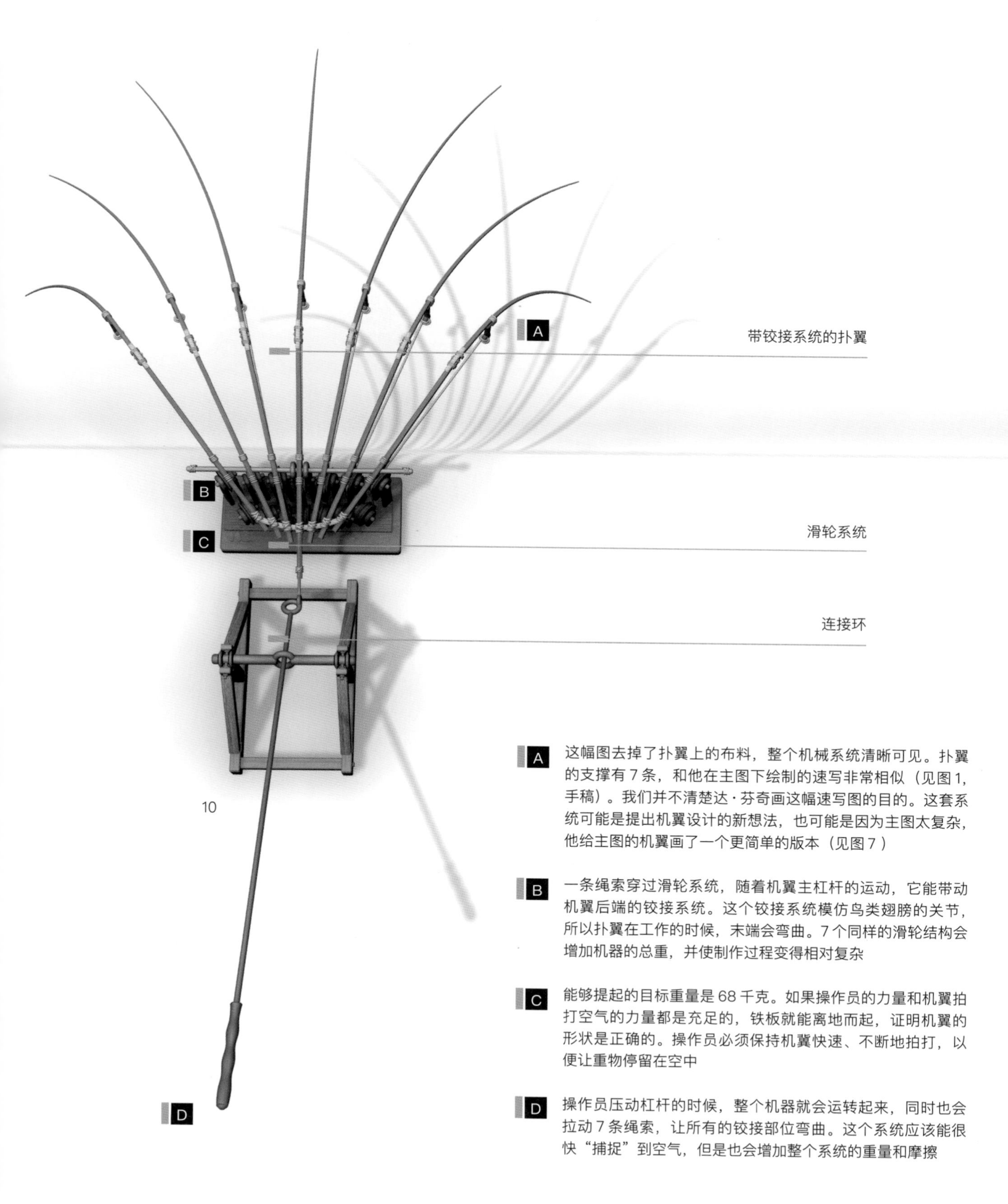

A 这幅图去掉了扑翼上的布料，整个机械系统清晰可见。扑翼的支撑有 7 条，和他在主图下绘制的速写非常相似（见图 1，手稿）。我们并不清楚达·芬奇画这幅速写图的目的。这套系统可能是提出机翼设计的新想法，也可能是因为主图太复杂，他给主图的机翼画了一个更简单的版本（见图 7 ）

B 一条绳索穿过滑轮系统，随着机翼主杠杆的运动，它能带动机翼后端的铰接系统。这个铰接系统模仿鸟类翅膀的关节，所以扑翼在工作的时候，末端会弯曲。7 个同样的滑轮结构会增加机器的总重，并使制作过程变得相对复杂

C 能够提起的目标重量是 68 千克。如果操作员的力量和机翼拍打空气的力量都是充足的，铁板就能离地而起，证明机翼的形状是正确的。操作员必须保持机翼快速、不断地拍打，以便让重物停留在空中

D 操作员压动杠杆的时候，整个机器就会运转起来，同时也会拉动 7 条绳索，让所有的铰接部位弯曲。这个系统应该能很快“捕捉”到空气，但是也会增加整个系统的重量和摩擦

芬奇镇，1452 1460 1470 1480 约 1489 1490 1500 1510 安博瓦兹，1519

《巴黎手稿B》83v

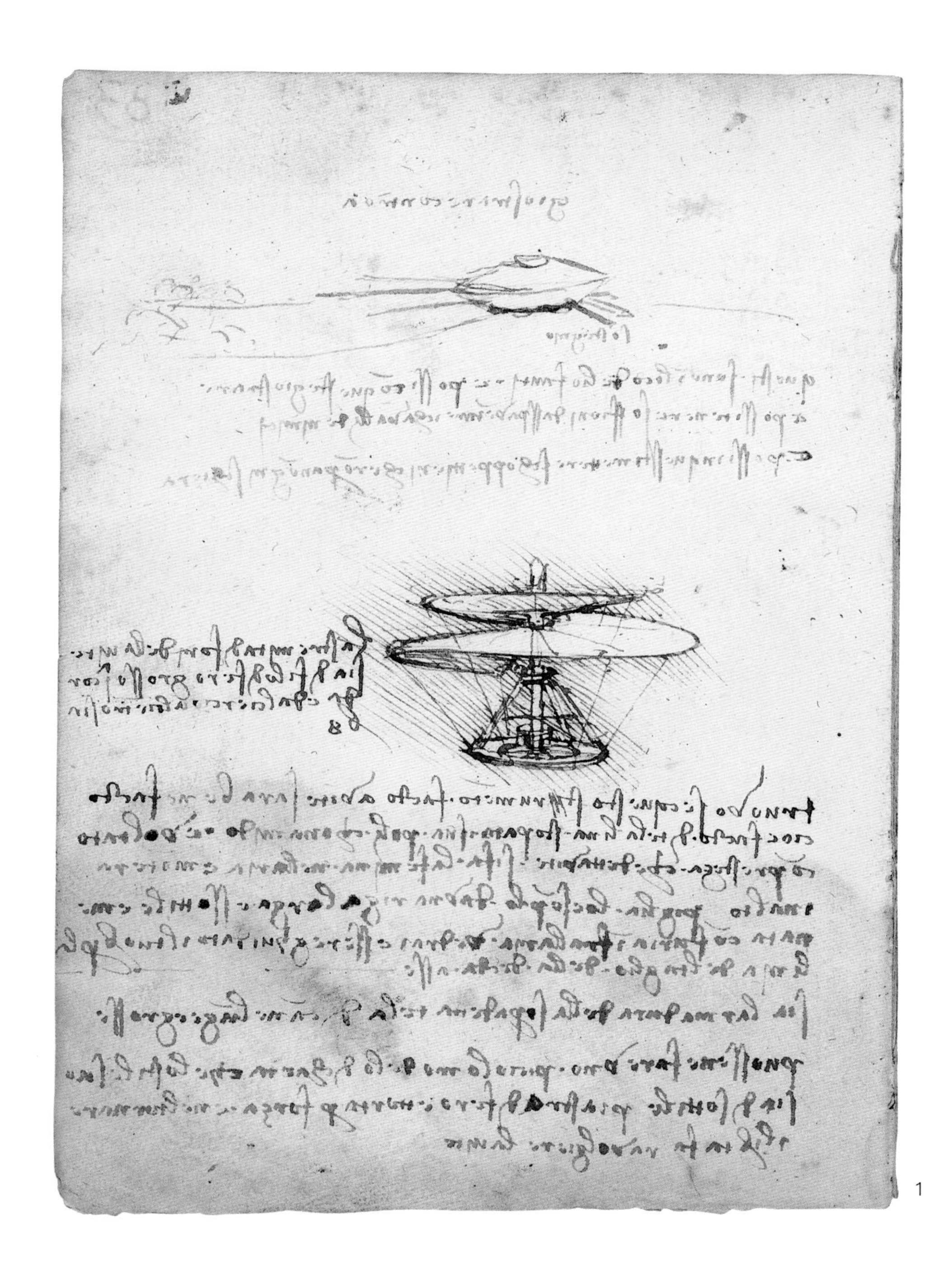

1

螺旋桨

这项螺旋桨的研究出现在《巴黎手稿 B》里，混杂在其他的飞行器之中。这部机器的设计理念是通过旋转，达到升空飞行的目的。这幅图和手稿中的其他画作一样，都是用墨水绘制的，因为用墨水线条画能够快速准确地完成绘画。当达·芬奇着眼于载人飞行后，他就把大量的精力投放在了研究人体潜力上（飞行器的唯一动力来源）。同时，他也着眼于飞行必须克服的另一个方面——空气，因为飞行器必须在空气中运行。螺旋桨的概念也正是在这种研究的前提下产生的。这是非常重要的一步。如果我们可以暂时忘记这个项目的科学意义，从单纯假想的角度来看，它似乎只是对未来的乌托邦式的幻想。达·芬奇认为，空气与水的区别在于，如果有足够的压力，空气就可以被压缩。《巴黎手稿 B》88v 中最杰出的研究之一，便是用于验证这种想法的一则随笔。螺旋桨的设计也来源于这一系列的想法。机器外围的阴影部分（和手稿 88v 的扑翼一样），有效地表现出空气的存在。如果空气能够被压缩，就意味着它有物质密度。在这个结论的基础上，达·芬奇相信螺旋形的机器，如果能够快速旋转，就能抬升自身，实现飞行。这部机器能够钻穿流动的空气，就像螺丝刀能够钻穿固体物质一样。而实现这种运动的关键就是旋转速度。因此在最后的分析中，问题又集中在了另一个焦点上——怎样才能获得足够的动力呢？和达·芬奇的许多项目一样，这个问题最终没有得到完全解答。达·芬奇并没有说明，这个力量是来自人力，还是来自迅速放开扭紧的绳索，就像陀螺那样。事实上，达·芬奇只在飞船项目上（《巴黎手稿 B》80v）研究过动力来源。他的研究给后人留下这么一个印象：达·芬奇并不想研究出一架能够飞行的机器，而是在研究许多不同领域的理论，包括人体动力学、空气的物理特征等。他在每个领域里调查研究，并且运用具体的项目来展现自己的理论研究结果。螺旋作为一种机械形式，在水利工程中随处可见（阿基米德螺旋泵、蜗杆螺钉等），但是在飞行器设计中出现，这还是有史以来第一次。

图 1

《巴黎手稿 B》83v 的中间部分，展示了螺旋桨设计并附有制作方法的笔记

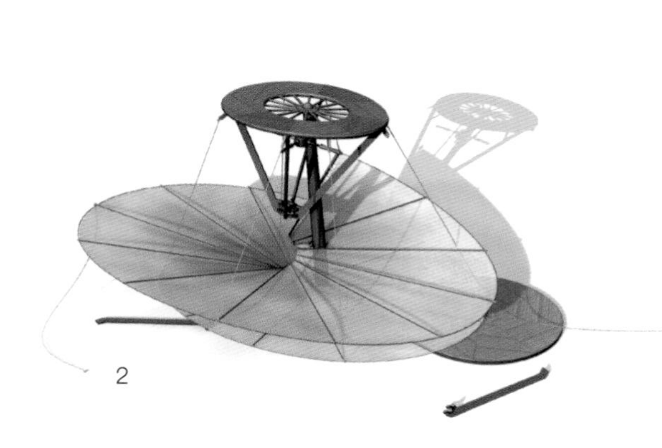

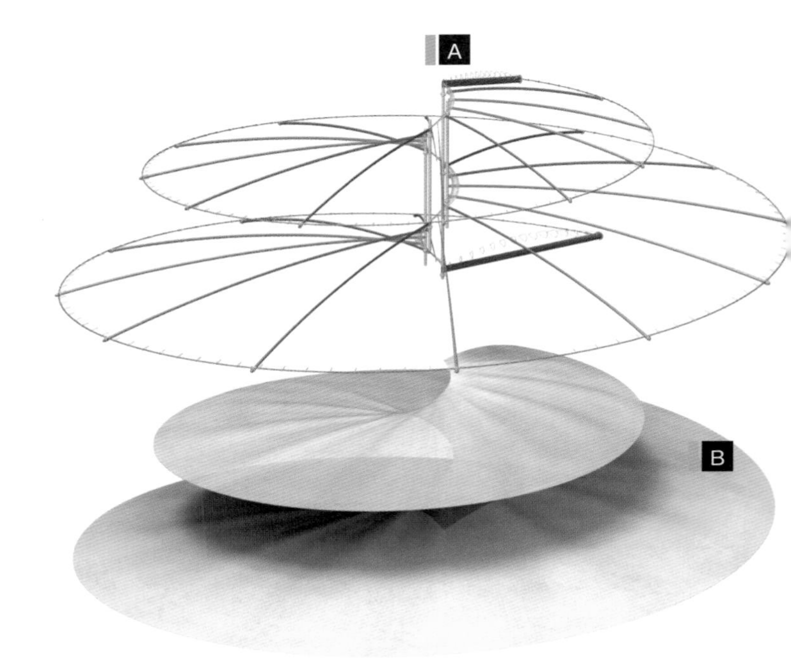

图 2

达·芬奇设计的“直升机”最终效果图。事实上，这个螺旋桨设计一直被大家误称为“达·芬奇的直升机”，但是从它的结构特征来看，这部机器应该无法运作，也并没有使用现代直升机的动力学原理。大家只需要把《巴黎手稿 B》向前翻 3 页，就可以找到一部从技术上更贴近于直升机的机器

图 3

螺旋桨的爆炸图，可以看见单独的零件以及零件之间的连接

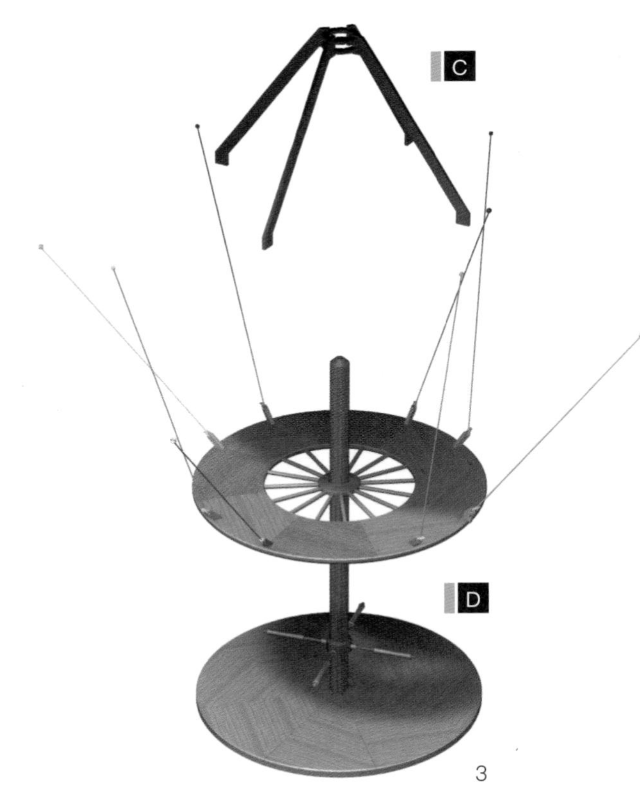

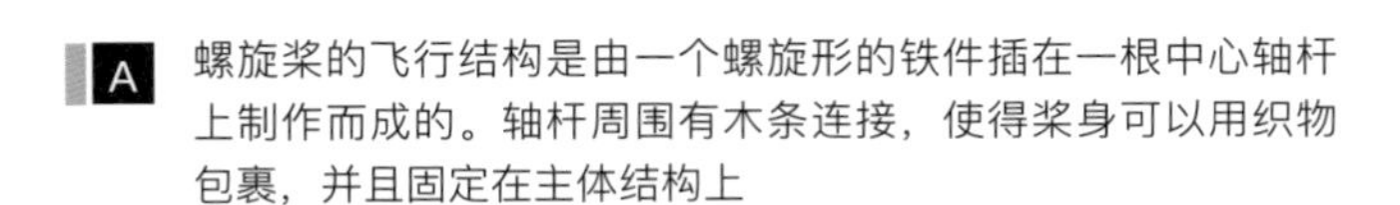

A 螺旋桨的飞行结构是由一个螺旋形的铁件插在一根中心轴杆上制作而成的。轴杆周围有木条连接，使得桨身可以用织物包裹，并且固定在主体结构上

B 达·芬奇认为亚麻布在浆洗之后，小孔和缝隙大大减少，能够用来包裹螺旋桨

C 木支架结构可以把螺旋桨固定在中心轴杆上，而机器的底部则是操作平台，可以由人工操控整个旋转机制

D 圆形的操作平台是木质的，上面可以装载操作人员，为飞行器提供动力

飞行结构

操作平台

图 4 和图 5

两张三维螺旋桨直立在手稿上，就好像用纸和木头做成的模型。图 5 是螺旋桨覆盖了亚麻布后的样子，图 4 则是没有覆盖亚麻布的样子

图 6

螺旋桨的全视图，展现了其结构和功能细节。操作平台上绘制了 4 个操作员，是为了让读者对达·芬奇原设计的大小有所感知

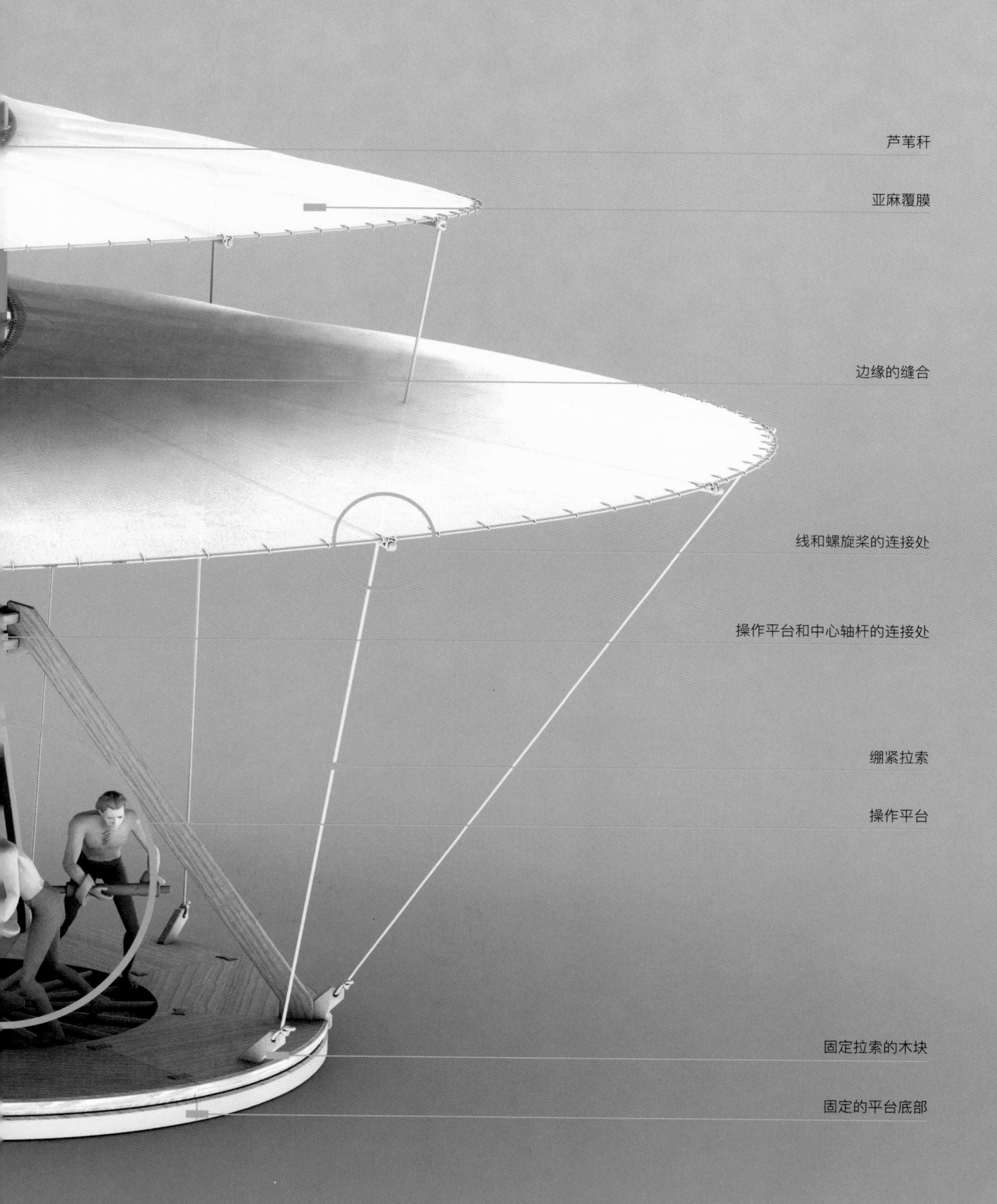
芦苇秆
亚麻覆膜
边缘的缝合
线和螺旋桨的连接处
操作平台和中心轴杆的连接处
绷紧拉索
操作平台
固定拉索的木块
固定的平台底部

E 在达·芬奇的手写注释中，他建议螺旋结构应该用粗铁丝制作，同时指出整个螺旋桨的直径应该是8布拉乔奥（1布拉乔奥约58厘米）

F 在注释中，他指出应该使用亚麻布来覆盖螺旋桨，并且必须对亚麻布进行浆洗，以封闭织物间的小孔。为了让整个结构更为轻巧，他建议使用长而结实的芦苇杆。最后他提出（也许只是提醒自己）应该先做一个纸模型来研究整台机器的功能

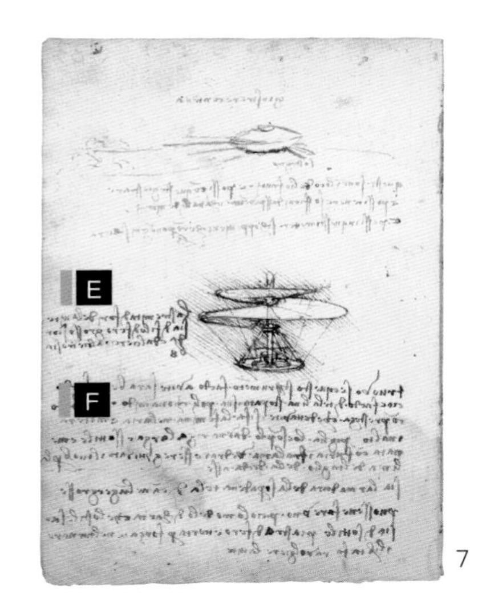

图7

手稿有两条注解，其中E注释的是侧向尺寸，F注释的是构造尺寸

图8

螺旋桨的技术图，展示了它复杂的形态和优雅的设计

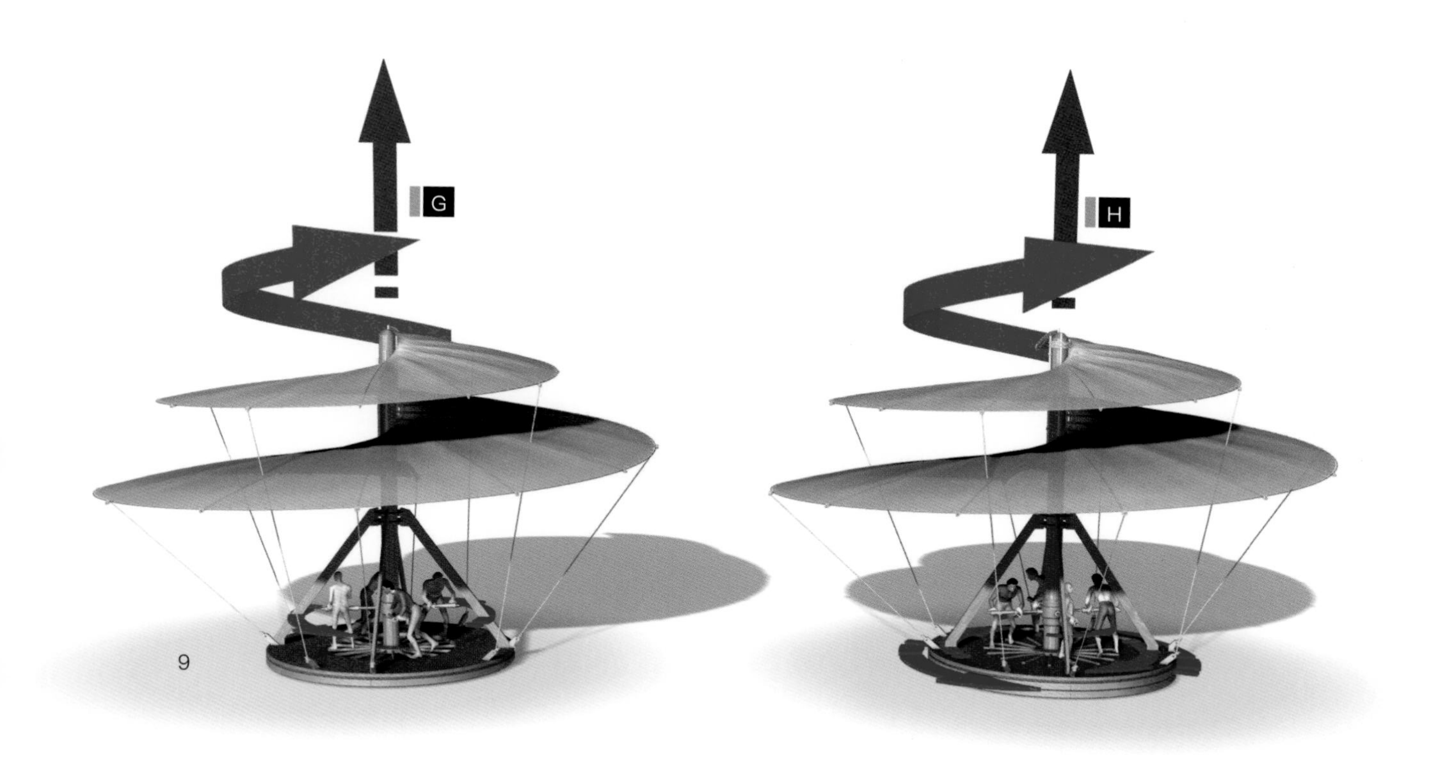

G 4名操作员紧抓操作杆，双脚踩动连接螺旋桨的平台，促使螺旋桨转动。达·芬奇设想，一旦螺旋桨能够“钻过”空气，主体结构和旋转的平台就会升起，操作人员则留在地面上

H 在第二种假设中，整个结构略有不同。4名操作员本身就是飞行器的一部分。他们用双脚踩动操作平台，使得平台转动。而他们自己也像乘坐旋转木马一样，随着平台转动起来。当螺旋桨能够“钻过”空气，整部飞行器都能够升空。但是，由于飞行器的基座转动方向和螺旋桨相反，即便是螺旋桨有向上的动力，也不能升空，因为这种相反的转动使得操作员双脚无法用力。
不论是采用哪种方法，最终的结果都会如图2所示。为了解决旋转的稳定问题，现代直升机的尾部都加装了一个推进器，防止直升机本身跟随螺旋桨旋转。除此以外，它是依赖空气动力学原理飞行的，而并非达·芬奇想象的那样，依赖“钻过”空气实现飞行

图9和图10

这两幅图展示了对螺旋桨运作方式的两种猜测。在两种情况下，覆盖亚麻布的螺旋桨都是顺时针旋转的（见俯视图），就像达·芬奇所描述的那样，能够“钻过”空气。使它旋转的力量也可以通过这两种方式提供

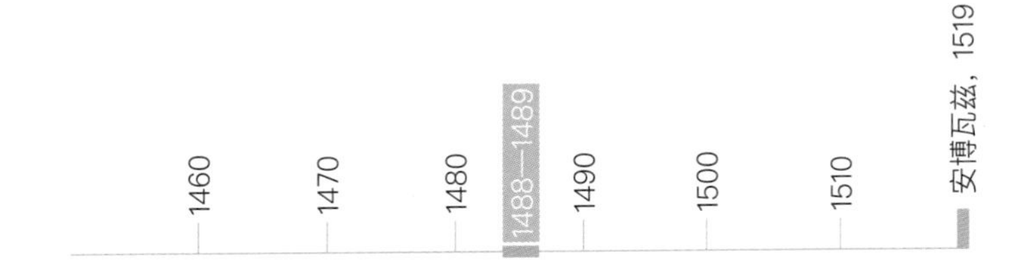

《巴黎手稿B》74v

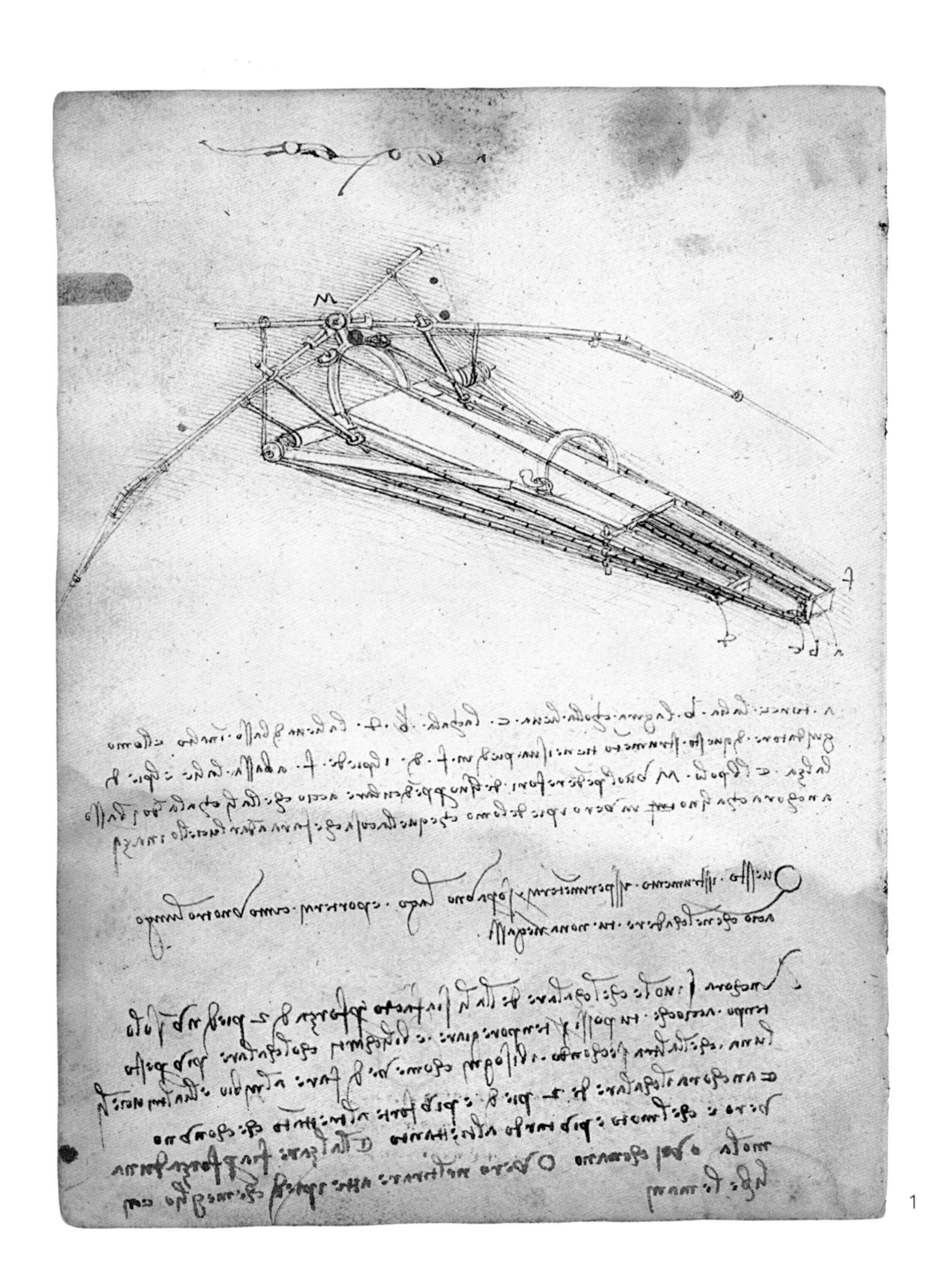

1

飞行器

2

《巴黎手稿 B》中的这幅速写，加上下面的 3 条注释，组成了一个复杂的体系。事实上，所有的注解都和图画中的机器有关。这张手稿的绘画风格和注释构成了一种有机的统一。速写本身非常完整，线条清晰干净，而整个注释的结构则非常规整。这是达·芬奇 15 世纪 90 年代的典型风格：当时，他的才智已经显露出某种杰出的平衡，而这种平衡则在他的绘画中表露无遗。但是我们必须明白，这种境界来之不易。即便我们现在看到的是非常工整的手稿，它也仅仅是达·芬奇的工作笔记，完全是为自己绘制的。笔记中不同的书写风格就说明了这一点。一开始，达·芬奇画出了主图，并写下第一条注释。不久之后，他重回此页，写下了其余的注释。达·芬奇几乎一直都是这么工作的。对他来说，每页手稿都像是一块画布，他不断在上面添加“笔触”：有时候添加的是文字，有时候添加的是图形——只要“画布”还有空隙，他就可能不断地添加下去。

在这个时期，达·芬奇一直致力于研究人体的潜力，以及如何将它毫无保留地利用起来。这也是当时他的研究核心，并随之触发了一系列的飞行器研究。在这部分飞行器中，飞行员都是呈站立姿势的。与此同时，他也没有忘记模仿自然飞行，而在相关的飞行器设计中，飞行员都是呈横卧的姿势。他的注释清晰地解释了这种模仿的概念，在注释中，他提到风筝和其他的鸟类，并把它们当作模仿的对象；甚至在提及飞行器的时候，直接把它称为“大鸟”。在他的头脑中，自然与技术已经交互重叠在一起。而在大师后期的手稿《鸟类的飞行》中，这一点表现得更加明确。这页手稿其中的一条注释讲的是用飞行器来做实验。达·芬奇计划在湖上进行这场实验，以便减轻下坠带来的损伤。

图 1

《巴黎手稿 B》74v 将飞行器的绘图放在正中位置

图 2

飞行器的模型放置在《巴黎手稿 B》的修复版的第 74v 页手稿上

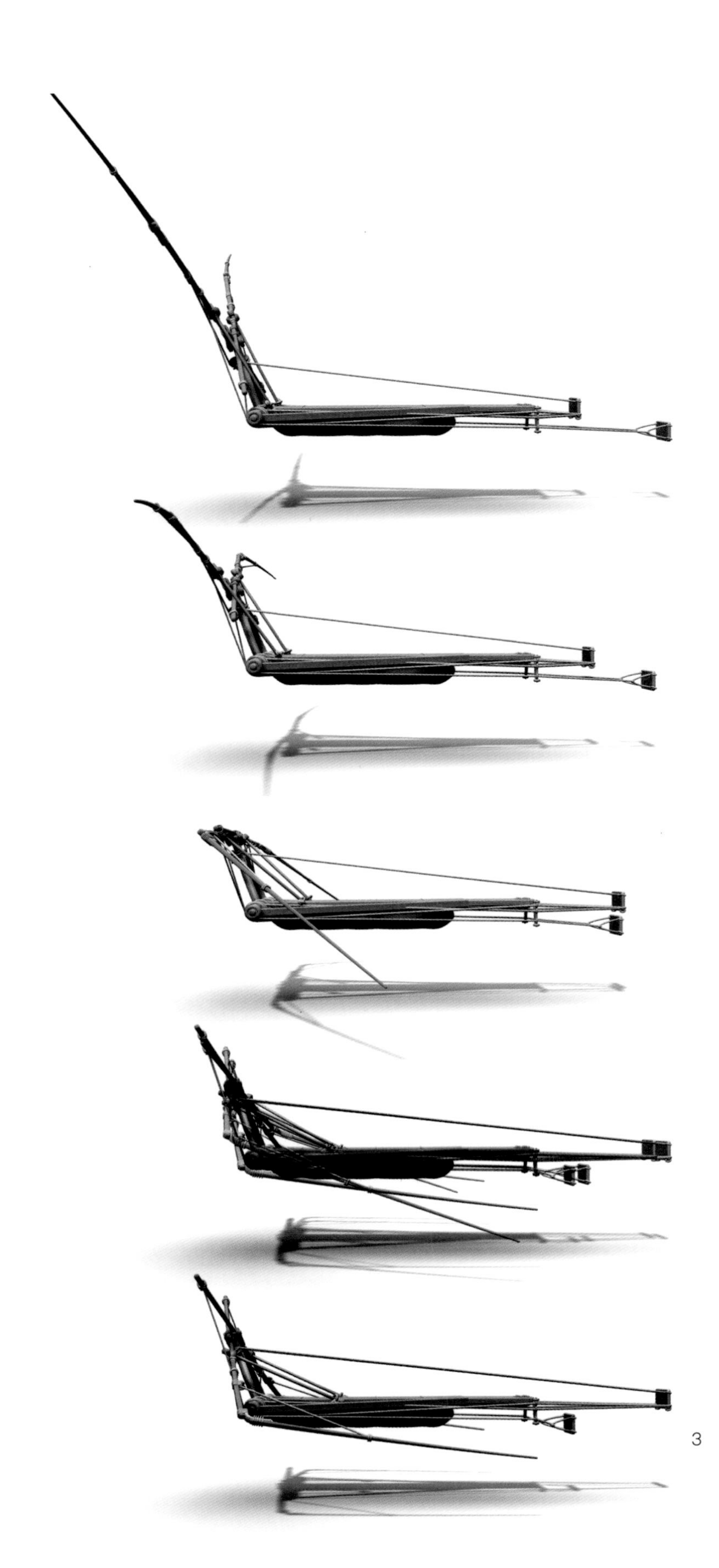

图3和图4

飞行器运作原理的侧面图（图3）和正面图（图4）。从上到下的顺序是机翼折叠的过程；从下往上看，则可以看到机翼展开的过程。
这个系列的每一张图都旨在解释机器的运动形式及每一个动作涉及的部件。整个系列不仅展现了飞行器的运作原理，同时也展现了运作的复杂程度

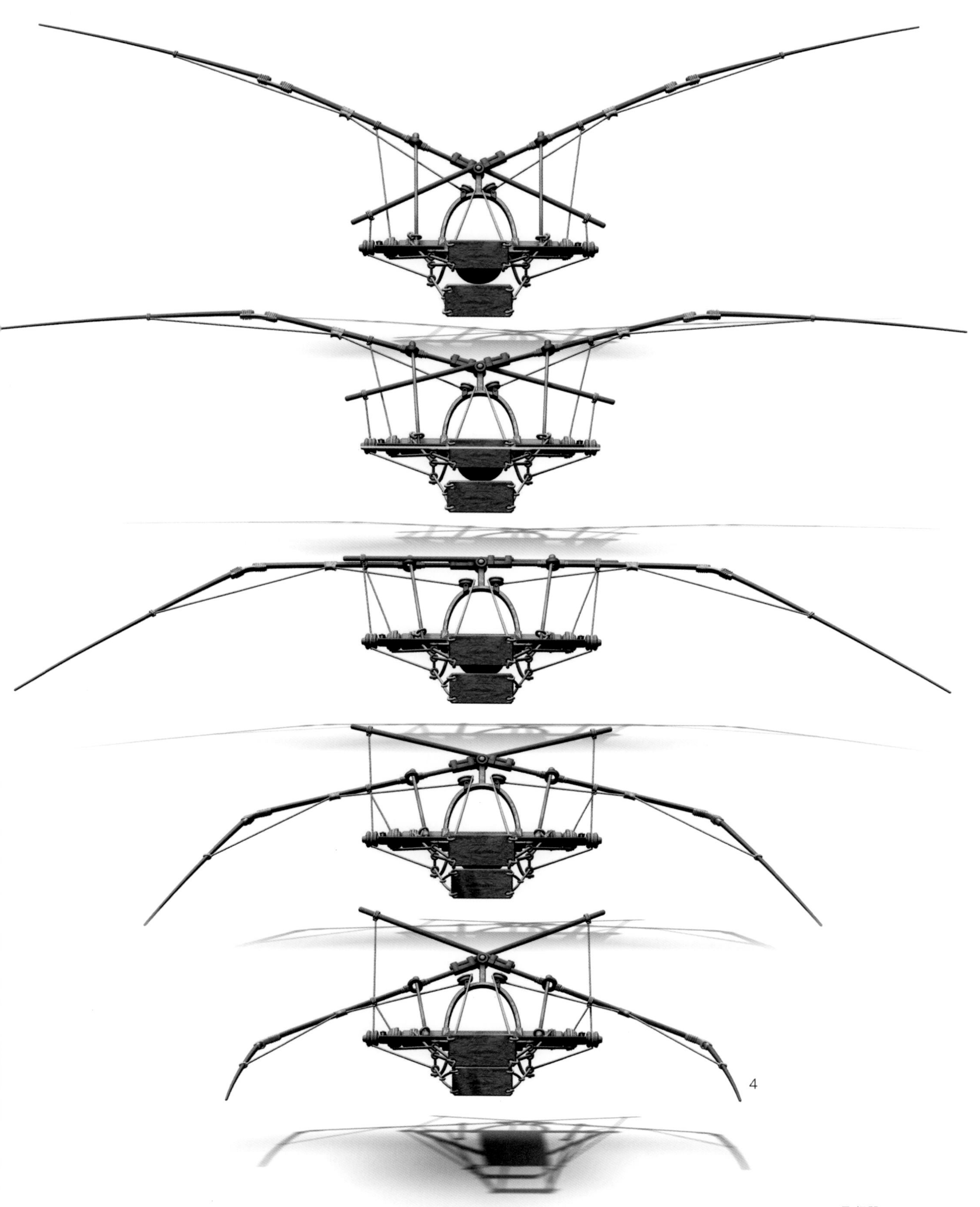
4

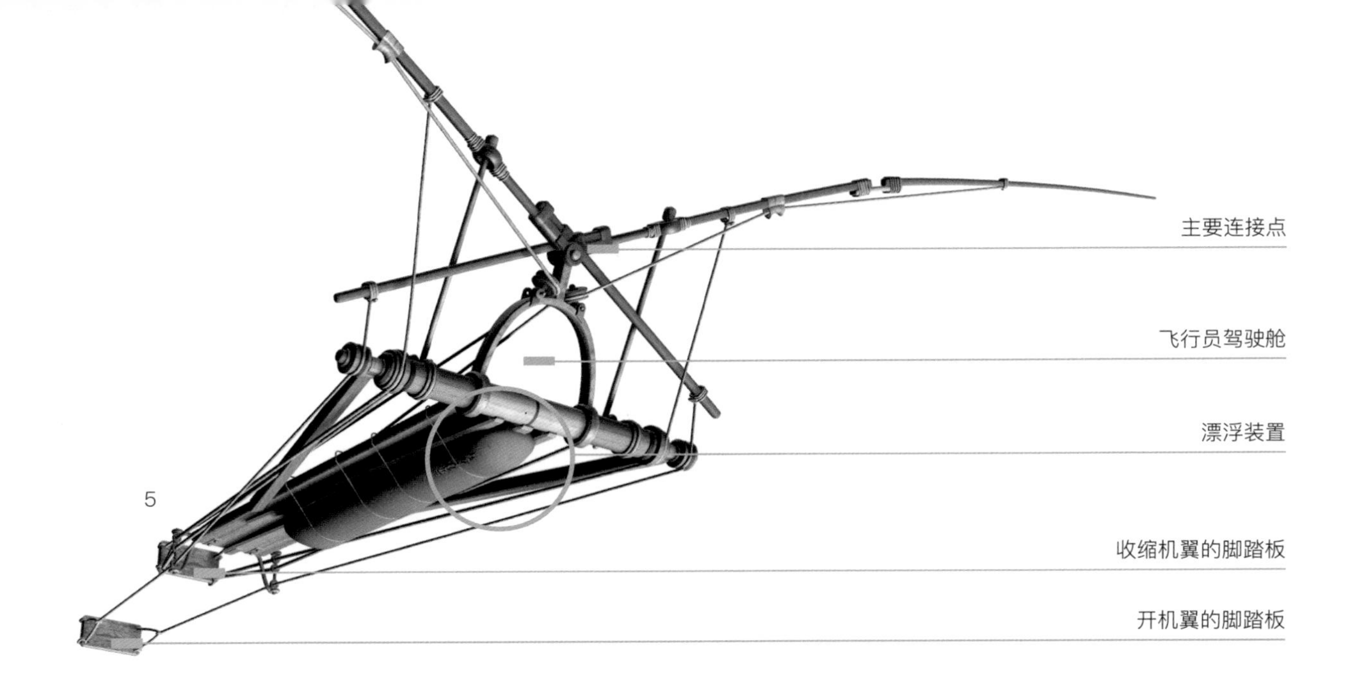

图5

飞行器的主要组成部分，仰视图

图6

机翼的六步动作图（数码叠加图）。值得一提的是，除了完成回旋动作之外，当机翼收缩的时候，它们会向内弯曲，整套动作非常复杂，完全模仿了鸟类在飞行时翅翼的拍打状态

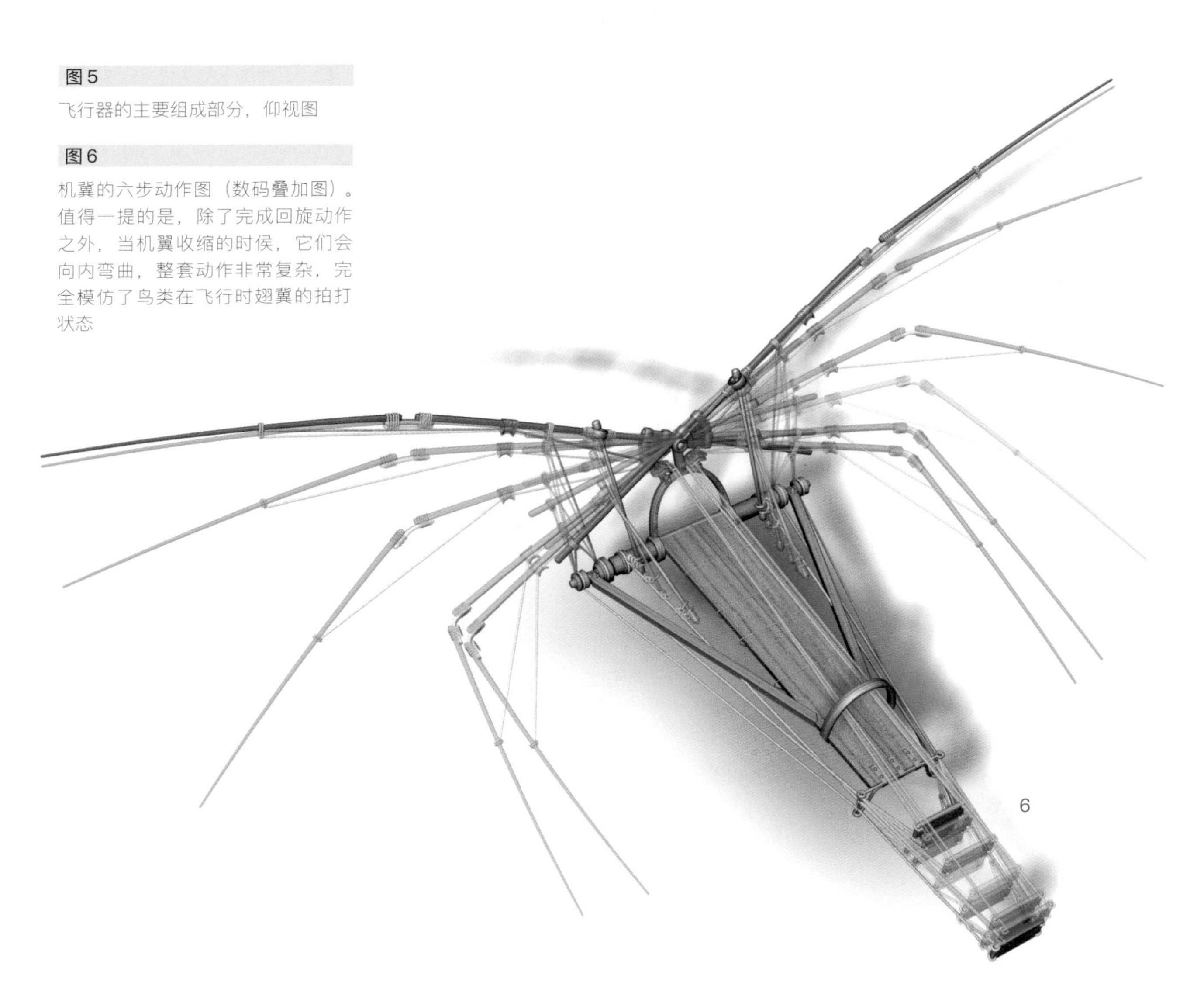

图 7

在这个假想的飞行测试中，机翼的结构有所变动，而增加的部分参考了达·芬奇在这页手稿的背面《巴黎手稿 B》74r 中的设计。出于安全考虑，达·芬奇认为这部机器应该在湖面上进行测试。他在飞行器的下部设计了一个漂浮装置，以免它沉入水底

7

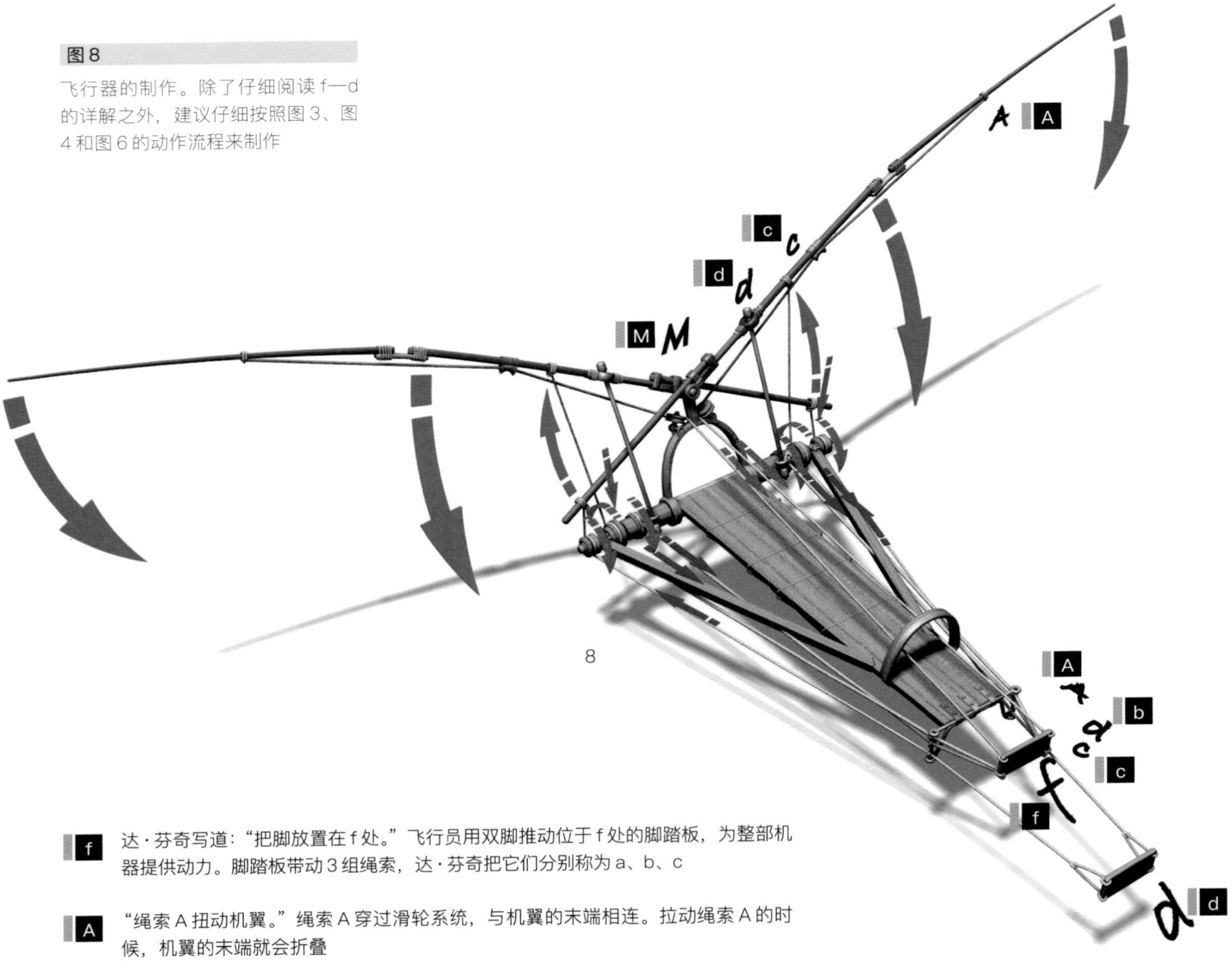

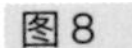

图 8

飞行器的制作。除了仔细阅读 f—d 的详解之外，建议仔细按照图 3、图 4 和图 6 的动作流程来制作

8

f 达·芬奇写道：“把脚放置在 f 处。”飞行员用双脚推动位于 f 处的脚踏板，为整部机器提供动力。脚踏板带动 3 组绳索，达·芬奇把它们分别称为 a、b、c

A “绳索 A 扭动机翼。”绳索 A 穿过滑轮系统，与机翼的末端相连。拉动绳索 A 的时候，机翼的末端就会折叠

b “绳索 b 通过杠杆转动。”绳索 b 穿过一个铁环，能够移动连接在机翼上的木条，使机翼回旋转动

c “绳索 c 使它下降。”绳索 c 拉动一套滑轮系统，使机翼能够上下拍动

M “核心枢轴 M 的重力中心正好在垂直线上，当机翼下降的时候，它们会朝着飞行员的双脚下落。”支撑枢轴 M 的金属结构向前倾斜，使机翼能够正确地运行

d “踏板 d 使机翼升起 …… 踏板 d 从下往上运动。”当飞行员推动脚踏板 f 的时候，机翼就会展开。此时，如果要再度展开机翼，他必须推动脚踏板 d。达·芬奇认为，可以使用一系列的弹簧来帮助飞行员完成这些动作

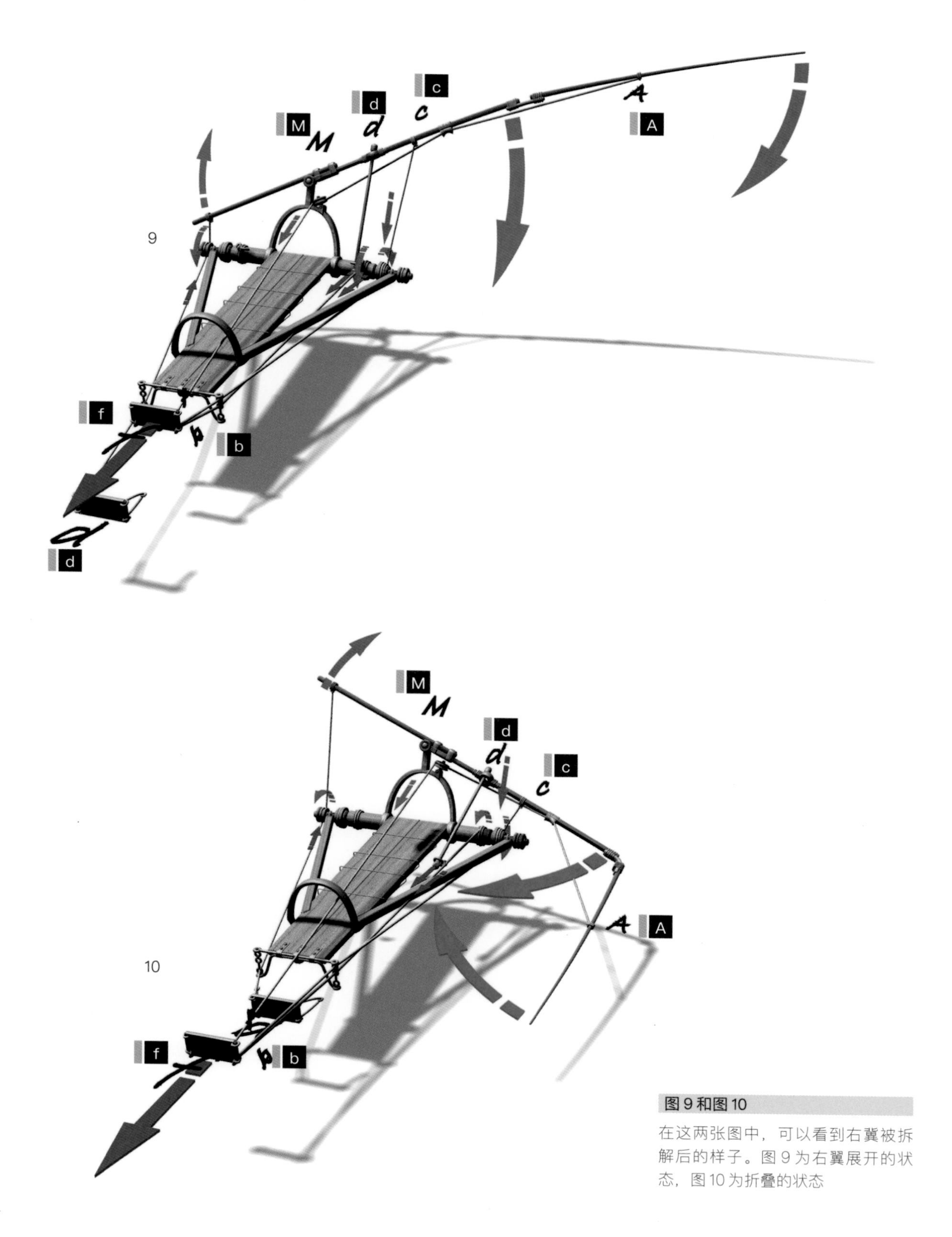

图 9 和图 10

在这两张图中，可以看到右翼被拆解后的样子。图 9 为右翼展开的状态，图 10 为折叠的状态

芬奇镇，1452
1460
1470
1480
1490
1493—1495
1500
1510
安博瓦兹，1519

《图谱抄本》844r

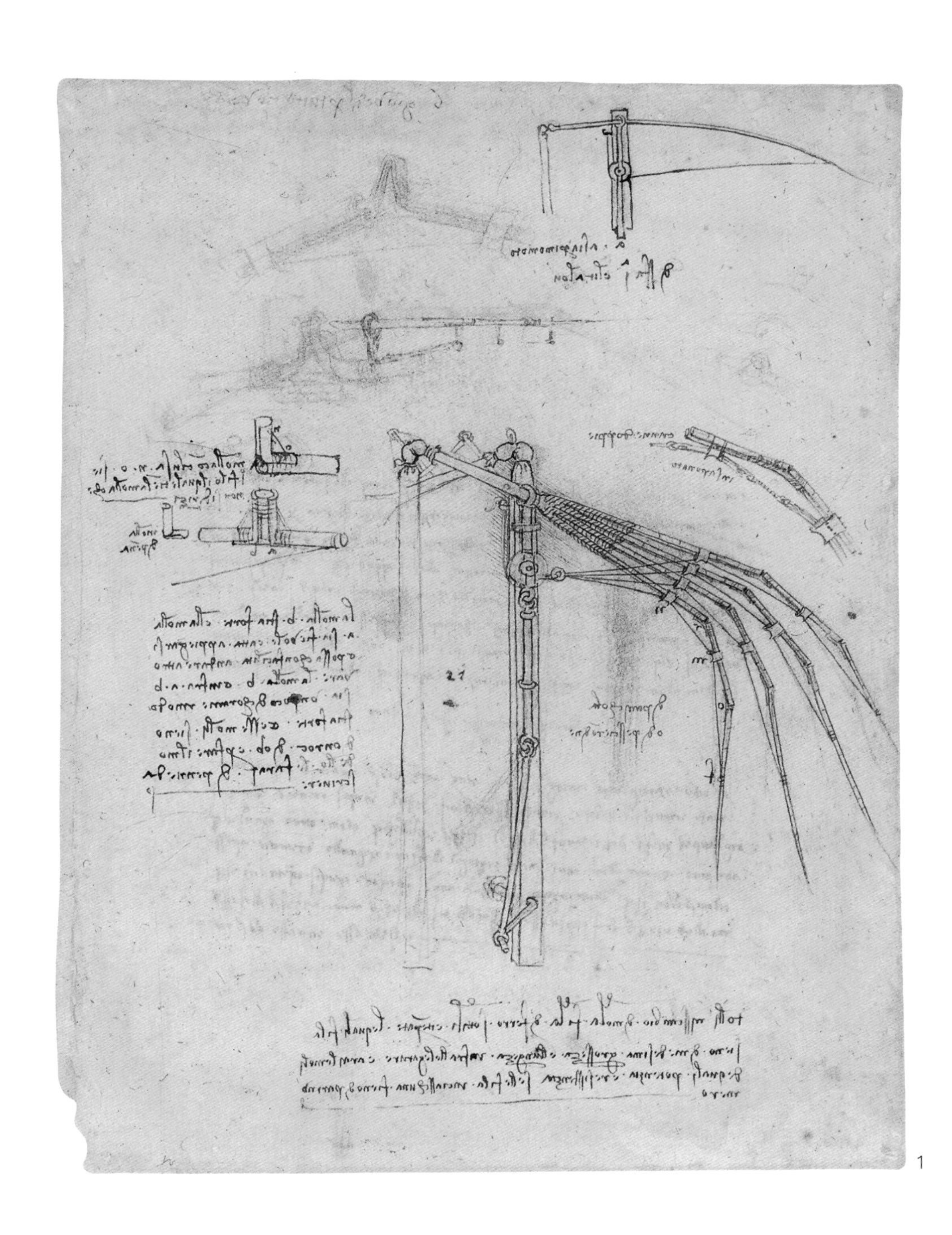

1

机械翼

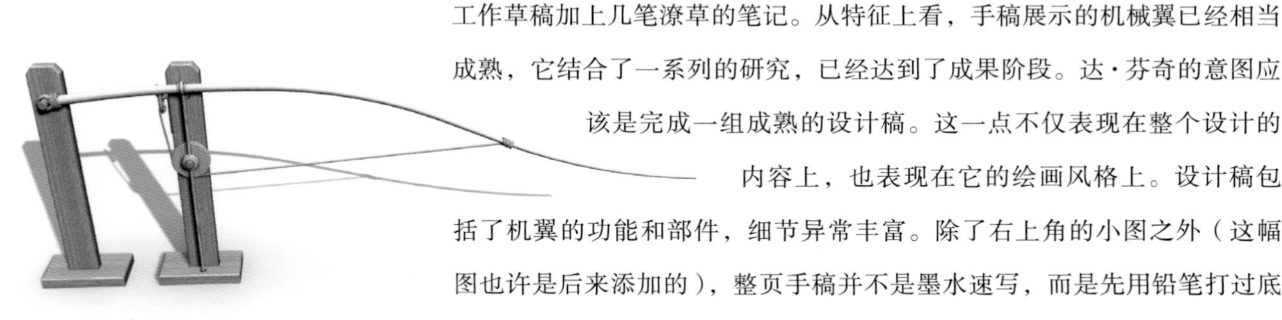

2

这页手稿是1494年左右达·芬奇在米兰绘制的，它绝非一页普通的工作草稿加上几笔潦草的笔记。从特征上看，手稿展示的机械翼已经相当成熟，它结合了一系列的研究，已经达到了成果阶段。达·芬奇的意图应该是完成一组成熟的设计稿。这一点不仅表现在整个设计的内容上，也表现在它的绘画风格上。设计稿包括了机翼的功能和部件，细节异常丰富。除了右上角的小图之外（这幅图也许是后来添加的），整页手稿并不是墨水速写，而是先用铅笔打过底稿，最终用墨水笔定稿。这些铅笔的底稿说明，达·芬奇的目的是绘制一幅完整的终稿。除了右上角插入的小图之外（部分速写尚未完成，也许是后来插入的），手稿的主图和注释都是完整的。主图绘制了整对机械翼，包括左右两个部分，同时还插入了放大的细节图。即便是两块注解部分，也写得十分工整。这些都符合达·芬奇在《马德里手稿I》中，对于机械研究的手稿风格。15世纪90年代，达·芬奇在研究的各个方面都呈现出这种风格。在那个时期，他的智慧达到了一个极高的平衡点，对自然现象有着极强的几何学和数学概念。这一点不仅表现在他的研究内容上，同时也表现在他的手稿布局的清晰程度上及线条和阴影线的匀称规整上——而这一张手稿则是这种风格的典范之作。

达·芬奇的飞行器研究，是建立在对人体动力潜能研究的基础上的。此时，对鸟类的模仿似乎已经退到了次要的位置。但是，仍有一些项目与众不同，这页手稿就是其中之一。手稿中的机械翼由不同的零件组成，用绳索拉动。达·芬奇设计的零件，则完全是模仿鸟类翅膀的关节。

在这个设计中，所有的部件都互成直角摆放。后来，当达·芬奇开始创作《鸟类的飞行》手稿时，观察和模仿自然飞行再度成为他的研究焦点。他在那个时期设计的零件形状，甚至模仿了动物的骨骼，把人类模仿自然飞行的研究推向了极致。

图1

《图谱抄本》844r，展现了机械翼的核心部分。这只机械翼似乎是在模仿动物翅膀的构造和运动方式

图2

按照手稿右上角细节图复原的机械翼

下页对页图3

《图谱抄本》844r的数码复原图，放置在原手稿的上面

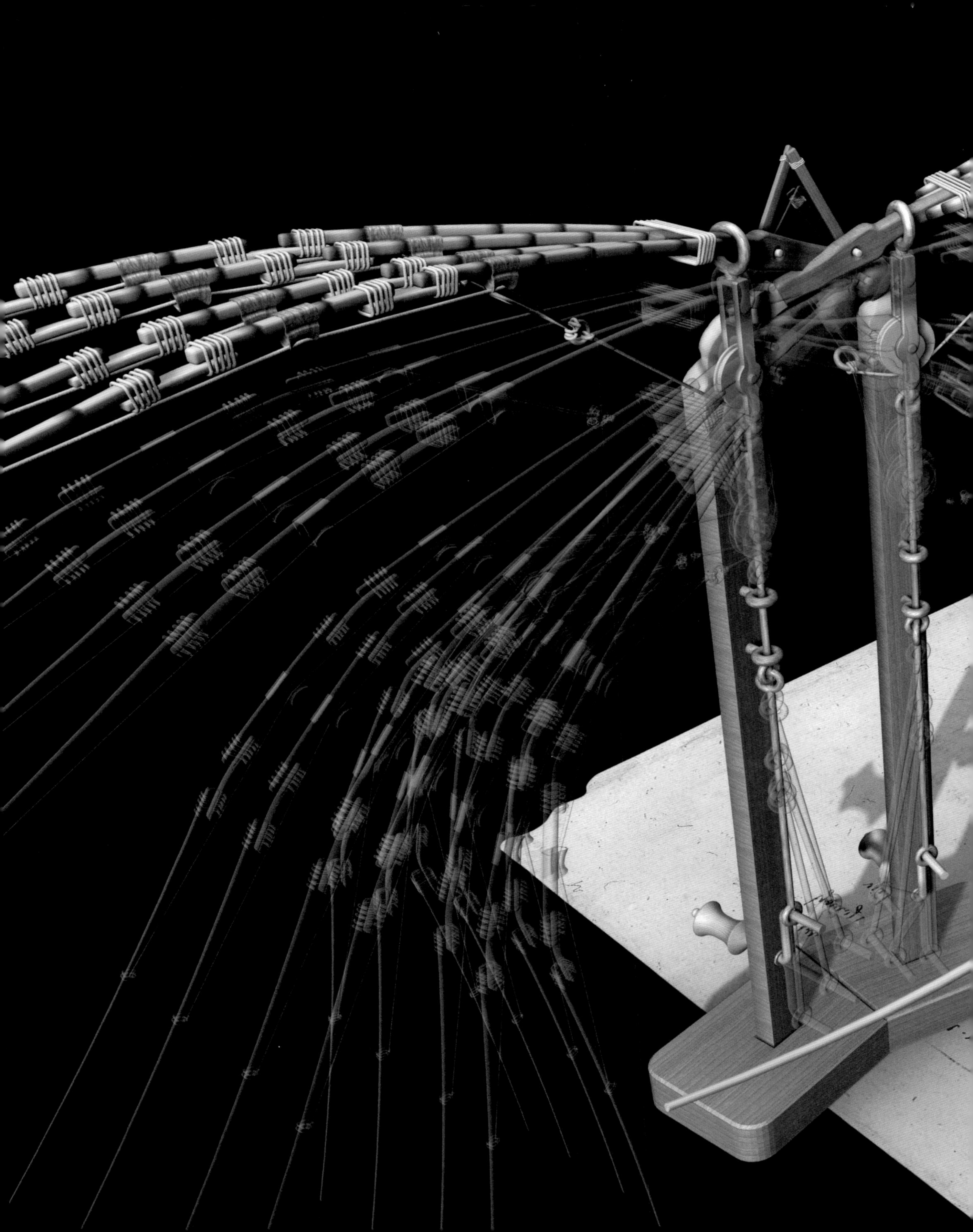

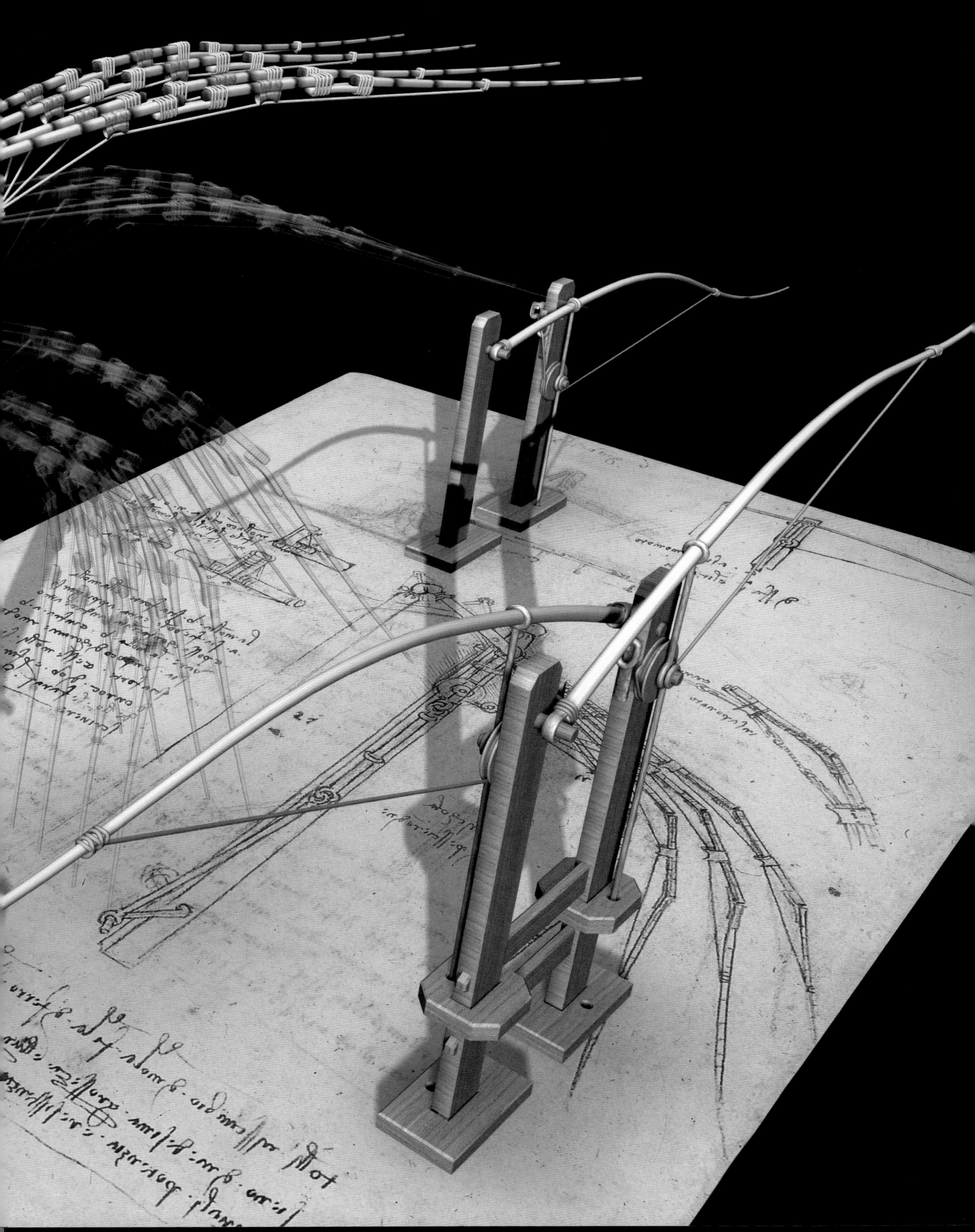

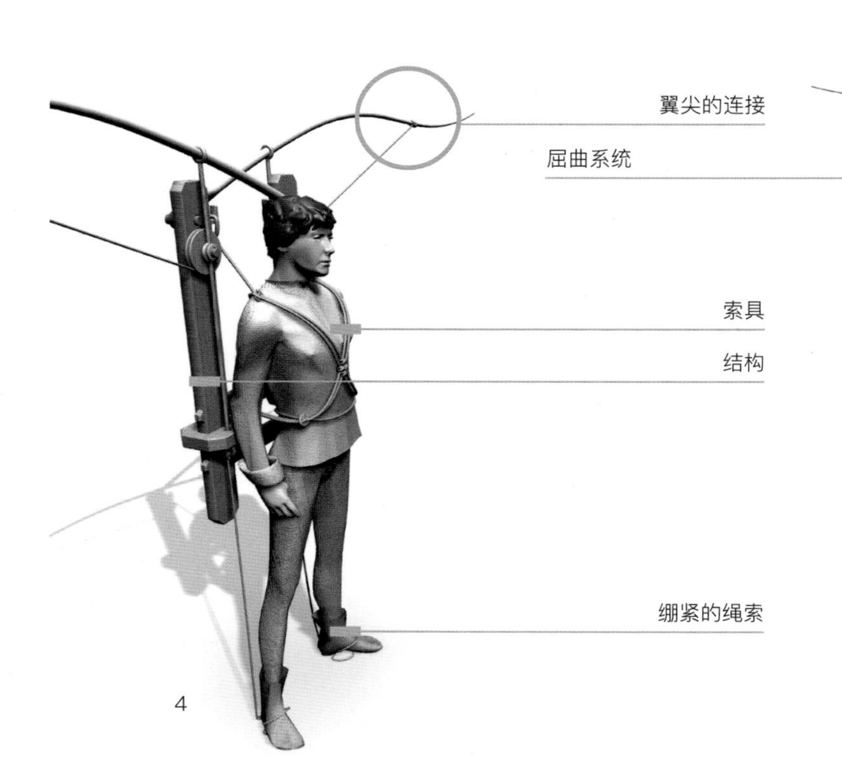

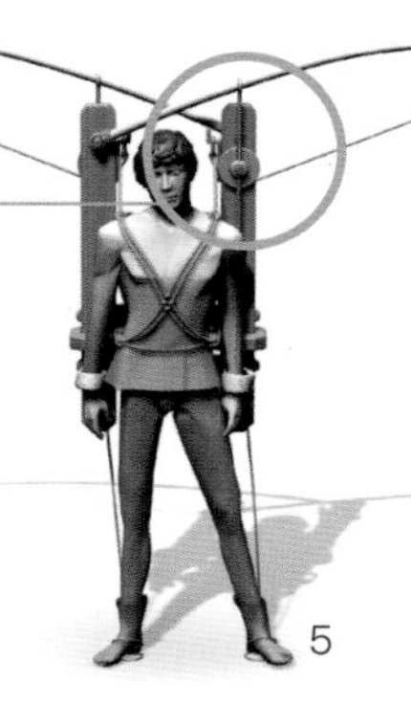

图 4 和图 5

图片用人体比例来展现达·芬奇的机械翼如何运作。飞行员背着一套类似于背囊的索具，通过弯曲和伸直双腿，他就能控制两根金属棒。图中没有展现翅膀的整个结构。飞行员不仅要用双脚带动绳索来拉动金属棒，还得十分勇敢，因为他必须从高处跳下来，不断拍打双翼，才能够停留在空中。这部机器的结构和构思最终决定了它的命运：它是不可能被付诸实践的

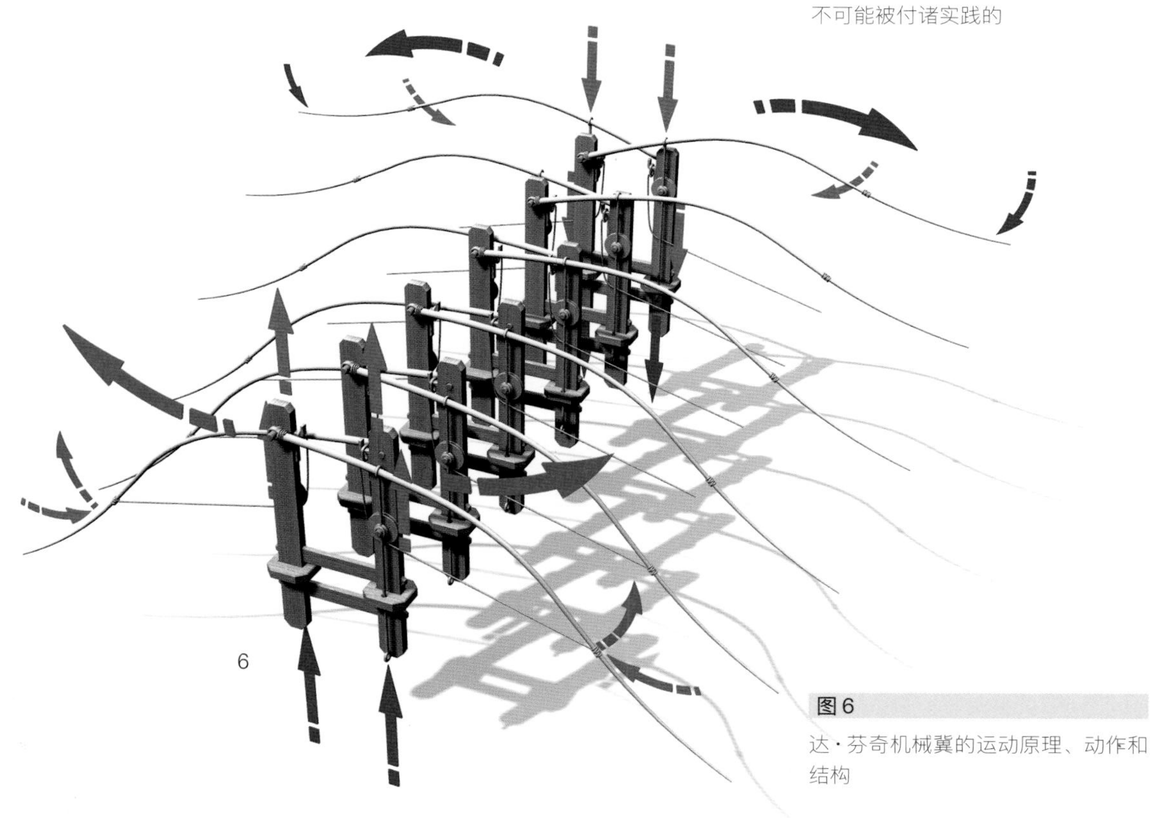

图 6

达·芬奇机械翼的运动原理、动作和结构

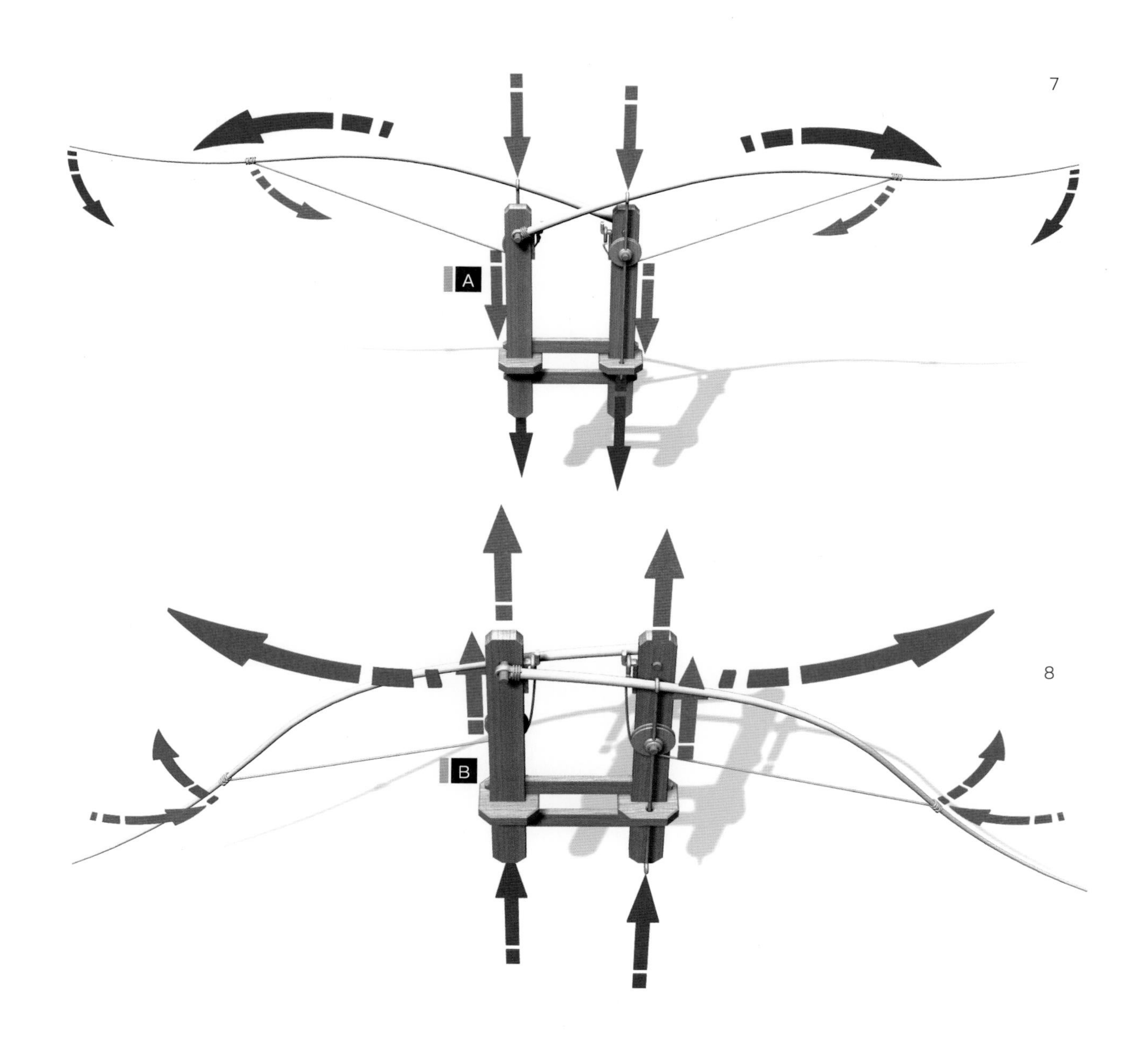

A 第一幅图展现了机翼在弯曲状态下的运作原理。两条金属棒沿着平行的支撑系统下降（蓝色箭头），机翼会沿着金属棒末端的圆环下滑，带动机翼本身做出向下的动作。用来带动金属棒的滑轮系统同时拉动连接在翼尖上的绳索。滑轮系统在转动的时候，就能将连接翼尖的绳索绕紧（红色箭头）

B 第二幅图展现了机械翼展开的运作原理。只需要将图 7 中 A 的动作逆向运行，机翼就能展开。金属棒向上运动，机翼沿着圆环滑动向上。当它们重新展开的时候，绕在滑轮系统上的绳索就会松开，机翼就能从折叠状态完全舒展开来

图 7 和图 8

两幅图展示了机械翼在“屈曲 — 折叠”和“展开 — 延伸”状态下机械臂的运作原理

图 9

机械翼拆开后的所有零件

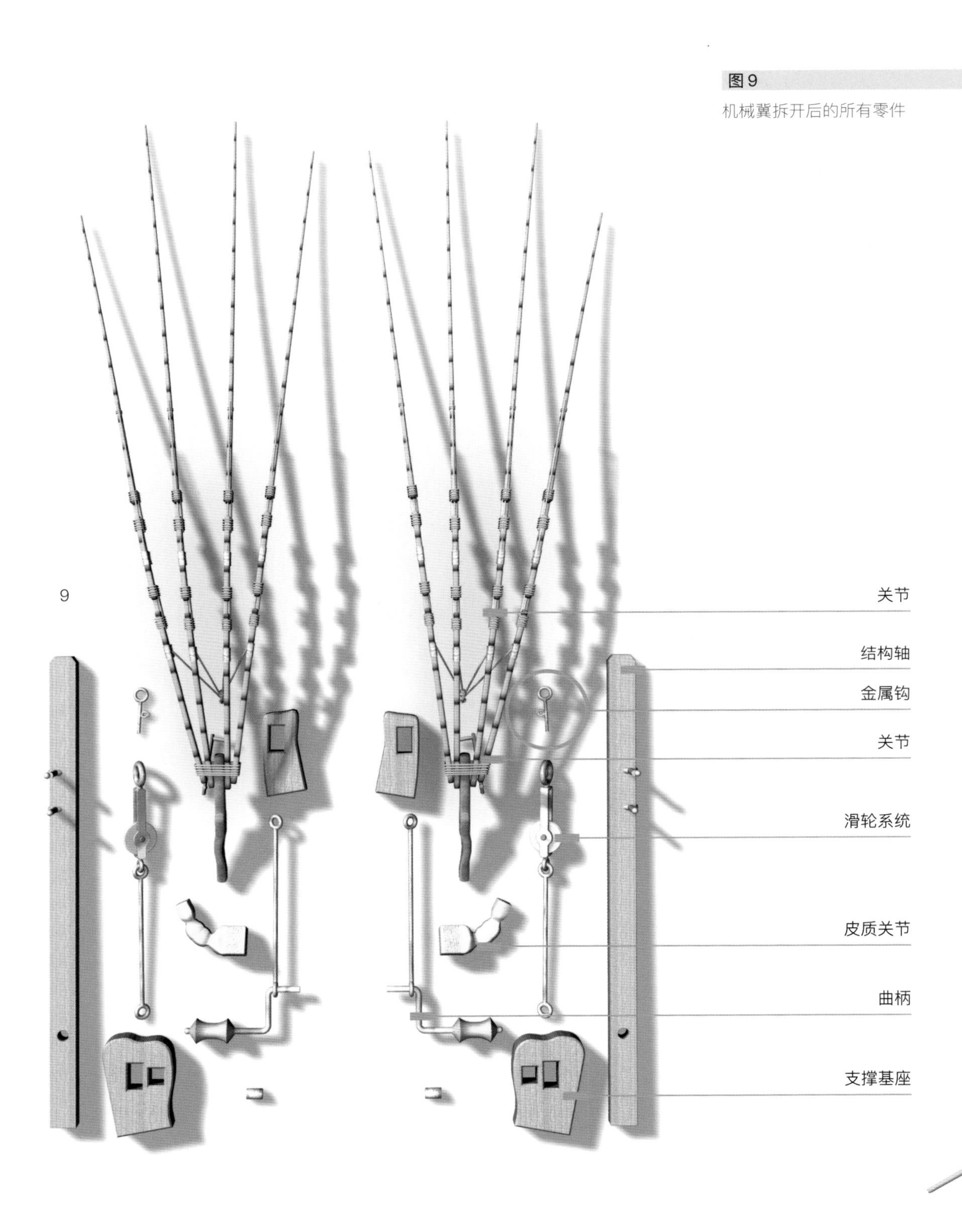

10
11

图 10

机械翼的三维模型图，以及《图谱抄本》的原设计稿

图 11

和图 4、图 5 一样，这幅图不再把机械翼当作一个实验室的模型，而是假设它在实际状态下，将会如何运作。图 11 中的机械翼按照人体比例绘制，并展现了飞行员带上索具后，如何用双脚拉动绳索，使它运作起来的场景

002

战争机械

War Machines

达·芬奇在米兰的最初几年（约1483—1490），一直致力于设计和制作武器。这项工作在他回到佛罗伦萨之后（1502—1504）也持续了一段时间。他在米兰时期设计的机器种类繁多，样式华美，但是通常不大实用。相反，他后期的设计则更为严谨，设计的重点也集中在当时的攻防焦点上——火器。他在写给莫罗公爵的自荐信中（《图谱抄本》1082r），用极大的篇幅描述了自己在武器制造方面的才干和知识，包括桥梁、云梯、射石炮、马车和迫击炮。写这封信的时候，达·芬奇刚好30岁，想要换个职业。他求助于当时的文坛高手，给文章润色添彩。当时他可能已经离开了佛罗伦萨，或者正准备启程，为能征惯战的莫罗公爵效力。所以，我们可以猜想，这封信里还附上了几张绘图作为佐证。《图谱抄本》（一组散页手稿，其实不应该称为"抄本"）包含了几张画得极为出色的武器图。这几张图画得非常完整，很可能就属于进献给莫罗公爵的那本华丽画册。这可能解答了人们心中的疑问：为什么这批武器看起来如此巨大、如此壮观，却根本无法制造？如果达·芬奇是在前往米兰的转折期写下的自荐信，那么他在佛罗伦萨做学徒的时候，就已经开始研究武器制造了。15世纪以前，托斯卡纳的工程大师，包括塔科拉、弗朗切斯科·迪乔治等人，都曾经研究过武器制造。年轻的达·芬奇对这个传统了如指掌，同时，这种传统也影响了他在佛罗伦萨与米兰时期的设计风格。例如，他绘制的围攻武器（用于攻打城墙）就在一定程度上反映了其他工程师的研究成果；同时也反映了文艺复兴时期人们对古典器械的兴趣和敏感。战争对于他们来说，不仅是战场上的实践艺术，同时也是文化的一部分，是重新发现古典世界的一种途径。

罗伯托·瓦初里奥撰写的《军事艺术》（1450—1455）一书，可算得上是文艺复兴时期最成功的军事论文。书中用图片重塑了古典时期的主要战争武器。瓦初里奥并不是一位工程师，而是一位人文主义学者。在乌尔比诺，贵族们喜欢用武器来装饰建筑。例如，公爵宫就有大量以武器作为题材的浅浮雕。在古典时期，围攻武器在军事艺术中最具有代表性。因此在设计围攻武器的同时，达·芬奇也在发现着古典美。他把绘画作为交流工具的这种想法，吸引着他亲近塔科拉和弗朗切斯科·迪乔治这样的大师。然而，达·芬奇不仅在绘画质量上超越了传统，而且在表达方式上也推陈出新（例如使用多视角视图、爆炸图和全景图等），他的杰出还体现在表达的内容上。在设计器械的时候，达·芬奇能够用视觉语言来阐述复杂的概念。如果我们把弗朗切斯科·迪乔治绘制的机械图和艺术画进行比较，这两种绘画之间的区别就会一目了然。和达·芬奇一样，迪乔治也坚信绘画能够传递知识。在描摹和透视方面，迪乔治的图画都非常精准简洁。尽管如此，由于这些图画是著作插图，难免有点说教和学究的味道。可贵的是，达·芬奇轻松地跨越了机械绘图和艺术绘画之间的鸿沟。例如，他绘制过一种用于推倒攻城云梯的器具（《图谱抄本》139r）和铸造厂里的一门巨炮（《温莎手稿》12647）。在这两幅画中，达·芬奇除了表达机械原理，还绘制了人物的动态。特别是在铸造厂里的工人，许多都被表现为裸体，这并不符合机械绘图的风格。而达·芬奇使用裸体人物，目的在于展示工作状态下人体的力量。

时光流逝，达·芬奇似乎越来越痴迷于这样的表达方式。他的迷恋不仅源自画家的天性，同时也和研究飞行器有关。即使是在绘制可怖的“卷镰战车”时（都灵图书馆馆藏手稿以及伦敦大英博物馆馆藏手稿），达·芬奇也把机械绘图转换成了一幅颇具戏剧性的画作，强调战车能够对人体造成的伤害。他绘制了被撕成碎片的尸体、被切割和撕开的肌肉，同时还附上这样的注解：“它们对敌人和朋友同样无情。”1504年左右，达·芬奇在佛罗伦萨用更惊人的手法进行了尝试。《图谱抄本》72v的主图，是《安吉里之战》的一匹战马（《安吉里之战》是佛罗伦萨共和国为韦基奥宫定制的一幅大型油画），然而在战马的旁边，达·芬奇绘制了一件火器的设计图。其实，达·芬奇早期设计的一些机械是比较简单实用的，同时也很容易现场组装，例如备用桥、平转桥（《图谱抄本》55r、855r）都可以使人迅速跨越水面。他同样设计了各式各样的云梯，用于攻打堡垒要塞（例如《巴黎手稿B》50r、59v）。他还绘制过许多形状怪异的长矛（《艾仕本罕手稿》2037）。

在这些手稿中，绘画不仅仅是一种实用工具，所有的长矛和云梯似乎都包含着难以描述的创造力。1499年，法国人把斯福尔扎赶出米兰，整个半岛的政治局面变得动荡不安。在逃离米兰之前，达·芬奇的所有工作都和这场战争密不可分。也许在米兰时期，他就已经和法国人有所接触，为意大利半岛南部的军事行动做准备。在离开米兰之后，威尼斯城邦找到达·芬奇，向他请教城邦东部的防御问题，因为当时的奥斯曼帝国一直对威尼斯虎视眈眈。1502年，达·芬奇在恺撒·博尔吉亚麾下效力，帮助他征服罗马涅大区。由于军事因素，皮昂比诺大公和佛罗伦萨城邦也再度与他联系，商讨与比萨城邦的战争事宜。在这样的环境下，达·芬奇重新开始研究战争工程。虽然他在莫罗公爵府也设计过武器，但那是在和平时期。现在，战争一触即发，摆在他面前的是迫切需要解决的实际问题。所以达·芬奇提供的解决方案也显得更精密、更深思熟虑、更具创新。他抛开那些华丽的十字弓和石弩，潜心专注火器研究。在欧洲，火器诞生于15世纪，由于杀伤力巨大，被迪乔治称为“恶魔的发明”。16世纪最初的20年间，达·芬奇经常接触火器，并且对它在进攻和防御方面的用途进行了分析。而他的一些要塞设计，就来源于这个时期（例如《图谱抄本》120v、132r和133r）。这些要塞形状奇特，是为了尽量减少火炮的伤害。他放弃了垂直的城墙，而利用弯曲的表面来吸收、分解炮弹引发的震动波。除此以外，他也研究武器。他设计过一件装有16挺小炮的武器（《图谱抄本》1r）。所有的炮筒都安装在一个平台上，而平台可以转动。这件武器应该也是在那个时期设计的，目的是提供尽可能大的火力。这一点也体现在他的要塞据点设计上（《温莎手稿》12337v、12275r,《图谱抄本》72v）。他在设计这些据点的防御工事时，曾经做过许多弹道研究。达·芬奇描绘子弹飞行轨迹的能力十分惊人。他绘制的抛物线非常精确，即使是绘制交织的炮火，人们也能清晰地看到每一颗炮火的准确轨迹。这说明，他在研究弹道方面投入了不少的精力和时间。

芬奇镇，1452

1460

1470

1480

约1482

1490

1500

1510

安博瓦兹，1519

《图谱抄本》32r

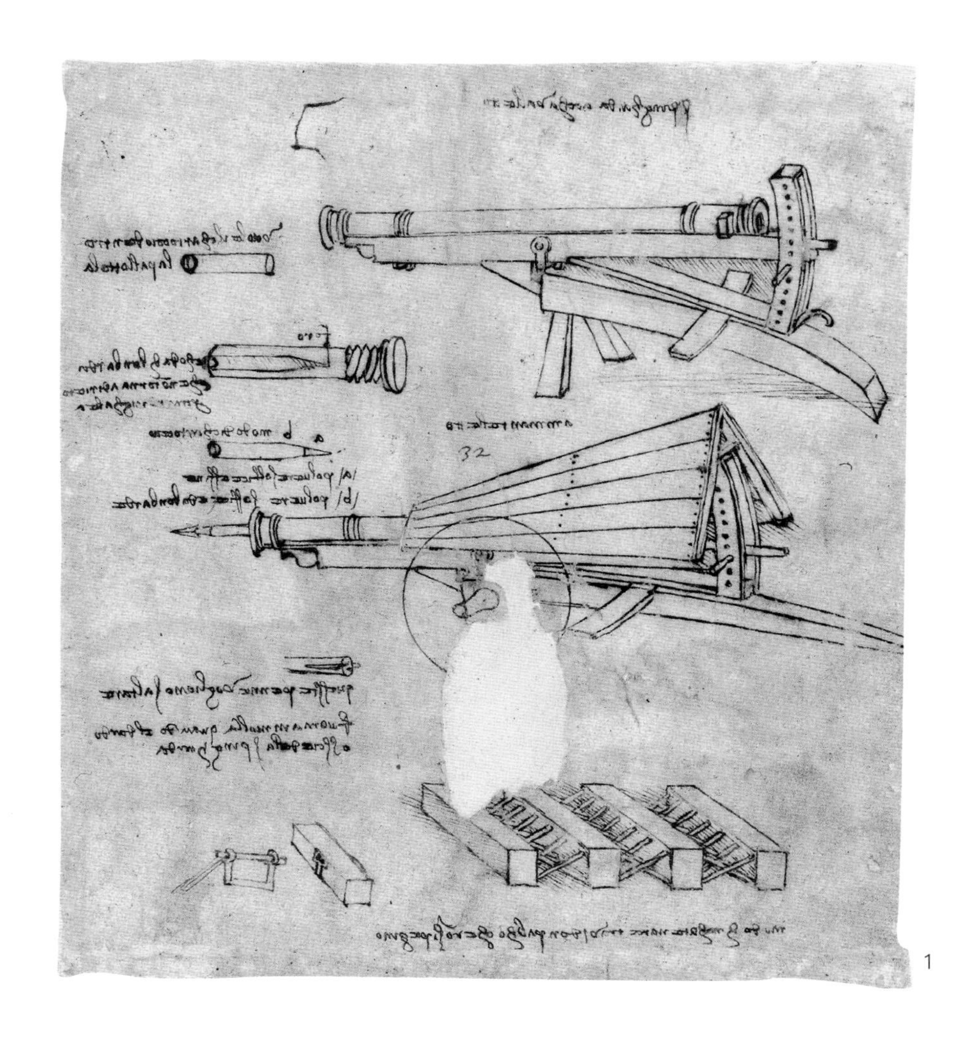

1

石弩炮

这页手稿的笔记是达·芬奇早期作品的典型。他年轻的时候，书写优雅，字母变体和装饰非常多。尽管如此，在这些手稿上，图画的重要性仍然更胜一筹。虽然注释提供了一些细节和解释，但是整个石弩炮仍然是用视觉语言来描绘的。在达·芬奇之前，文艺复兴初期的伟大艺术家们已经开始运用绘画来表达知识，因此绘画也具备了科学价值，被广泛运用于机械设计和制造。

在中世纪，书本中出现了许多机器插图。而这些插图基本上只展示机器的外观，画面构造也仅限于几种传统的图形。但是，由于机器在大众的眼中仍然显得陌生，它们非凡的特质经常让人们赞叹着迷，让人们觉得机器简直就是某种奇迹。然而所有的插图都未曾表现出机器的结构、内部形式、零件之间的关联，更不用说它的运行原理。也许是为了保守商业秘密，也许是为了让人们雾里看花，留下更加深刻的印象，当时的机械图都不会展示机械的本质。而达·芬奇的这部分手稿，通常都会提供两幅主图。两幅主图互为补充，展示设计的数据、形式和用途。更重要的是，他展示了机械的部件、结构和零件之间的内在联系。

2

这两幅图展示了石弩炮的两个视角：上图是武器的核心结构（石弩炮、升降拱和三脚架等），下图为保护罩，还暗示了可以用轮子来移动整件武器。他使用了一些重要的绘图学概念。在下面的一幅图中，达·芬奇在车轴的外部绘制了一个简单的圆圈来代替车轮，而这个透明的图像就足以展示机械的运行方式了。在车轮的后面，他重点展示了本应该被车轮挡住的核心结构，因此，车轮和石弩炮之间的关联也清晰可见。后来，达·芬奇采用透明图的方式来绘制解剖图，目的是展示各个部件之间的位置关系，以及它们和整个主体之间的关系。事实上，许多原本用于机械的绘图方式，最终被他广泛地运用在其他的科学领域。从这一页的两幅主图上，我们也能看到这样的蛛丝马迹：下图中的石弩炮全图在上图中被“剥去”表层，这个过程和动物解剖是完全一致的。

图1

这是一幅非常清晰的图画，无须更多解释。就像达·芬奇一贯坚持的那样：一图抵千言

图2

炮筒刚刚铸造完毕，等待装配上车架

下对开页图3

石弩炮俯视图。在石弩炮发射和弹回的过程中，绳索和楔子有助于固定整个三脚架结构，并且可以帮助操作人员完成瞄准操作

下对开页图4

石弩炮组装前的所有零件（爆炸图）

A 整部机器最大、最重要的零件无疑是炮身。它被安放在一个稳固的、可以移动的木架上。这样，操作人员就能有效地进行瞄准。这架石弩炮的创新之处就在于它的移动能力。并且，人们不需要移动炮身和三脚架，就能够在大范围内进行瞄准。事实上，炮手应该会直接把它固定在地面上，因为大炮的后坐力十分强劲，而克服它的唯一方式是用绳索和楔子把它牢牢地固定在地面上。这样捆绑之后，整个支撑结构十分稳固，但是炮身却可以上下、左右移动

B 达·芬奇不仅改善了瞄准系统，还发明了一个不用打开炮膛，就能快速装填弹药的系统。在手稿上，他用了好几幅图来展示这个天才的设计。石弩炮需要几个操作人员，一个人负责定位和瞄准（由于结构比较重，可能需要几个人），还要有一个人专职装填弹药

C 石弩炮的瞄准是通过两条滑轨完成的，其中一条是垂直的，另一条是水平的。炮身可以在这两条轨道上移动和调节，因此攻击的范围非常大。炮身活动的自由度很大，但是在战场上，它不能全方位攻击。我们可以想象，一个战场可能会使用多门石弩炮，全部朝向主要目标来进行攻击。达·芬奇设计的这套复杂的定位系统，可能更多的是为了精确瞄准，而不是为了迅速更换瞄准目标

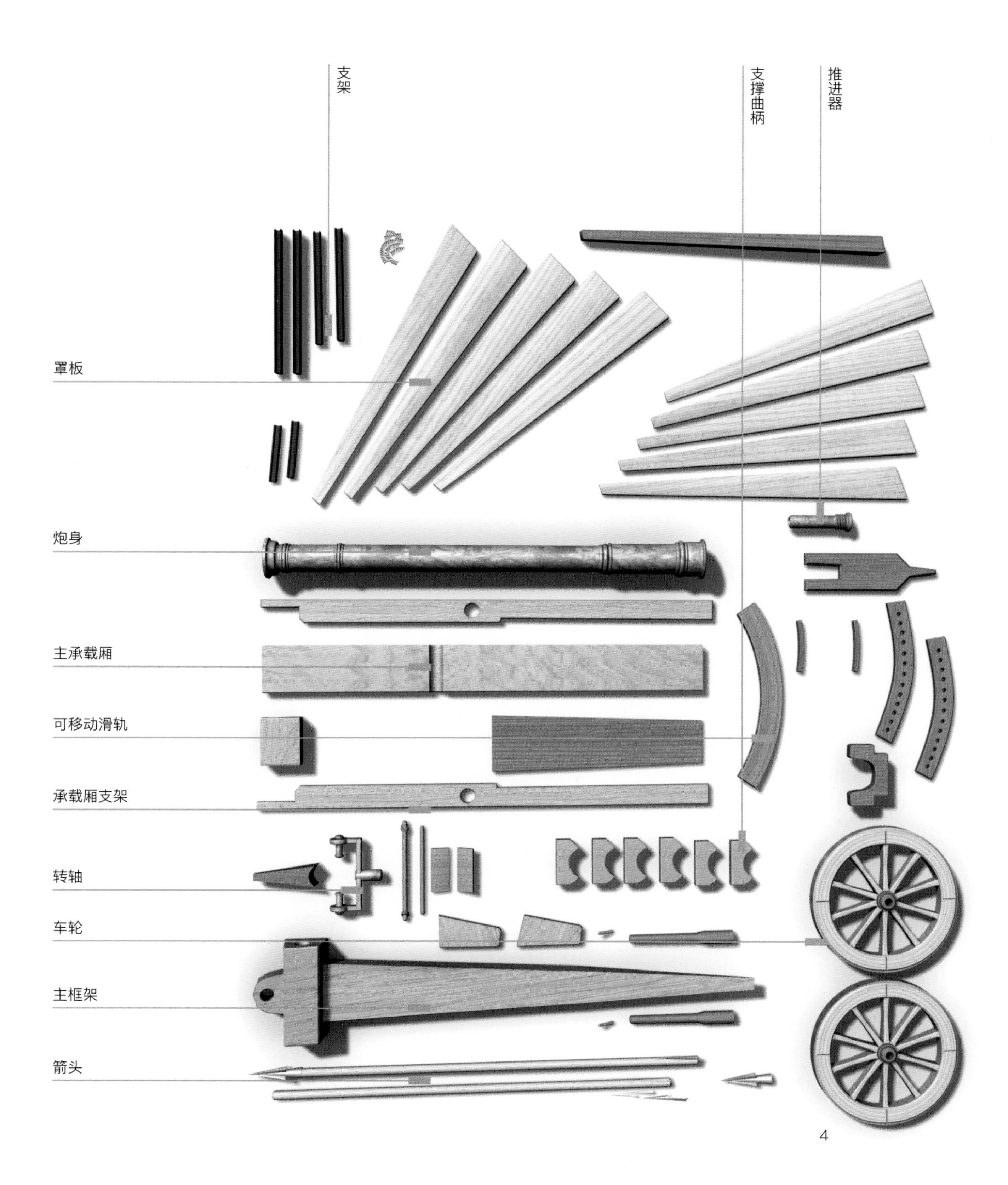
支架
支撑曲柄
推进器
罩板
炮身
主承载厢
可移动滑轨
承载厢支架
转轴
车轮
主框架
箭头
4

A 石弩炮可以水平和垂直移动。沿着一块弯曲的木块拉动支撑大炮框架的支架，就可以使炮身平躺。为了减小阻力，滑轨上涂抹了润滑油，炮身的转动平滑顺畅。整个转动的幅度为20°—30°

B 炮身的垂直动作需要更复杂的调节来完成，而且也比较难以实现。为了调节炮身的发射高度，就必须抬高整个结构，而三脚架则是石弩炮唯一和地面接触的结构。它通过一个零件与主承载厢相连，因此这门石弩炮比传统的大炮要灵活许多。即便如此，要使炮身向上移动哪怕几度，也需要好几个壮汉。一旦达到需要的高度之后，必须在恰当的孔中插入木棒或铁棒进行固定。这也许是有史以来第一个调整火力范围的设计。调节完成后，大炮就可以轻易地左右转动了

C 达·芬奇设计过一些特别有趣的弹射器：它们由两个雷管组成，分别装有两种不同的火药。第一枚弹药发射完毕之后，可以迅速发射另外一枚，不用再通过炮口来进行装填。炮手事先准备好能使用好几轮的弹药，然后快速地从后膛装填就可以了

图5

运作原理图：整个大炮的结构和炮身非常沉重，可能需要几个人来操作

图6

达·芬奇的石弩炮之所以有趣，不仅仅是因为它的操作方式，也因为他设计了好几个不同的版本：带车轮版、不带车轮版、带护罩版、不带护罩版。同时，这门石弩炮还可以发射铁弹、石球和金属箭头。在手稿上我们还可以看到一个奇怪的木架，他在下面写道："如何搭建支架的横梁，使其不会弯曲"

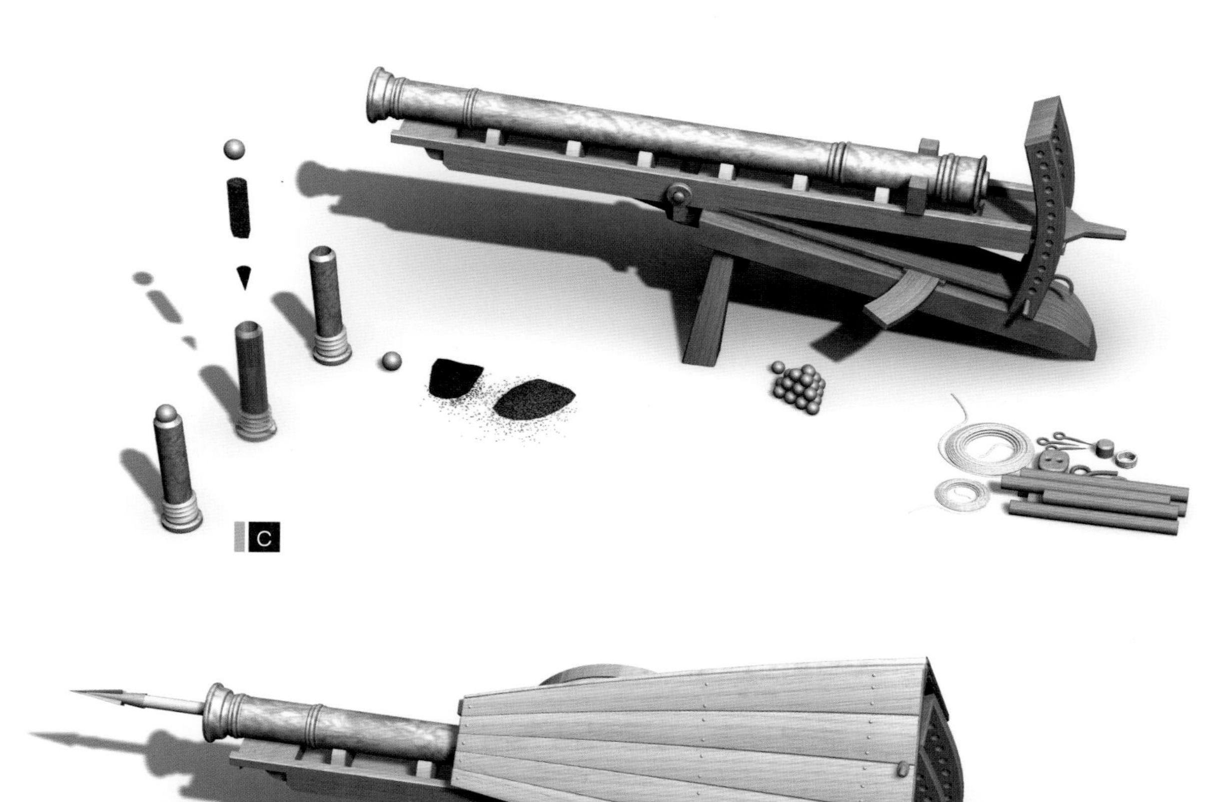
C

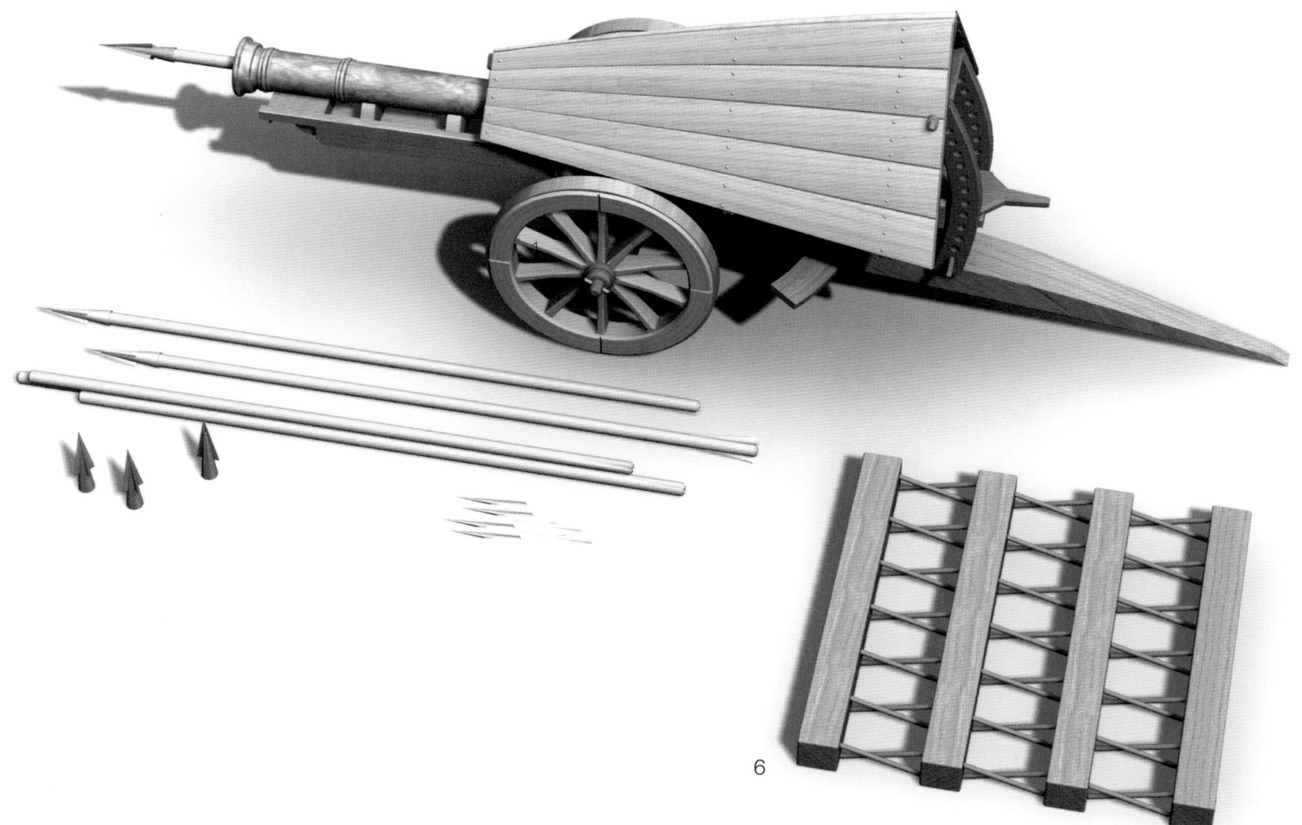
6

《图谱抄本》157r

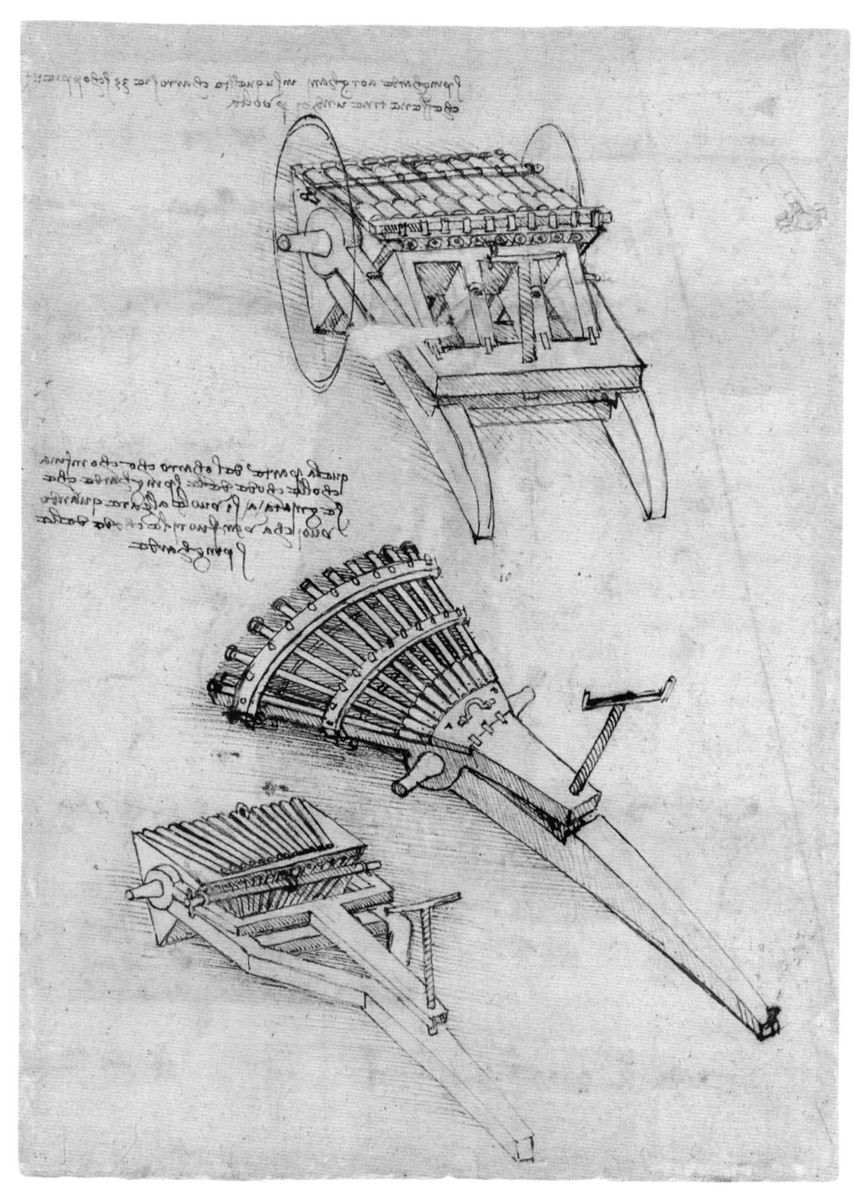

1

多筒机枪

2

手稿展现了几种机枪设计的想法。达·芬奇在绘图的时候，每一幅设计的视角均不相同，大小、光线处理也不同。这样的布局使整页手稿显得比较乱，缺乏系统性，但是也为它增添了活力。各式各样的设计稿在同一页出现，也避免了有序的绘画带来的单调感。手稿的上图用一个简单的圆圈代表车轮，连接车轮的零件则完全透明。下面只画了车轴，暗示车轮的位置，而更多的笔墨则描绘了用于调节高度的螺杆系统（在上图中，螺杆系统显得比较扁平）。通过完美的视觉速写，这三幅图形成了完整的互补，它们互相说明，但是互不冲突。当时，创新的武器设计走在机械设计的前端，总能引起客户的兴趣和惊叹。这几件武器是为谁设计的呢？根据绘画和注释的字体风格判断，学者们认为这幅作品属于佛罗伦萨时期。当时，也就是1480年左右，意大利半岛的政治局势仍然比较稳定；佛罗伦萨处于“豪华者”洛伦佐的统治之下。洛伦佐织就了一张复杂而又紧密的外交大网，成为维护半岛和平的中流砥柱。尽管如此，当时的政局还是面临着一些紧张的敌对情绪，著名的“帕奇阴谋”就说明了这一点。因此，即使是在佛罗伦萨，战争也可能一触即发。佛罗伦萨最伟大的设计师、建筑师，都与战争密不可分，从布鲁内莱斯基到米开罗佐，甚至达·芬奇的师傅韦罗基奥开设的作坊，都能够铸造大炮和铠甲。因此，年轻的达·芬奇对战争机械感兴趣是很自然的事。但是他对武器感兴趣，还有另外一个更为重要的原因。和所有托斯卡纳人一样，达·芬奇也迫不及待地想离开家乡，到强大的军阀贵胄手下效力。塔科拉早就梦想着投奔匈牙利皇帝，而迪乔治则在乌尔比诺公爵德蒙特费尔特罗手下，工作十分出色。达·芬奇在绘制这幅设计稿时，是否已经决定前往米兰呢？这个问题无人知晓。可以肯定的是，他决定把武器设计作为敲门砖，开启新的人生旅程。

图1

这页手稿绘有三幅独立的机枪设计图，并附带手写的注解

图2

已经完工的机枪，准备进行射击。手稿中部图

下对开页图3和图4

两项设计的重点都在猛烈的火力上，但是两件武器的操作方法完全不同

A 多筒机枪的火力非常强大，可是仔细研究一下，就会发现火药的装填过程十分复杂。机枪可以根据进攻的需要进行单筒或多筒设计，但是一轮射击之后，要给所有的枪筒填满火药，得花费很长的时间，因为所有的枪筒都要通过机枪中部的一个小门来装填。这个设计最有趣的地方，是它可以移动的主体结构。两个大轮子的存在，意味着机枪能够在水平面上无限制地移动。每当找到一个新的目标，士兵们就可以抬起机枪的尾端，让它自由转动。机枪的高度调节则是通过一项天才的设计完成的。机枪的尾端有一个曲柄，将曲柄倾斜到一定的角度，就可以调节射程和射击高度，这和现代大炮的设计非常相似

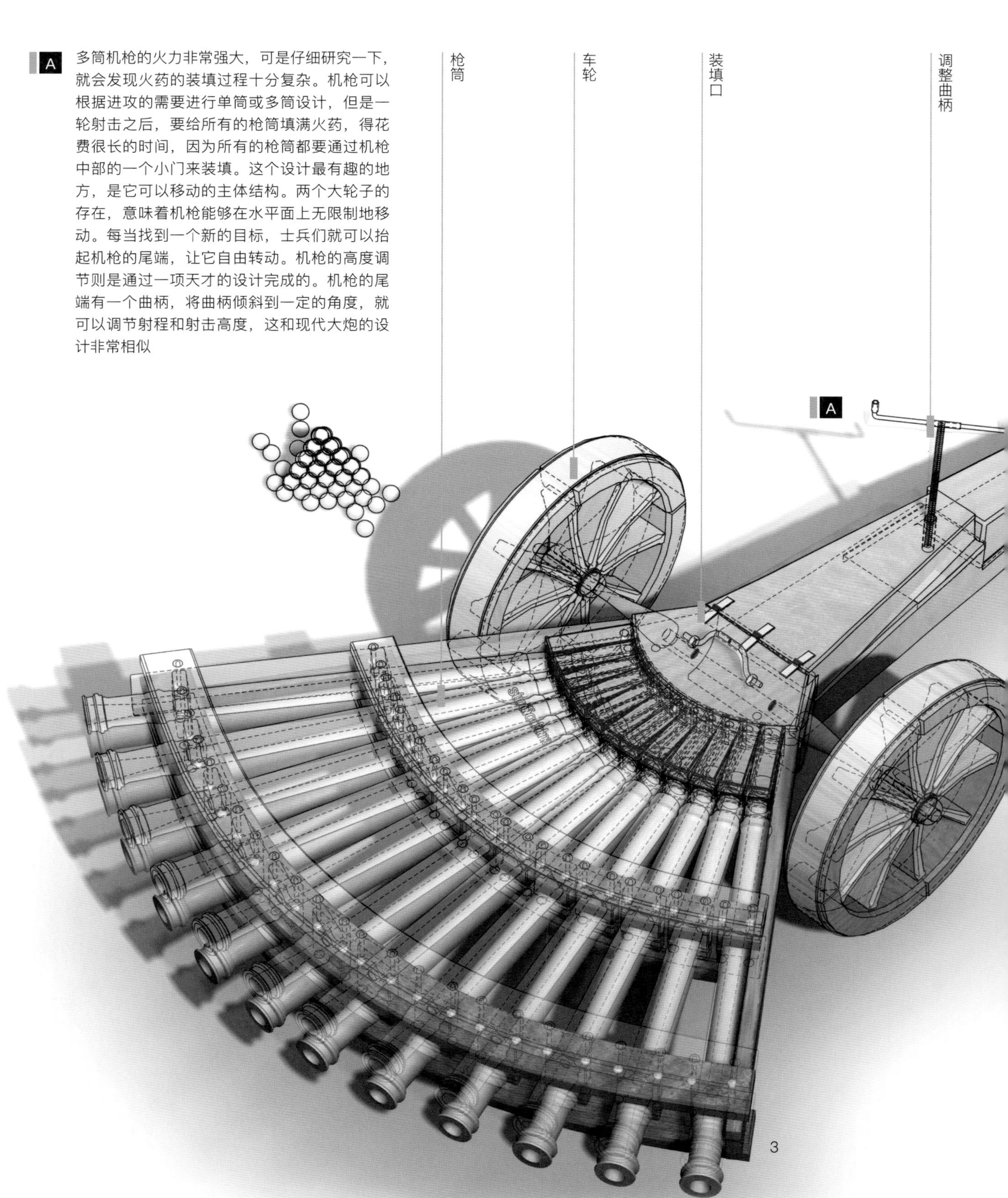

B 手稿上端的第二个设计，展示的是另外一挺机枪。在设计中，所有的枪筒都朝同一个方向射击，射击的范围却没有前一挺机枪那么广。这部机器的有趣之处在于，它中部的三角结构是可以旋转的。整个结构的两面都有很多枪筒，已经装填了弹药，准备打击目标。机枪的后部有一个隔板，能够对主体起到支撑和阻挡作用。事实上，它在射击的时候可以转动，改变攻击的方向。和前面的多筒机枪一样，这件武器的装填也需要很长时间

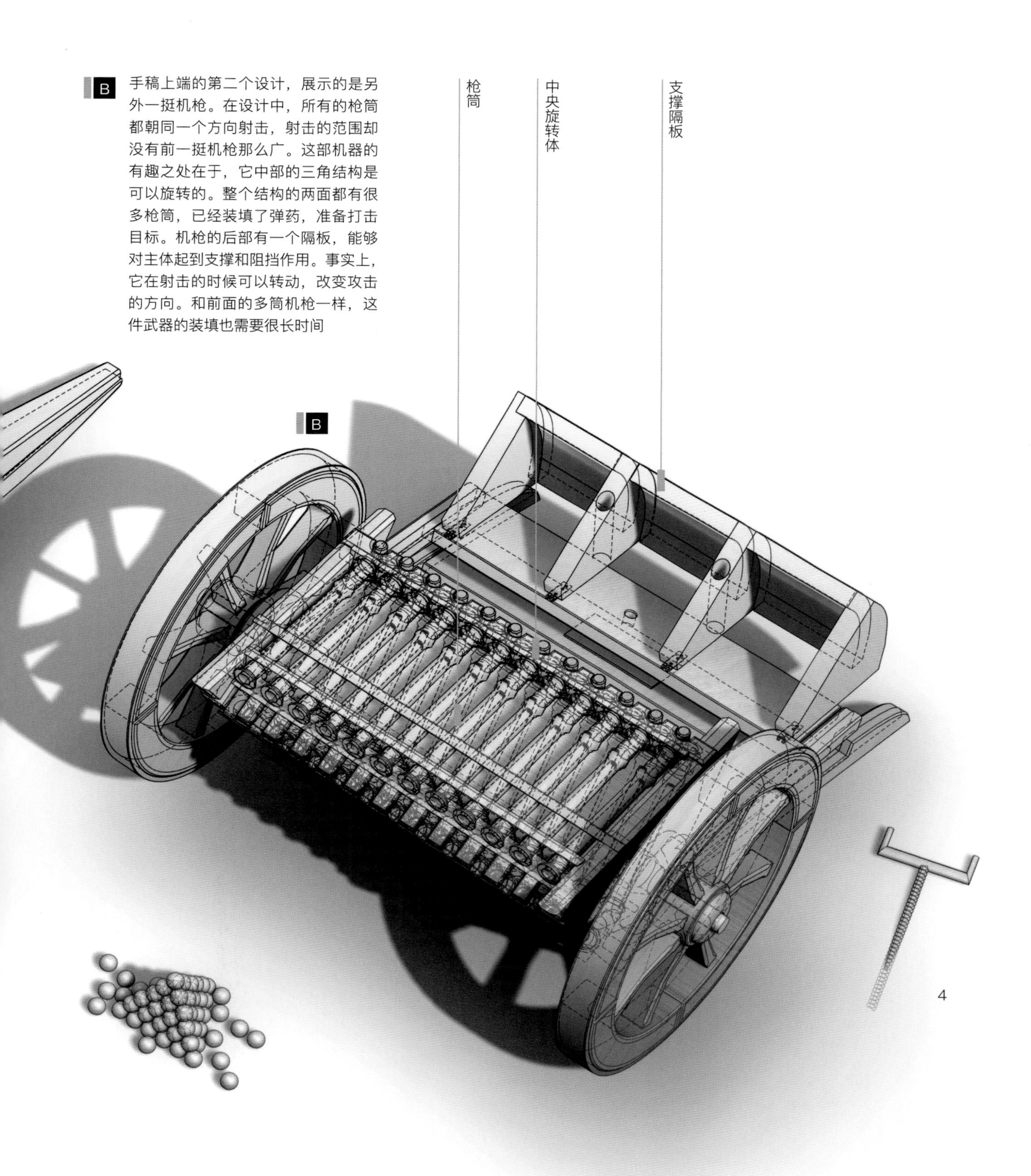

芬奇镇，1452

1460

1470

1480

1482—1485

1490

1500

1510

安博瓦兹，1519

《图谱抄本》139r

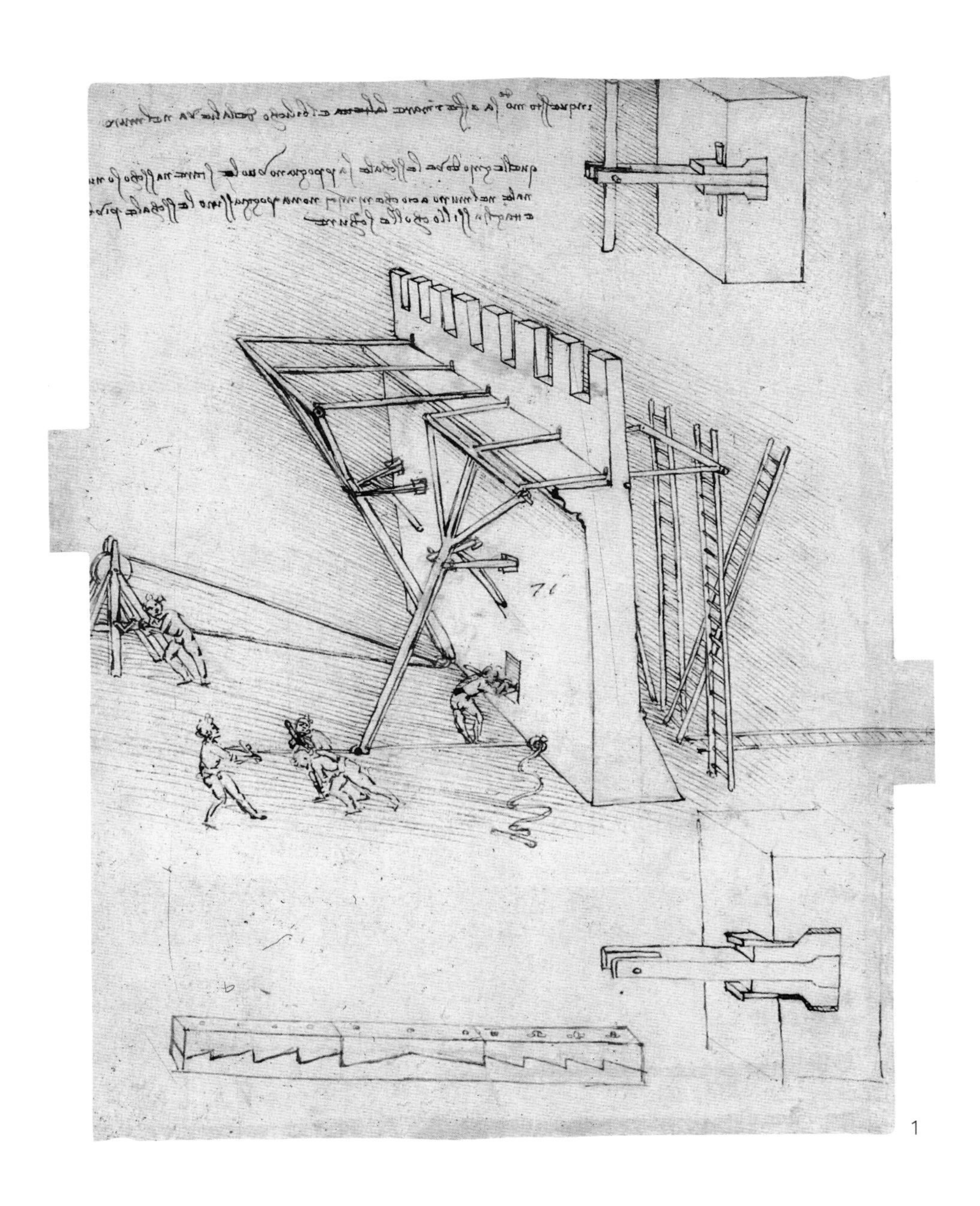

1

城墙防御

这页手稿是达·芬奇早年绘制的，是他最早期的设计之一。手稿的绘图风格处于从呆板的设计图到复杂动态图的过渡时期。图中也绘制了一些人物来增添戏剧性，并且为机器的大小提供空间对比。马里亚诺·迪·雅科伯，人称“塔科拉”，是文艺复兴初期最伟大的科学工程师之一。他画过一系列小插图，把机器放在不同的风景之中。但是达·芬奇在处理画面背景的时候，用意更为复杂。从某种程度上来说，和他自己发明的另一种绘图方法——不添加任何环境元素的机械绘图——背道而驰。这页手稿所研究的是城墙防御系统，它的主体为一根隐藏在城墙中间的横梁，能够推开入侵者的云梯。在图中，两种绘图概念同时存在。事实上，达·芬奇这幅图综合了多种元素，用极小的空间表达了尽可能多的信息，堪称典范之作。整幅图只展现了城墙的一部分：它并非写实，而是一种技术和理论的描绘。图画中的操作人员则为它增添了许多戏剧性。在同一幅图中，他还为操作系统提供了两套设计方案：其一，多名操作员直接牵引；其二，一名操作员通过机械系统独立完成操作。同时，杠杆和用于推动云梯的横梁，也画出了两种不同位置：向前推动和向后缩回。上下两幅细节图展示了这套机械最炫酷的部分，但是这页手稿的妙处远不止如此。通过阴影的绘制，图中的人物展现出激烈的工作状态。在类似的情况下，波动的阴影线不仅能体现空间感，同时也体现了人物用力时的强烈震动波。这种类似于动画的方式，能够表达的内容远远超过了简单的机械设计图。虽然几个人物只是寥寥数笔，却十分有效地勾勒出他们的动态。这种表达方式和他同期油画《三贤士来朝》（*Adoration of the Magi*）中使用的手法非常相似。事实上，现代艺术绘画和机械绘画之间的区别，在达·芬奇的时代并不明确。达·芬奇绘制的所有机械图，都可以当作天才的艺术品来欣赏。

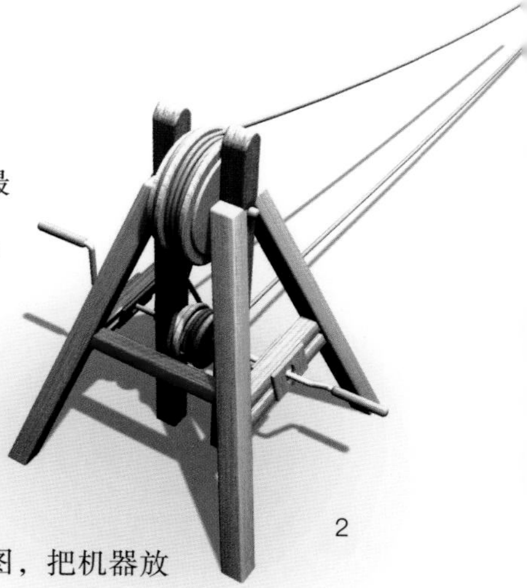

2

图1

手稿展现出攻击城墙的画面。城墙内的人正在使用达·芬奇设计的装置

图2

城墙防御系统使用的绞盘车

A 16世纪初，用云梯来攻打要塞和城堡是非常普遍的战术。攻城的士兵把梯子搭在城墙上，力图打败防守军，然后越过城垛，攻入城内。一旦城墙失守，城头士兵伤亡惨重，攻城的一方就能毁坏城门，把自己人放进来。因此，对于防守的一方来说，防止云梯进攻成了性命攸关的大事

B 达·芬奇设计了一个天才的防御系统，防止敌人使用云梯进攻。城墙外部的横梁由一系列的绞盘车来推动，能够把敌军的云梯推倒。这个系统的运作类似于杠杆：当横梁推动云梯的时候，它能够一次推出好几架梯子；攀爬在云梯上的士兵也会随着梯子一同倒下

C 外部的横梁连接在一排平行的木杆上。木杆穿过城墙，与墙内的绞盘相连。杠杆系统则能够将人力的推动转换成瞬间的、强烈的推动力。推动力产生之后，云梯倒下，横梁就会缩回，避开敌军的伤害。这样，整套系统就能反复无限次地使用了

D 整个系统最经典的部分就在于杠杆的支撑系统。达·芬奇在此利用了几何学原理：他的整个支撑系统楔入城墙内部，城墙外的敌人无法对它进行破坏，在需要的时候，还可以拆除或修复

图3

将支撑系统楔入城墙的细节图

图4

系统运作图

图5和图6

城墙的两种不同视角：图5可以看到城堡内部，图6是城堡的外部。这两幅图分别表现了防守方和进攻方的视角

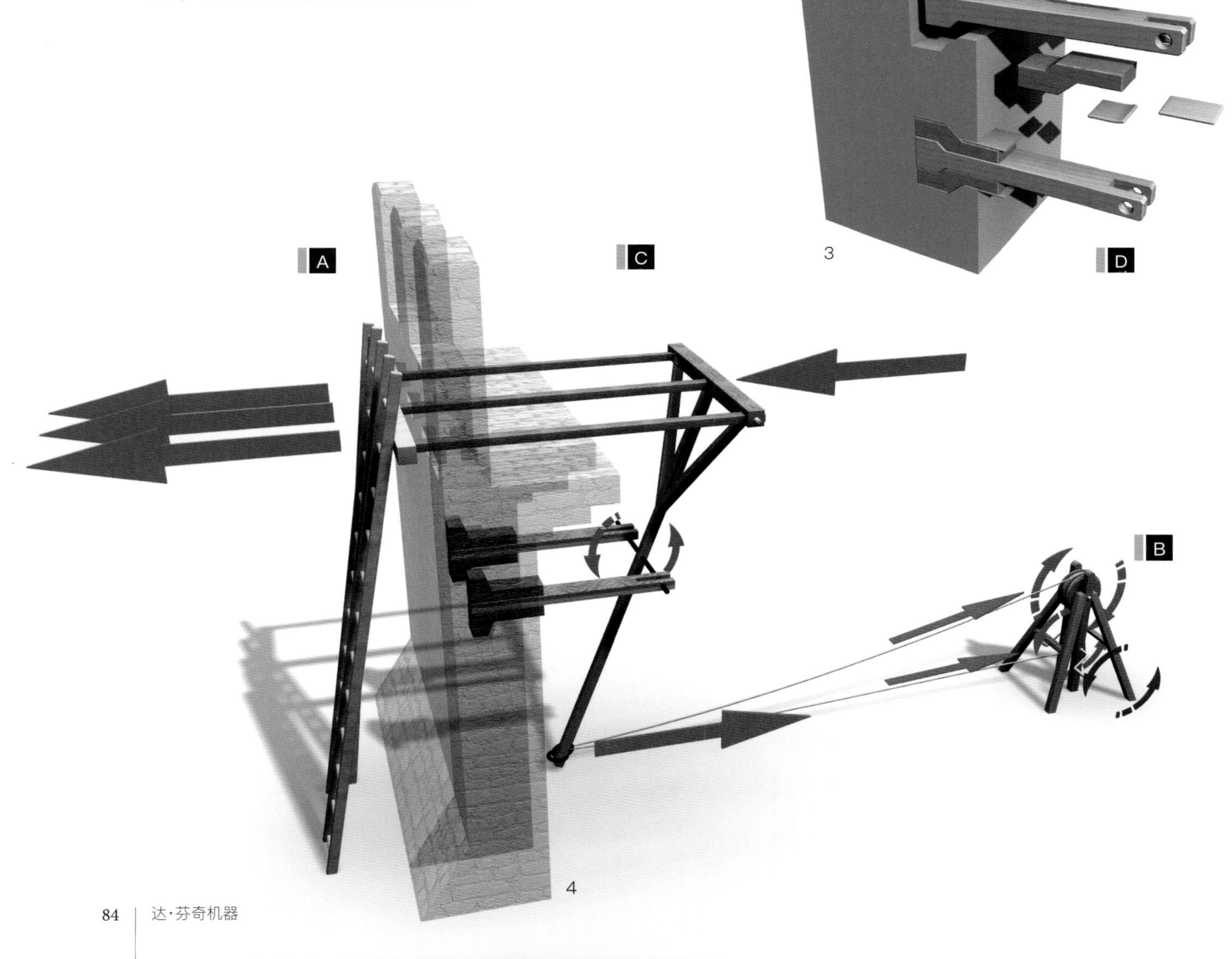

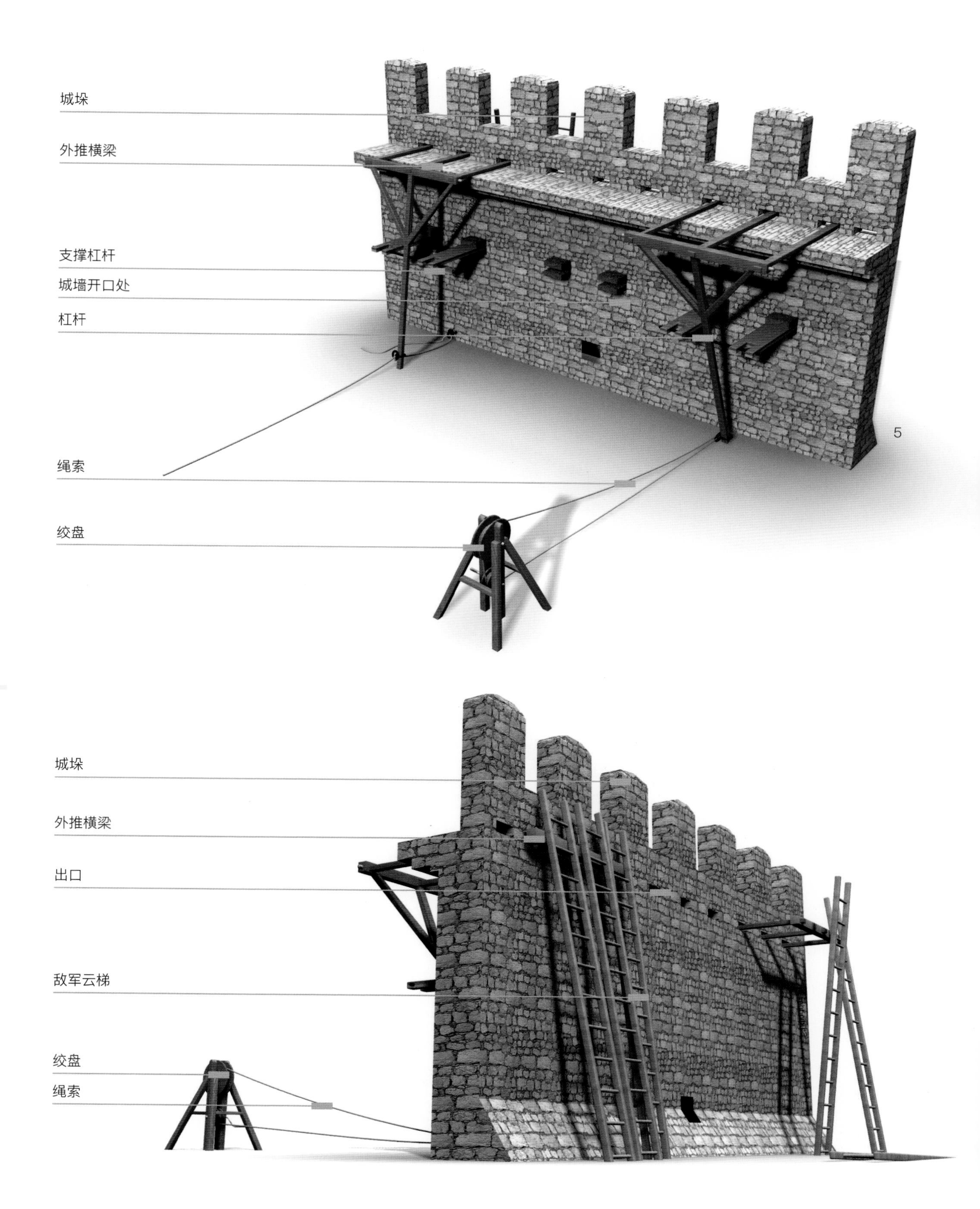
城垛
外推横梁
支撑杠杆
城墙开口处
杠杆
5
绳索
绞盘
城垛
外推横梁
出口
敌军云梯
绞盘
绳索

芬奇镇，1452 | 1460 | 1470 | 1480 | 约 1485 | 1490 | 1500 | 1510 | 安博瓦兹，1519

都灵图书馆15583r

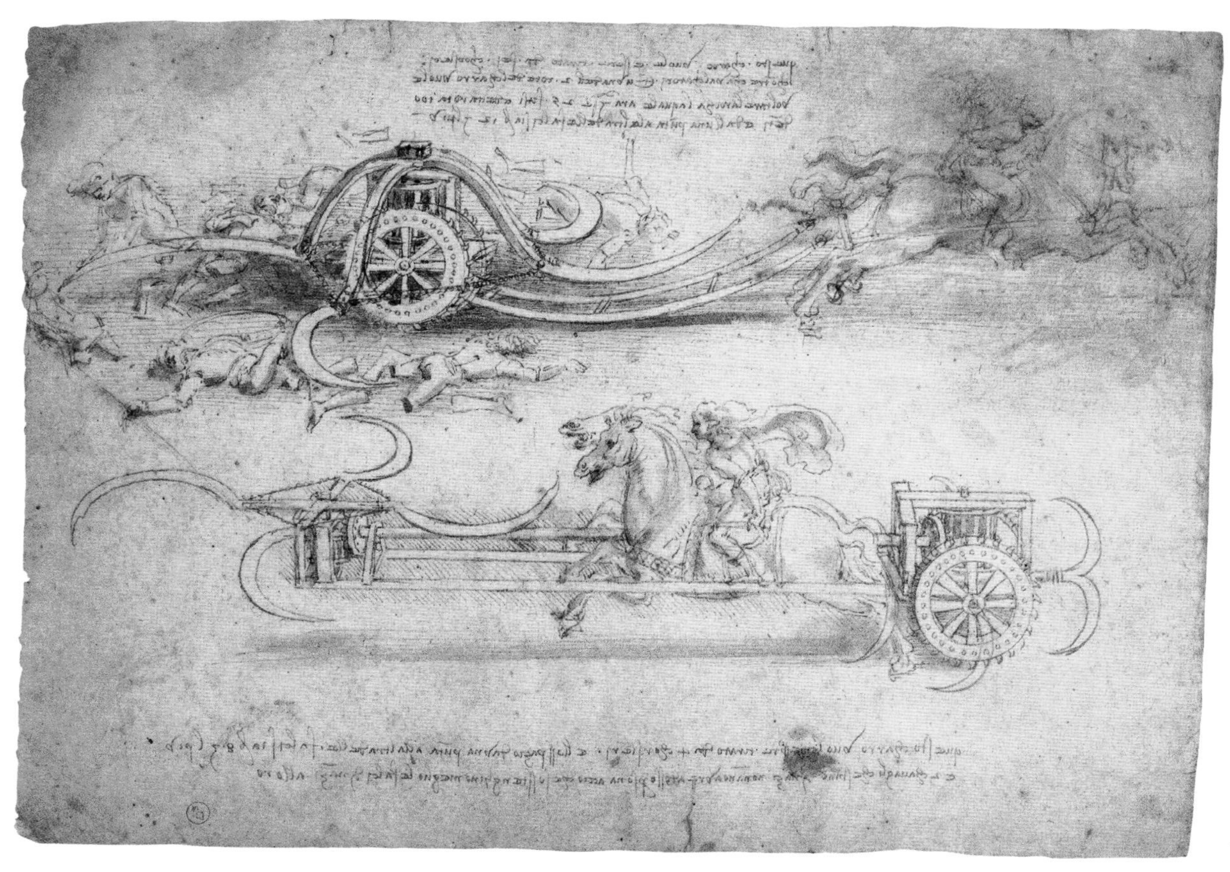

1

卷镰战车

2

卷镰战车是达·芬奇最出彩的作品之一。他在米兰居住的几年时间里，创作了两辆装有刀具的战车。文艺复兴时期的欧洲和意大利，政局动荡。在政治的棋盘上，战争一直起着主导作用。在这个时期，战争武器一直是人们关注的焦点。而人们对战争武器的喜爱，不仅出于实用的原因，同时也是出于文化的需要，例如，重新发掘古典时期的武器发明。不管能否真的在战场上运用，光看外表，这些武器就十分惊人。乌尔比诺的公爵宫里，有一系列著名的浮雕，就是以战争武器为题材；而同时期的许多奢华的书籍也是在这种背景下诞生的。这些巨著文字很少，内容以机械插图为主。这些插图本身的价值并不逊色于它们所描绘的机械。特别是在我们这个年代，人们更懂得如何欣赏文艺复兴时期的艺术，这些插图就显得尤为珍贵了。达·芬奇的这页手稿保留在都灵图书馆，完全是一场视觉上的盛宴。虽然大师也提供了两辆战车的工作原理，但是两幅图的创作意图，则是为了让人感受到这两辆战车的强大杀伤力。和同时期的其他画作一样，整幅机械图被达·芬奇处理成一个戏剧性的画面，人和马匹活跃其中，被砍中的受害者纷纷倒地。从画面中，我们甚至可以感觉到一种不安的情绪。而达·芬奇也在注释中表达了这种感伤。他写到，这些精妙的武器“对敌人和朋友同样无情”。

多年以后，达·芬奇对战争的定义变成了“兽性的疯狂”。在油画《安吉里之战》中，他笔下那些狂怒的士兵动作充满兽性，正是达·芬奇对战争的谴责。当他的创作风格日益成熟，这种观点也越来越根深蒂固。而这页卷镰战车的手稿，恰好体现了这种观点的萌芽状态。特别是在上面的图中，致命的镰刀杀死了一群穿着铠甲的士兵。也许这些作品是达·芬奇给莫罗公爵自荐信的一部分。只怕是孔武好战的莫罗公爵没能领会到画面中的细枝末节，达·芬奇设计的战争武器在米兰宫廷并没有得到重视。在很长一段时间内，莫罗公爵更喜欢那些比达·芬奇更贴近现实一些，却没那么有才华的设计师。

图1

两种不同的战车在战场上的情况

图2

达·芬奇设计的带钉车轮

A 在达·芬奇的原图上，战车正中的位置有几匹战马。如果抛开空间和危险的元素，我们可以假设，在整个战斗中，战车是由马匹拉动的

B 一队战马拉动战车，两只装有铁钉的车轮具有很强的抓地力。其中一只车轮上装了横档，能够带动笼子形状的齿轮转动。车轮边还装有一对旋转的刀刃，可以防止敌人接近

C 主齿轮的形状像一个笼子，由车轮拉动，可以向前后两套道具系统提供旋转的动力

D 旋转的双刀可以防止敌人从后面接近战车

E 动力通过狭长的扭动轴传输到前齿轮系统。战车前端是装有四片刀刃的武器主体

图 3

战车前部的四刃旋转结构图

图 4

卷镰战车爆炸图

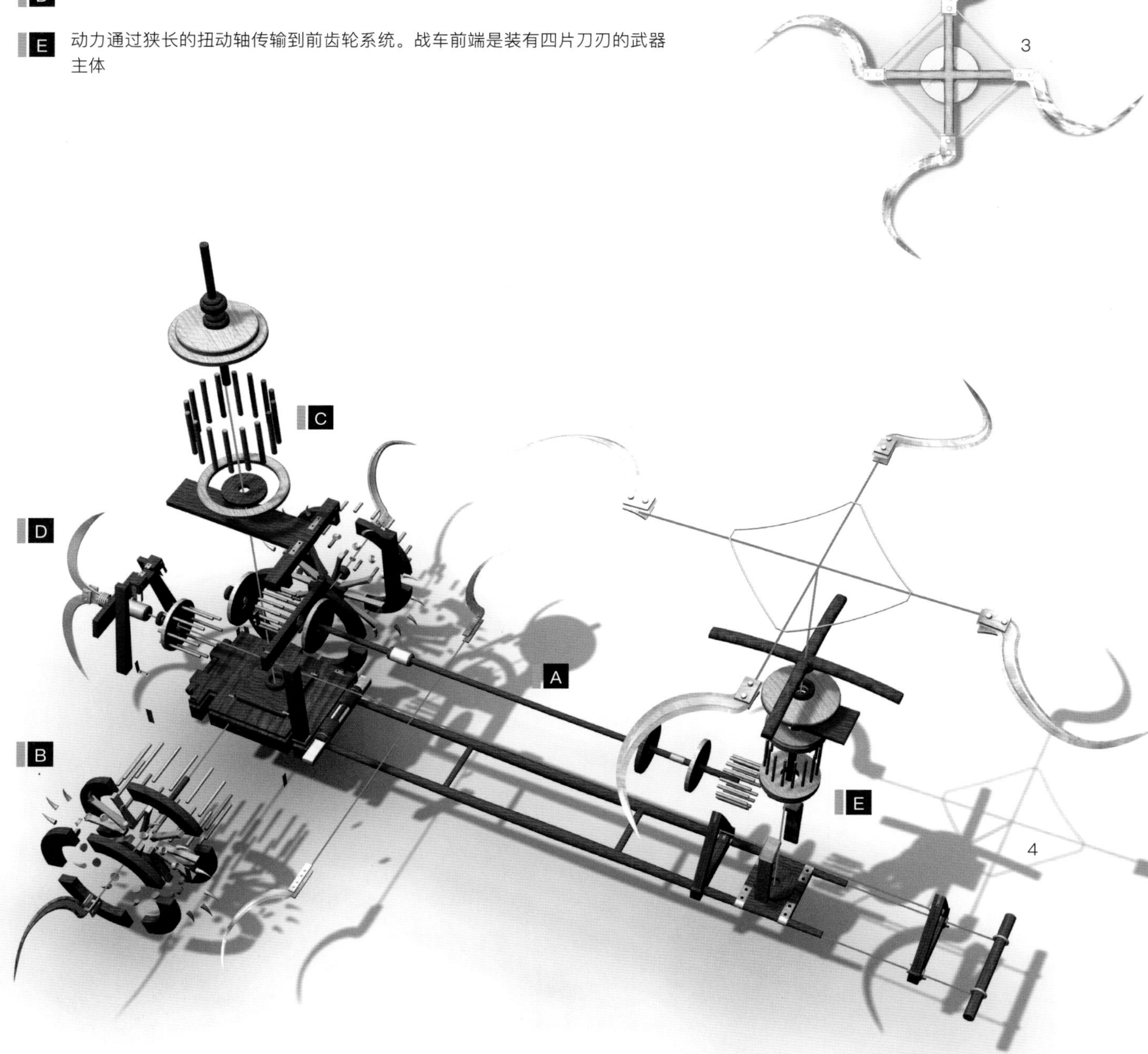

图5

和达·芬奇的许多机器一样，动力是由齿轮传输的。这架战车由两匹马提供驱动力。如果仔细分析齿轮系统，细心的读者就会发现，整辆战车在绘图和重现图上都存在问题。和达·芬奇的“装甲车”设计一样，他有可能为了掩盖战车的真正运行方式，故意画错了一些地方。尽管如此，这幅作品的魅力足以让它结构上的缺陷显得微不足道

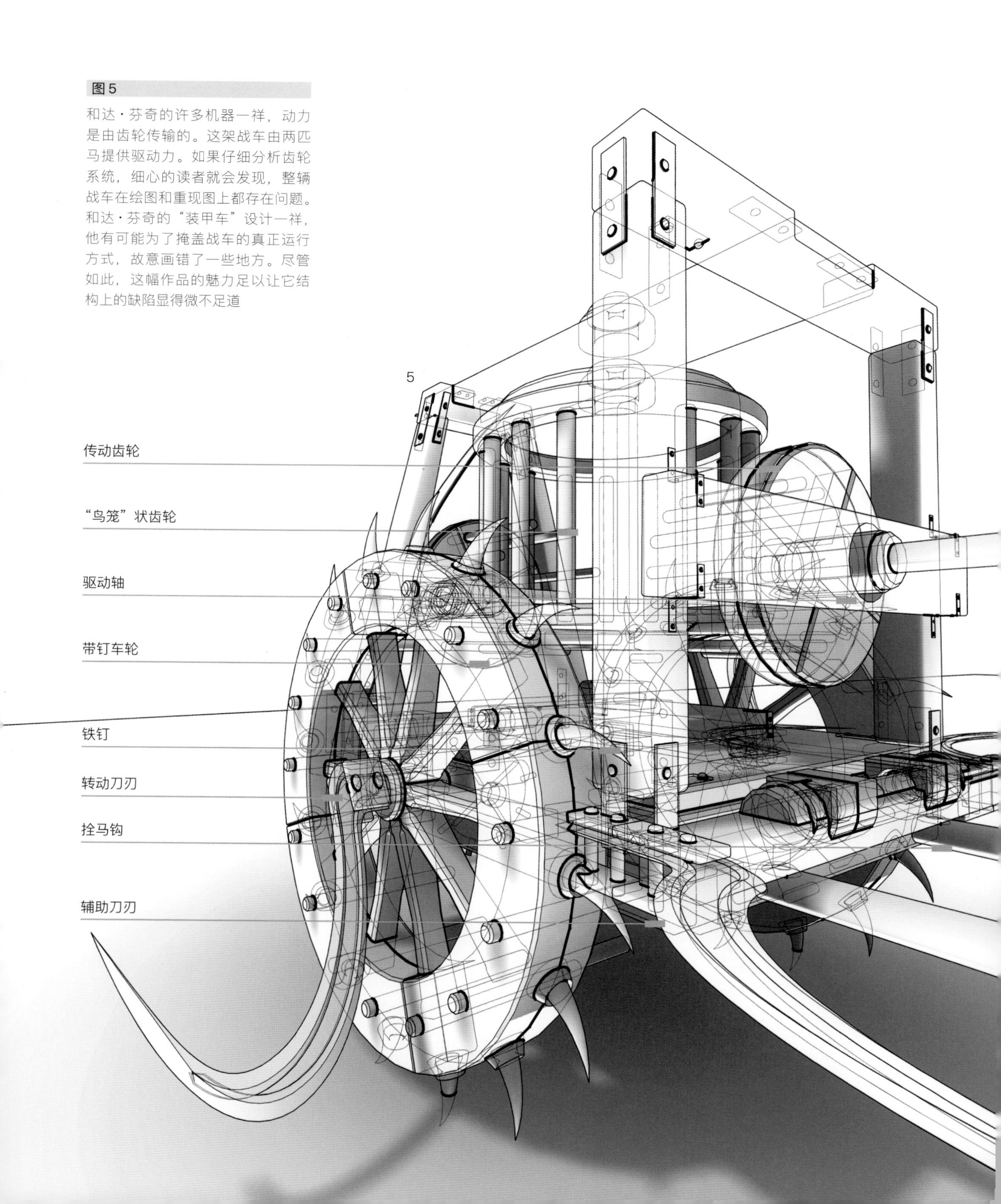

6

图 6

两种战车

芬奇镇，1452

1460

1470

1478—1485

1480

1490

1500

1510

安博瓦兹，1519

《图谱抄本》154br

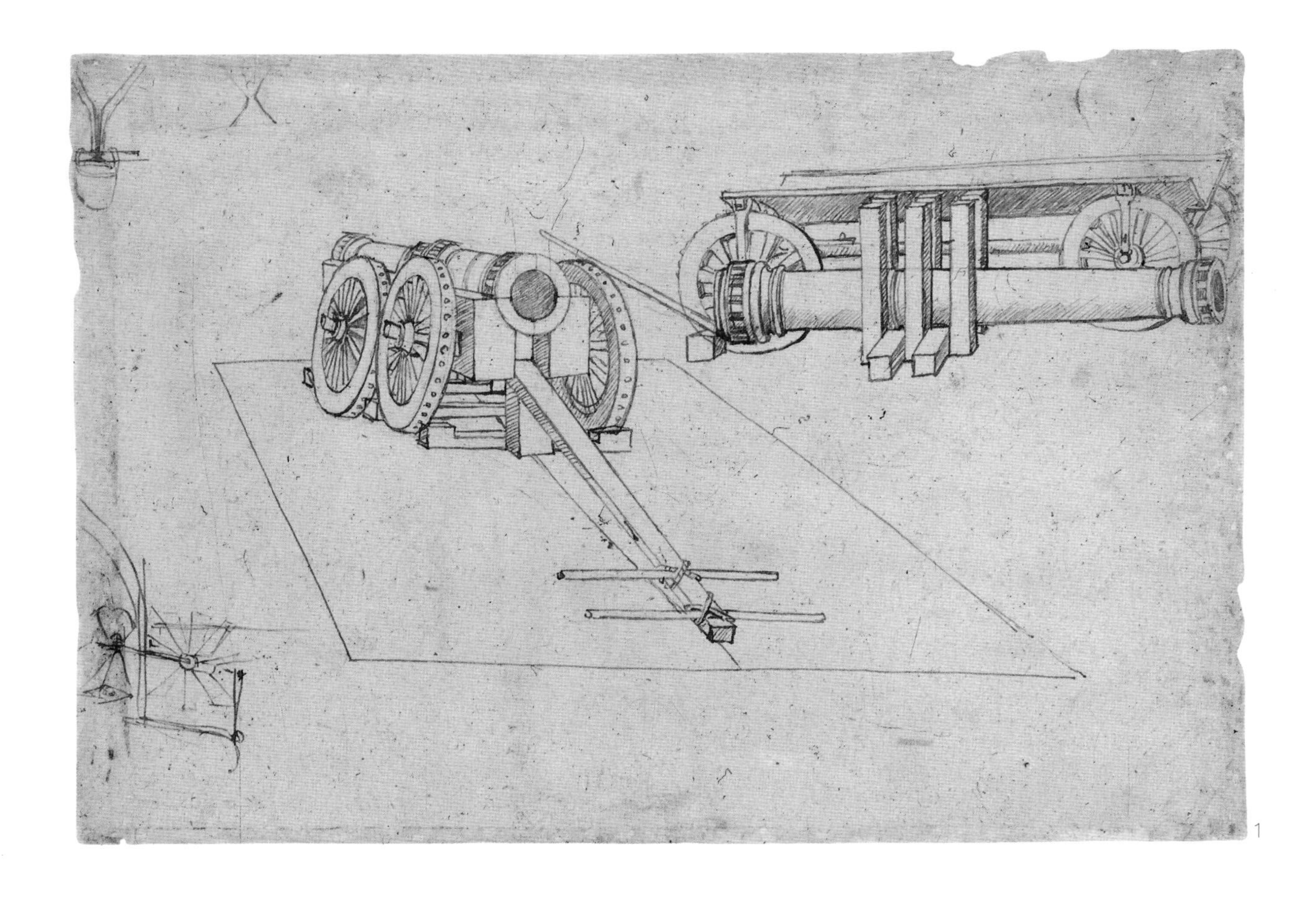

1

可拆卸加农炮

可拆卸加农炮的手稿，经历了一段不寻常的历史。实际上，大部分达·芬奇手稿都曾经遭受过类似的命运。我们现在看到的这部分只是一张碎片，原图要比它大一些。它混杂在一堆散页里，最终被汇编在《图谱抄本》第73、154页，其他碎片也很有可能来自同一页原稿。16世纪末，蓬佩奥·莱昂内收购了大量的达·芬奇手稿，并且把它们杂乱无章地订成了一本，也就是现在的《图谱抄本》。莱昂内在装订的时候，只有一个原则，那就是以机器设计为主线。他当时并没有考虑原图的创作顺序，也没有考虑过它们是来自手稿还是画册集。他只是简单地按照设计的类型将手稿分类，这在今天看来，显得过于马虎草率。但是在当时，数量较大的藏品通常都是这样处理的。仔细研究达·芬奇发明的种类和风格，不难发现这架可拆卸加农炮是他早期的作品，绘画水平远未达到巅峰。事实上，如果不是从线条上看出作者是个左撇子，这幅画很可能被当作赝品。图画本身非常完整，绝不是即兴创作，而是深思熟虑之后的成果。当然这幅画很可能是另外一位大师绘制的摹本，他临摹的可能正是达·芬奇的原作。

但是这页手稿在完成之后，故事才刚刚开始。1500年后，就在原图的一张碎片上（《图谱抄本》154a），达·芬奇又画了一幅可拆卸加农炮的设计图。无论从绘画和字体的风格，还是从成熟程度上看，新添的画作比原稿高明了许多。尽管如此，两者之间仍然体现出内在的关联。这两幅画也让我们了解了达·芬奇的“开放式”工作模式。翻看1500年后的作品，达·芬奇的目光落在旧设计图上。他再度拾起旧作，继续改进。也许他是在设计一门新大炮的时候，需要参考旧作，所以就直接在旧手稿上添加了新的注解。故事并未到此结束。这页稿纸曾经在大师的工作室里被学生们传递与学习，因为其中一名学徒很可能在手稿上加了一幅速写，内容相当淫秽。类似的小画在《图谱抄本》里其实屡见不鲜。这种小速写也能在许多武器研究的手稿上找到（132、133、154b）。

图1

两幅可拆卸加农炮设计图。中间的设计图是完工后的样子，右上角的炮筒则还没有组装好

图2

刚刚制造完毕的大炮

A 手稿上画了两个不同的设计。运送大炮的结构并不复杂，但是正因为它简单，达·芬奇才希望能解决炮身巨大所带来的一些问题。首先，由于需要长途运输，达·芬奇希望能够把大炮隐藏起来，所以整个结构必须紧凑、尽量不惹眼。其次是大炮的拆卸和组装问题，以及拆却后如何打包运输的问题。图画中的几块木板很可能是用来保护炮身的，同时也可以通过杠杆结构将炮身抬起。这样，沉重的铸铁炮筒就可以直接装在两轮马车上，不需要使用绞盘或吊车就能运往战场

B 设计图中间的大炮似乎已经组装完毕，可以进行运输和射击了。炮身前端，是用于拖动马车的4根手柄，因此我们猜测，操作这门大炮，一共需要4个人。炮身前端的长杆非常有趣，因为在长杆前端有一个楔子。当长杆放下的时候，楔子有可能被用来支撑马车，让它能稳固地站立在地面上。马车停稳之后，整个车架会被微微抬高，在轮子下塞两块底座，避免开炮的时候轮子滑动。从炮身的大小来看，这门大炮的火力必定十分猛烈。车轮的车轴是倾斜的，包括车轮的金属箍镶有铁钉。达·芬奇知道，倾斜车轴时，结构会更为牢固。至于车轮上的铁钉，很有可能是为泥泞湿滑的战场设计的

图3

制造完毕的可拆卸加农炮，文字部分是对主要部件的解释

图4

手稿右上图的三维复原图。这门大炮仍未组装

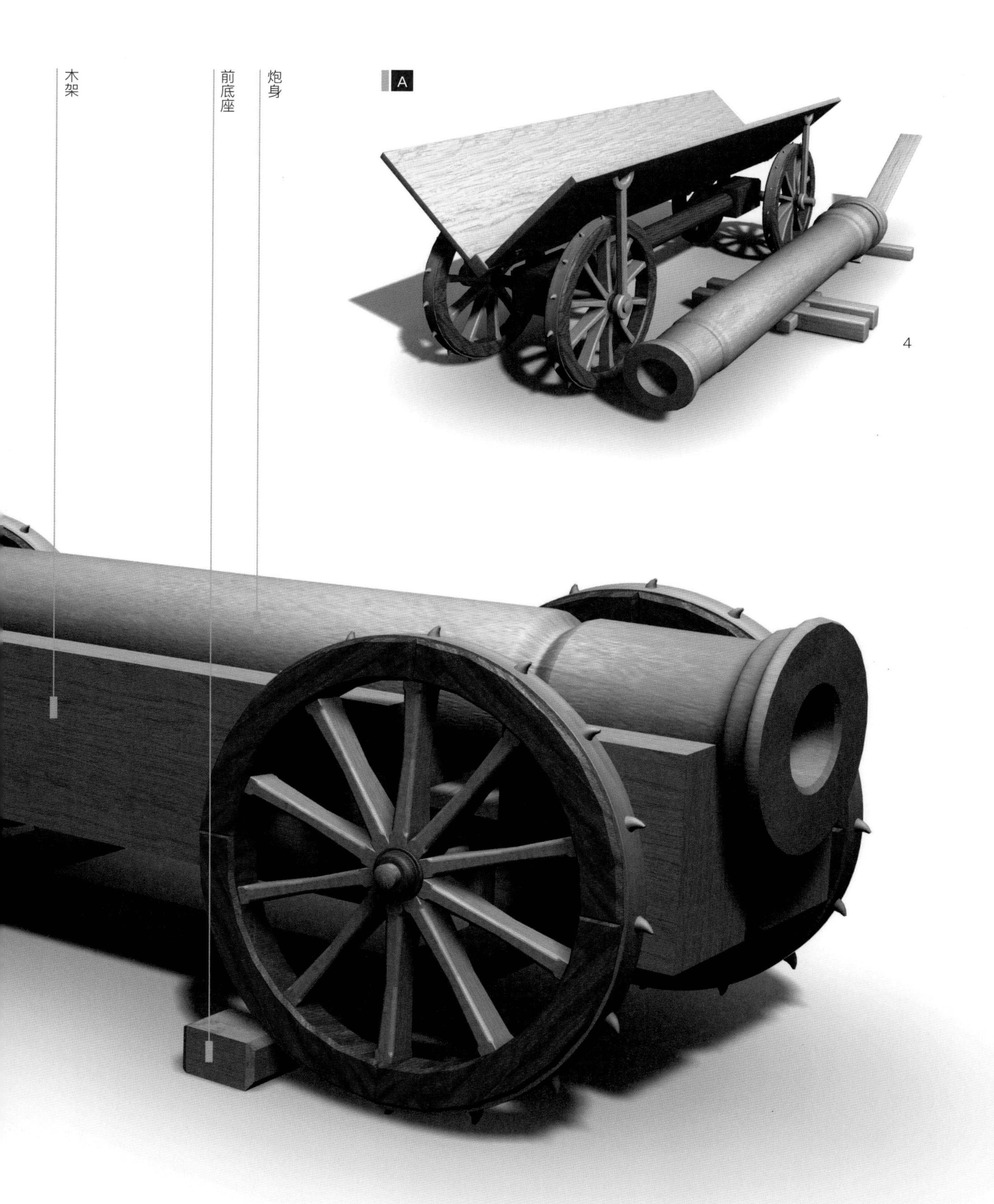
木架
前底座
炮身
A
4

芬奇镇，1452

1460

1470

1480

约 1485

1490

1500

1510

安博瓦兹，1519

伦敦，大英博物馆，《波帕姆手稿》No.1030

1

装甲车

对于达·芬奇和他所处的时代来说，卷镰战车和装有几门大炮的战车的设计灵感都来自古希腊罗马时代。当年的设计师只不过是重新发现了这些杰作，并加以模仿。在关于卷镰战车的一则笔记中，达·芬奇写道："这些战车有很多种……"这句话清晰地揭示了卷镰战车的渊源。对于古典时期的文明，达·芬奇和文艺复兴时期的设计师们，不仅是抱着欣赏和模仿的态度，而且他们更希望能赶超古人的高度。中世纪的军事家就已经知道，古人曾经拥有像乌龟壳那样的战车。达·芬奇抓住这个模糊的概念，开始淋漓尽致地发挥自己的想象力。就像在绘画、雕塑和建筑方面一样，古希腊罗马的经典从来就没有压制过文艺复兴时期的艺术家。正相反，这些经典激发了他们的创造力。达·芬奇运用自己的想象力，设计出一种创新的移动方式（使用人力或动物），并且在战车的周围设计了一系列的大炮。从绘图学的角度来看，装甲车和卷镰战车的绘画手法都介于纯科技图和戏剧性画面之间。在装甲车的两幅图画中，达·芬奇为读者提供了机器的内部和外部的结构图，也就是它的"解剖图"。他绘制了齿轮、车轮和动力系统。但是他不是单调地用线条来描绘机器的轮廓，特别是右边的战车，不仅形制完整，而且似乎正在战场上移动，侧面升起一阵尘土和射击的烟雾。卷镰战车的绘制与这幅图有着相似之处。虽然战车的部件线条清晰，但是达·芬奇在设计图上添加了动物和人物形象。一匹马低下头，骑马的人感觉到危险，突然向后转。这些动作完整地表达了战争的激烈，同时再一次克服了机械设计的单调和无趣。

2

图1

手稿有两幅图。第一幅展示了移动战车的机械装置，第二幅绘制了一辆战车正在飞速穿越战场的情景

图2

装甲战车平视图

A

我们必须知道，这辆车是不可能像达·芬奇说的那样飞奔穿过战场的。他曾经写道：“我会制造装甲车。它们既安全，又无人能挡。借助自身的火力，这些战车可以长驱直入敌军阵营，无坚不摧。步兵可以跟在战车后面，不需要太多的武装，也不会遭遇太多抵抗。”实际上，这个设计与其说是为了杀敌建功，还不如说是为了起到震慑作用。从理论上讲，移动战车至少需要 8 个人，同时他们要在战车内部进行装填操作。战车是通过车内的手柄潜行的，但是真正要移动它，却不是人力可为。出于这个原因，我们也考虑过用马和牛来拉动它。可惜车内空间过于狭小，不可能容纳这些牲畜

B

装甲车的运作很简单。操作员转动中间的手柄，车轮也就开始转动。如果车子处于完全平坦的平原上，那么它应该可以前进。由于战车结构庞大，要想获得足够的动力来启动它，是整个操作最困难的步骤。另一个问题是，战车内部很高，需要梯子才能爬到顶端的瞭望塔里。这个瞭望塔不仅用于观察外面的情况，同时也用于下达操作和攻击指令。战车周围的大炮可以进行 360°的攻击

图 3

装甲车半透明图，能看见复杂的内部结构和一部分的构件

图 4

装甲车的运行机制。根据达·芬奇的原图有所修改。达·芬奇在绘制运行机制的时候，有一个小失误

图 5

装甲车零件爆炸图

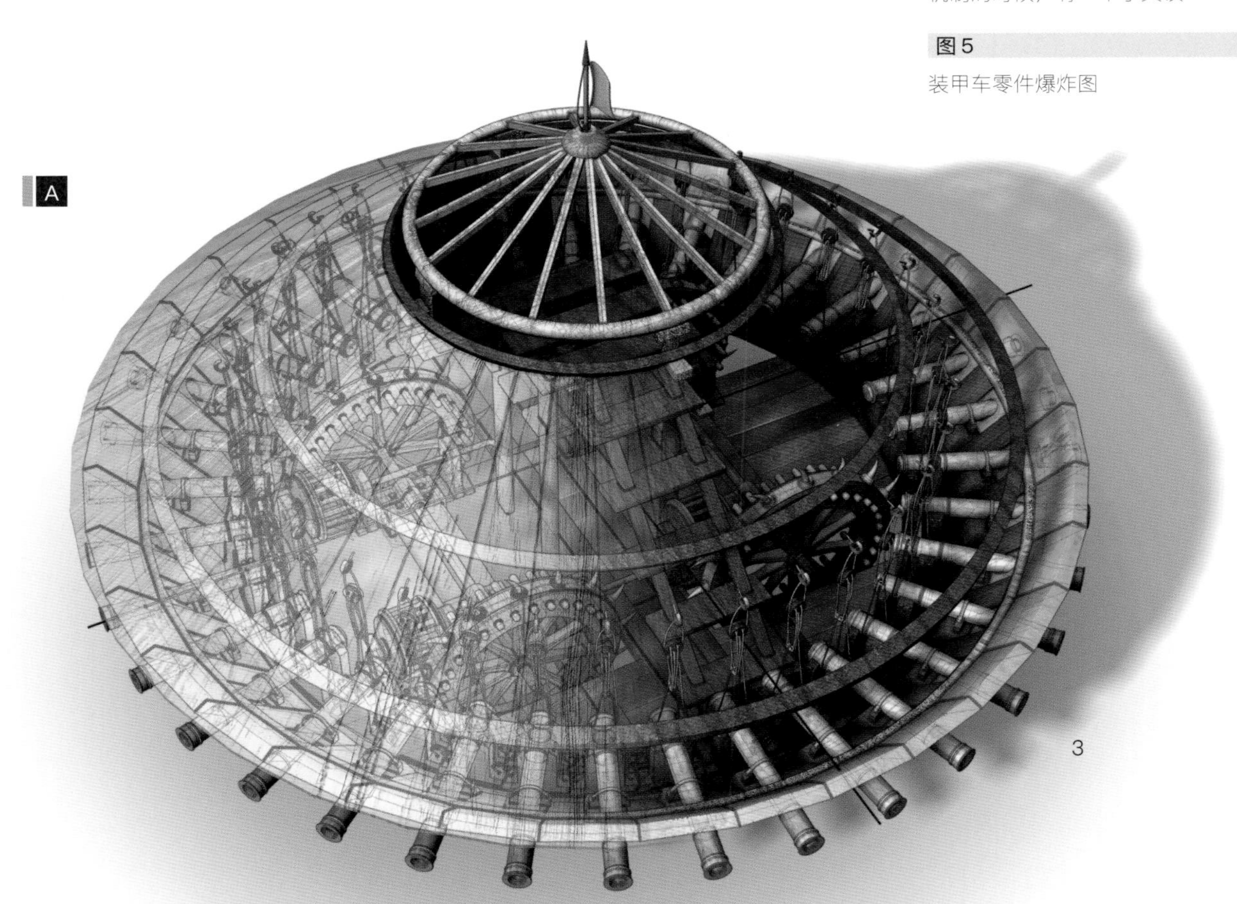

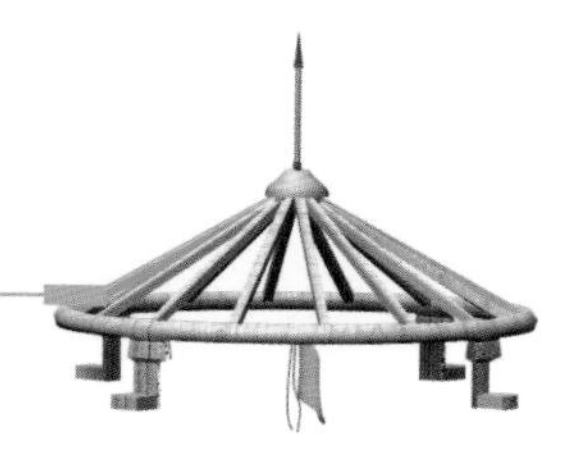
瞭望塔
装甲
装甲的主要支撑结构
梯子
炮筒
炮筒的支撑结构
结构环
下部装甲 + 运行机制
车轮
战车底部
战车底座
5

芬奇镇，1452

1460

1470

1480

1485—1490

1490

1500

1510

安博瓦兹，1519

《图谱抄本》140ar和140br

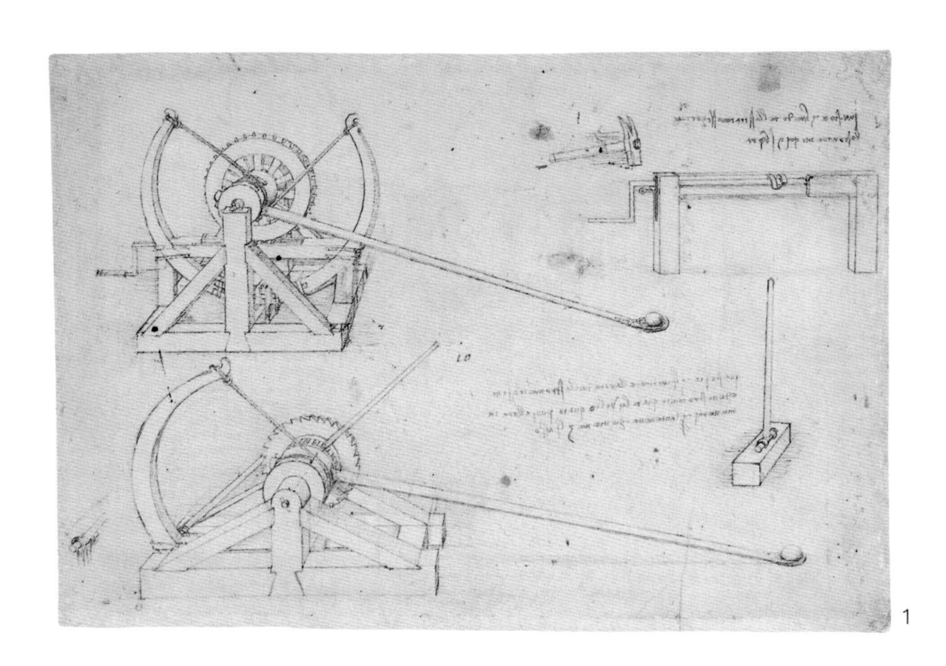

1

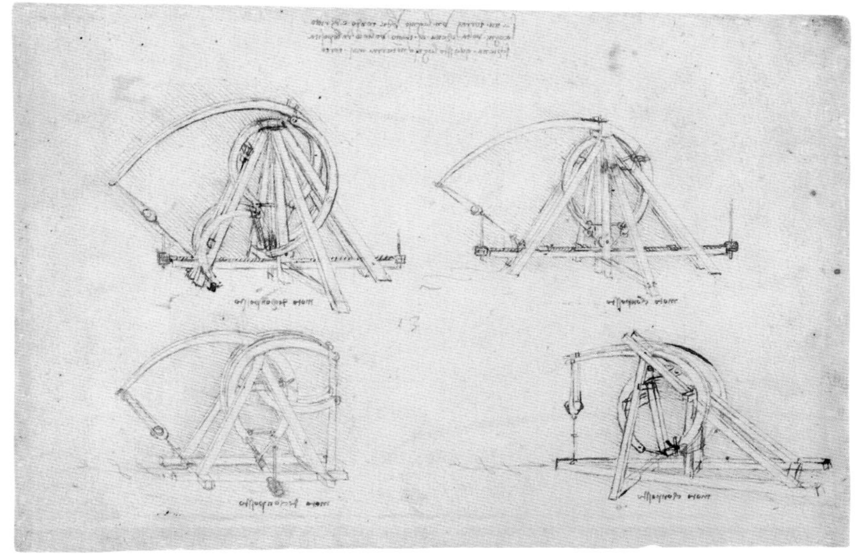

2

弹射器(投石车)

达·芬奇把弹簧投石器的设计都集中在这页手稿上了。它们的绘制时间大约在1485—1490年。现在，原来的手稿被分成了两页。从概念的角度来看，这些投石车都十分有趣，因为它们不仅包含了达·芬奇早期的研究元素，同时也包含了15世纪90年代的一些研究元素。正是在这个时期，达·芬奇在许多领域的研究都达到了巅峰状态，常常能想出颠覆性的创新理念。手稿的绘画特征反映了达·芬奇的青年时代：投石器在那个年代，已经为人熟知。在战场上，它们与新发明的火器平分秋色。由于投石器最早出现在古典时期，因此也引起了人们对于人文方面的兴趣。这些设计当中的考古元素，恰巧反映了达·芬奇青年时代的研究。而图稿对基本运行原理和弹簧系统提出了多个方案，这是达·芬奇超越古典的体现。虽然他设计了多台投石车，但这些图稿的真正目的，似乎集中在研究弹簧机制上。这一点使投石车的设计更贴近于达·芬奇在机械学方面的杰作——《力学因素论》。这本书的手稿已经散落，现在只能从《马德里手稿I》中模糊地了解它的内容。这本书之所以与众不同，是因为它独立研究了各种基础构建，例如车轮、螺丝和弹簧。它不再受到机器发明的束缚，也不需要通过研究机器来了解各种零件的用途。这部作品奠定了机械理论的基础形式。投石车的手稿，从风格和布局上，都反映了达·芬奇在设计机械时所达到的新认知层次。在散失的《力学因素论》中，除了理论著述，达·芬奇计划单独开辟一个部分来论述各种力学原理和各种零件（车轮、弹簧等）在机器上的组装原理。投石车的手稿能够让我们窥探到一些《力学因素论》的内容，特别是弹簧在武器上的运用这个部分。

3

图1和图2

两页手稿设计了各种款式的投石车。它们的动力来自弯曲木柄所释放的能量

图3

发射状态的投石车

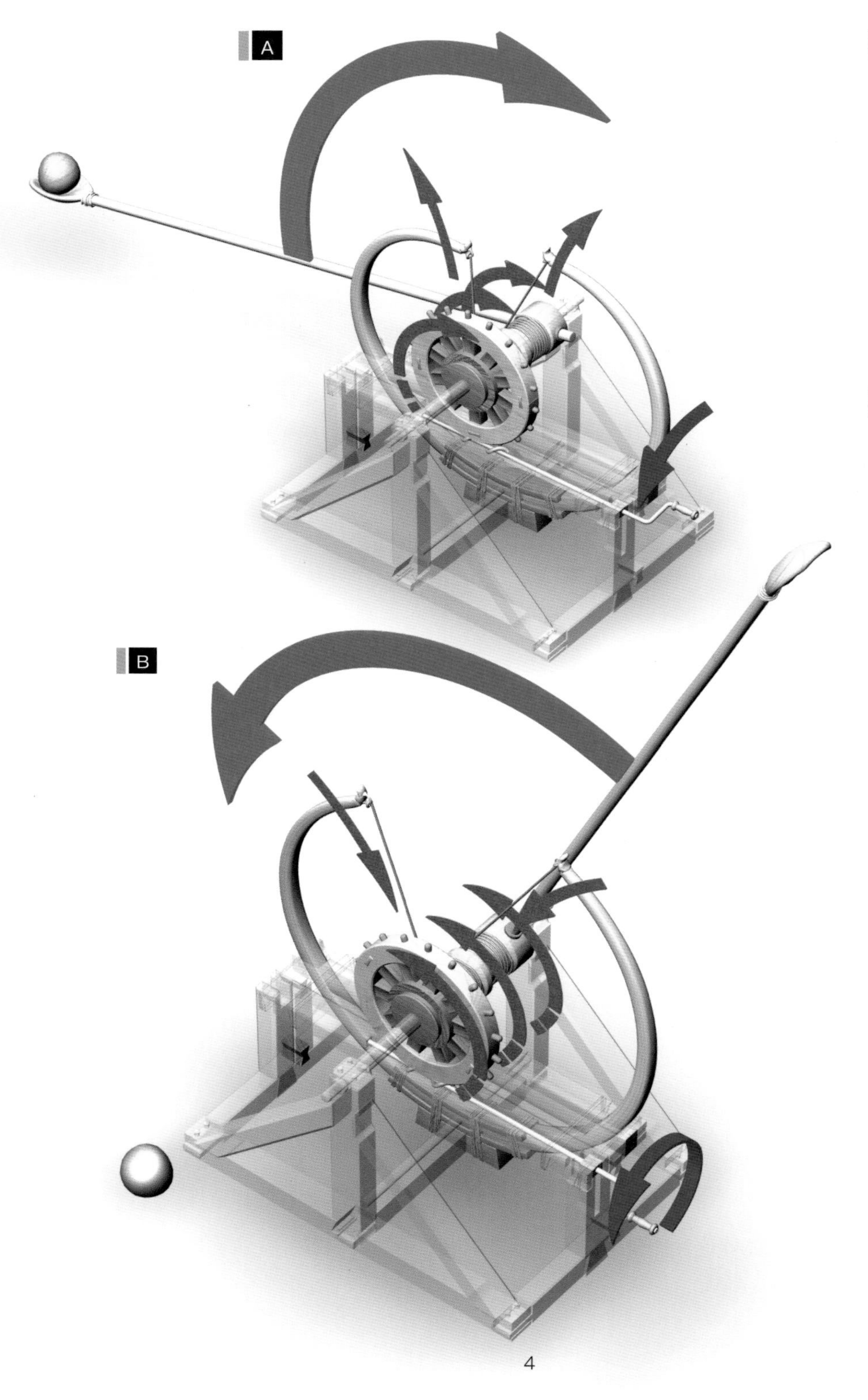

A 投石车的命中范围比较广，因此可以攻击很远的目标。在这个设计中，达·芬奇试图增加投射的力度。两片较大的弹簧片可能是木质的，能够保证强大的推力。当弹簧片装好之后，两只木臂被向内拉紧。操作人员把炮弹（石块）小心地安放在勺子内，投石车就准备完毕了。操作员只需要猛力拉动前手柄，弯曲的木臂就会突然松开，释放杠杆，将石块抛入空中。同理，投石车也可以投掷燃烧弹

B 投掷完毕之后，投石车可以很快重新装填。操作员转动手柄，使木臂再度向内弯曲。达·芬奇还为重新装填设计了一个阻拦系统。由于弹簧片非常硬，转动手柄的力量不足以弯曲弹簧片。如果用力过猛，还可能导致手柄断裂。木臂内部的齿轮，可能档住了一套棘轮系统，能够在装填的时候阻止弹簧片回弹。装填的操作总是伴随着棘轮“咔咔”转动的声音。由于弹簧片所释放的能量非常大，整辆车必须用绳子和木桩固定在地上

图 4

投射和装填的各个步骤。运作原理非常简单，弹簧片能在短时间内反复投射

图 5

投射时各个部件的状态

下页对页图 6

模拟攻击敌方城堡的情形

勺子
杠杆
投射轨迹
弹药
弹簧片
齿轮
木桩
框架
发射和装填手柄
5

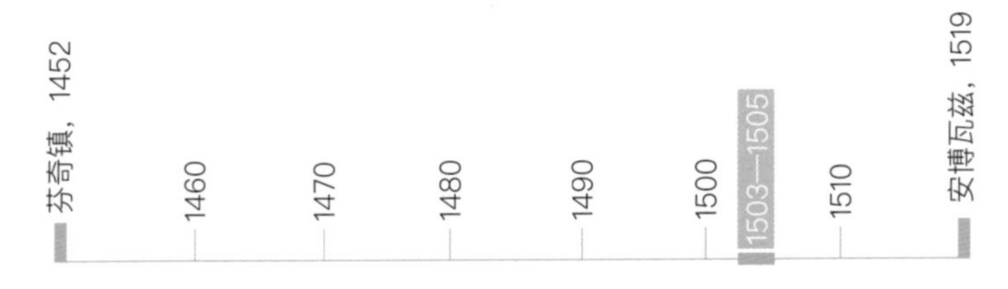

《图谱抄本》1ar

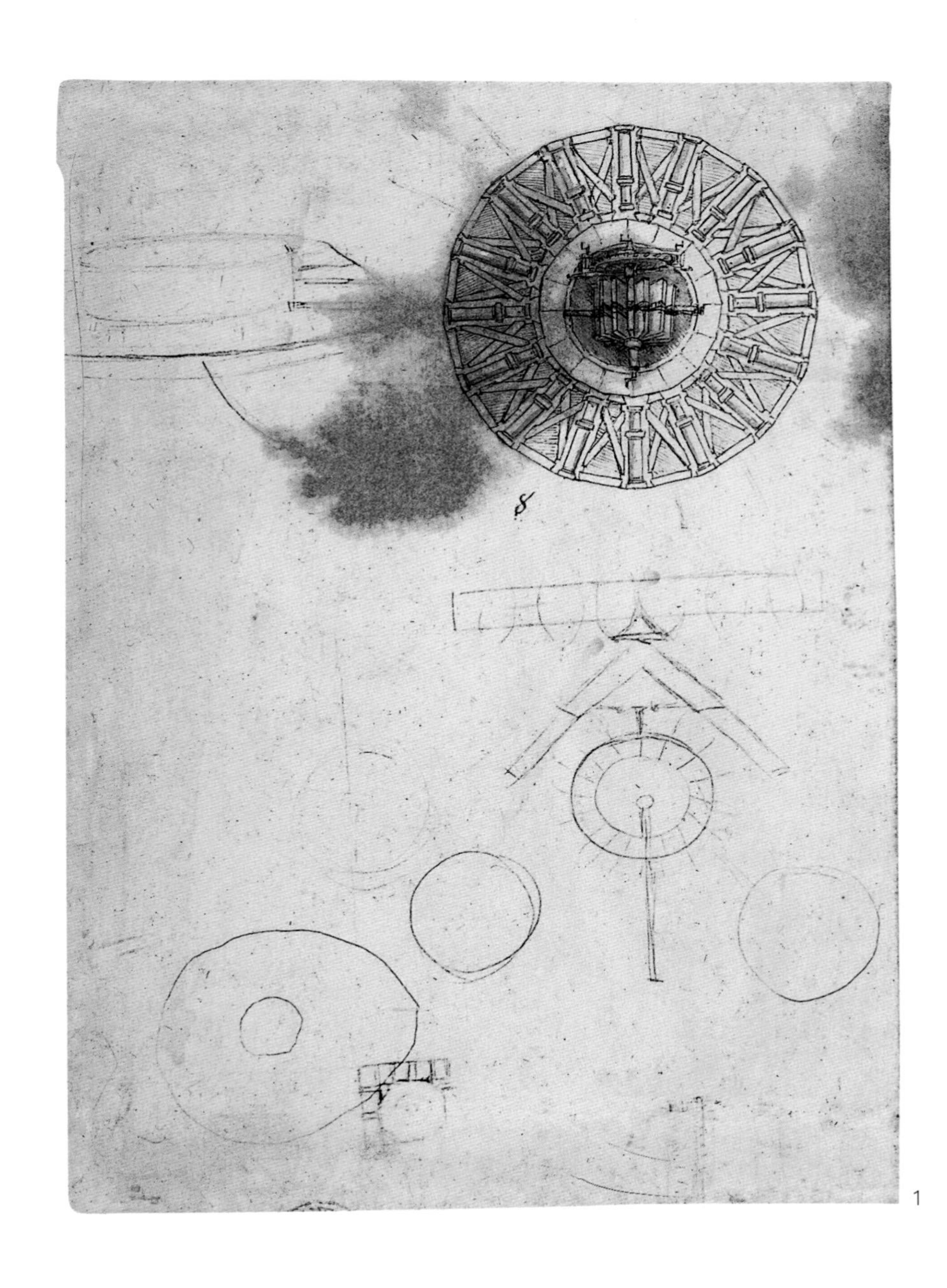

1

齐射式加农炮

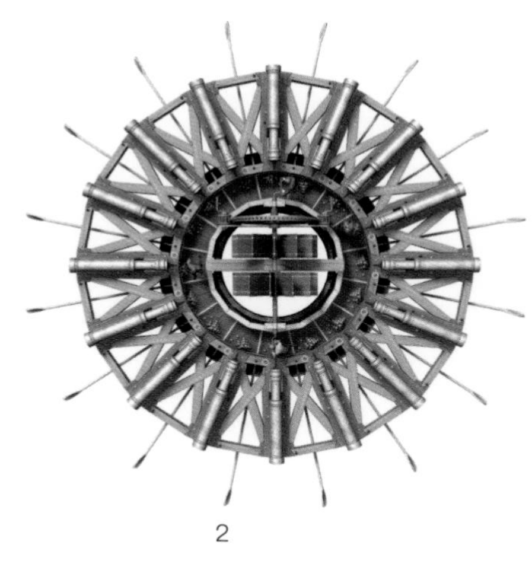

2

这页手稿是《图谱抄本》的一部分。《图谱抄本》不是达·芬奇本人整理的，而是他去世之后收藏家整理出来的合辑。在这页手稿的右上角，达·芬奇绘制了一幅被他称作“圆形雷霆”的机器。《巴黎手稿 B》里，有一张极其相似的设计图，达·芬奇也是这样形容它的。这个“圆形雷霆”设备事实上是一门多筒大炮，炮筒沿着一个环形的平台摆放。图画本身非常完整，证明大师在动笔之前，已经进行过深思熟虑。整个绘图的布局也相当完美。在所有形状和零件的设计上，大师的绘制线条精确而自信。完成之后，大师又添加了阴影和水墨渲染。很明显，从线条的倾斜方向来看，这幅画是由惯用左手的艺术家完成的。沿着线条的方向，我们可以看出达·芬奇在绘制阴影的时候，一直在转动纸张。渲染部分则用于突出炮筒的巨大数量。这幅手稿的年代已经难以考证，但是有一幅类似的手稿出现在《巴黎手稿 B》中，它的绘制时间大约在 1485—1489 年。在这个时期，达·芬奇的画作有一个明显的特点，就是笔触整齐，呈丝状。可惜《图谱抄本》里的这页手稿，并不具备这个特点。它更接近达·芬奇 1504 年左右的风格，就像《安吉里之战》的底稿那样，线条充满力量。这幅画虽然非常完整，但是却命途多舛。不知道为什么，手稿的空白位置画上了许多毫不相干的草图，其中只有一幅（建筑图）是达·芬奇本人的作品。这幅图的力量远远超越了机械设计本身。达·芬奇选择使用高角度俯视的形式来表现这件武器，视角与机器呈直角状态。它虽然只是一幅草图，却并没有牺牲任何细节和表达的力度。阴影和渲染克服了草图的扁平缺陷，给机器增添了立体感。与此同时，作为几何学图形（绘制了辐射线和对角线的正圆形），这幅画清晰透明，使整个机械的结构跃然纸上。炮身的形状和它们之间的连接结构构成了一种有节奏的视觉阶梯。机器的工作原理、炮火的发射过程，似乎都被转换成了视觉形象。人们几乎可以感受到炮火发射时的那种节奏。米开朗琪罗在绘制圣彼得大教堂的拱顶时，也是如此有力度地表达出视觉的节奏感。

图 1

这张设计稿位于《图谱抄本》的第一页，其中最著名的就是右上角的齐射式加农炮设计图。图画上隐藏着一些颜色比较浅的线条，为齐射式加农炮的设计开启了许多想象的大门，使人们能够得出许多迥然不同的结论

图 2

完全按照达·芬奇的原稿制作的三维图

3

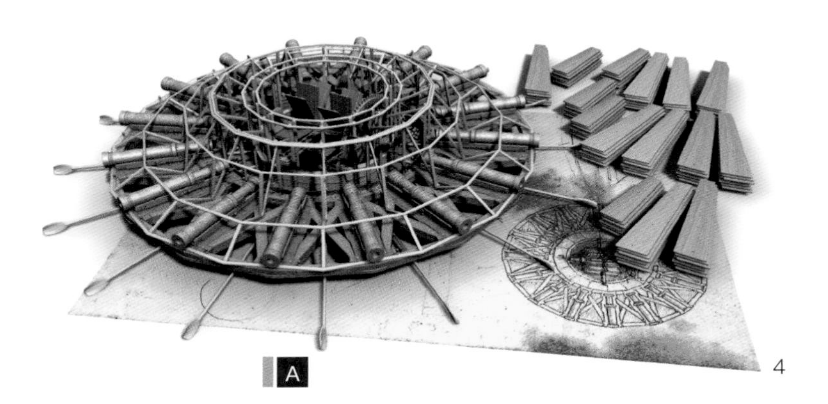

A

4

A 在手稿的右上方，达·芬奇绘制了一幅清晰的图画，但是手稿的其他地方有几幅粗略的速写，引起了广泛的猜想。几百年间，人们一直认为这整个结构是安放在塔楼顶端的，用于发射防守火力。它也可以放置在陆地上的某栋建筑物里。但是经过仔细研究，可以看到画面中的结构有一个防护罩，推翻了以往将它放在建筑内部的设想。在主图中，所有的辐射线都画了双线条。这些线条很可能代表船桨，能够在水上使整个结构快速移动。“水上说”也解释了大炮中央的明轮，而在塔楼中装配明轮是毫无道理的。由于整个结构非常沉重，再加上当时的制造水平有限，几乎无法在塔楼上制作完成。尽管如此，把齐射式加农炮放在水里仍然只是许多推测之中的一个

B 安装齐射式加农炮的顺序。炮筒固定在一个稳固的架子上。在达·芬奇放置防护罩之前（手稿左上角图），他先建造好了外部框架。图5为制造完成后的齐射式加农炮

B

5

图3、图4和图5

整个结构的安装顺序图。这是按照手稿上浅色线条的指示制作的

图6

齐射式加农炮的爆炸图。整个武器需要装配16套部件

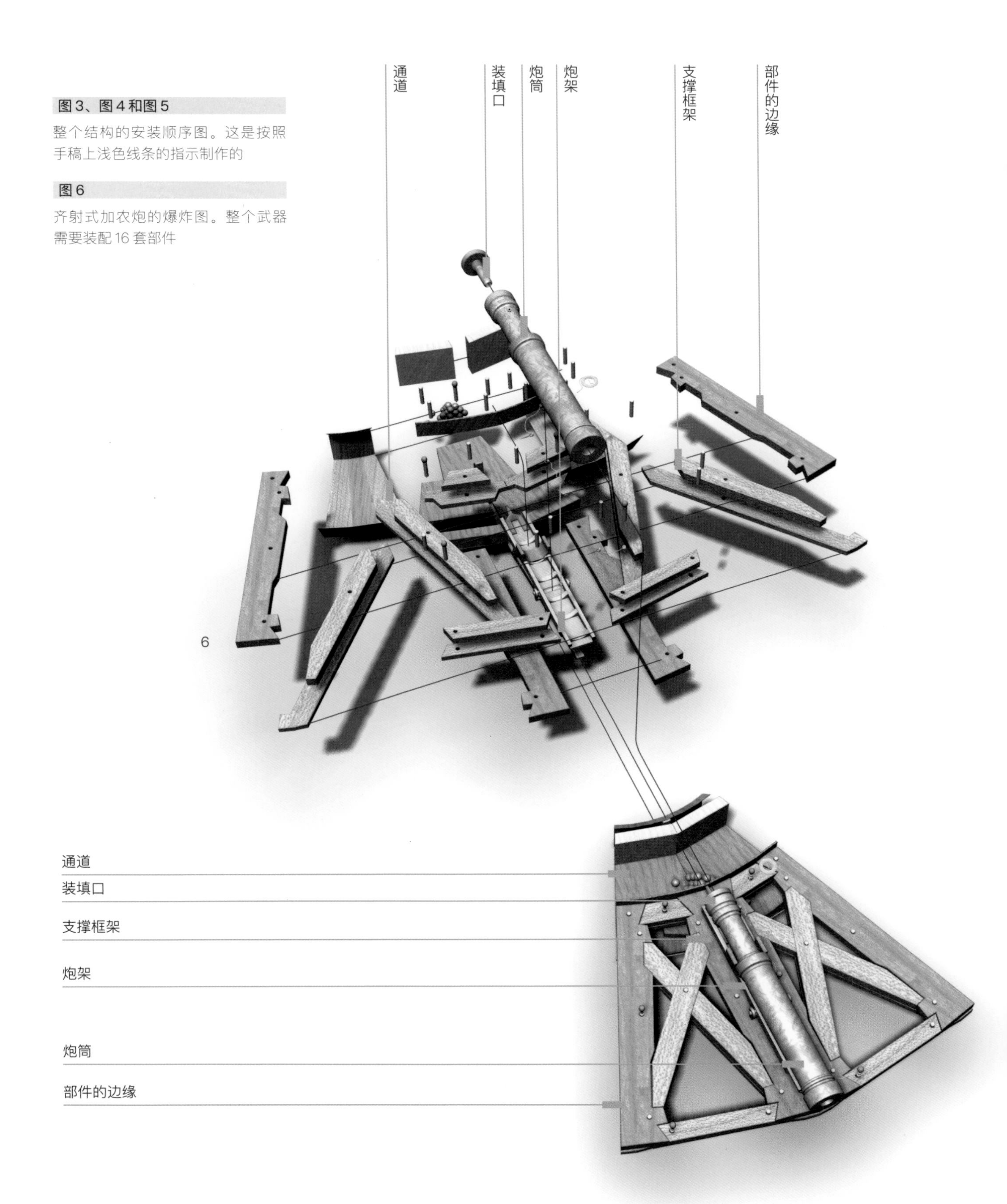

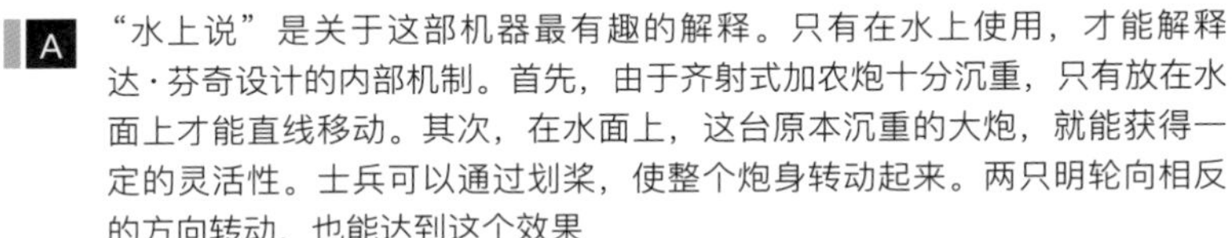

A “水上说”是关于这部机器最有趣的解释。只有在水上使用，才能解释达·芬奇设计的内部机制。首先，由于齐射式加农炮十分沉重，只有放在水面上才能直线移动。其次，在水面上，这台原本沉重的大炮，就能获得一定的灵活性。士兵可以通过划桨，使整个炮身转动起来。两只明轮向相反的方向转动，也能达到这个效果

B 两位操作员转动手柄，使得明轮转动起来，船体开始移动。要完成这个操作，是有一定困难的。由于炮身重、惯性大，明轮和手柄都很容易折断。达·芬奇想到了利用齿轮逐级增力的方式，让整部机械慢慢启动。他还设计了两只较小的手柄，用于转动两只小型的笼式齿轮。一旦船只开始移动，水的阻力就消失了，此时操作员可以直接转动大轮。由于体积巨大，这门齐射式加农炮在水中得以快速航行

图7和图8

主马达系统的爆炸图及组装后的样子。如何去解读这部机器成了人们最感兴趣的话题之一

图9

安装完毕，准备航行的机器

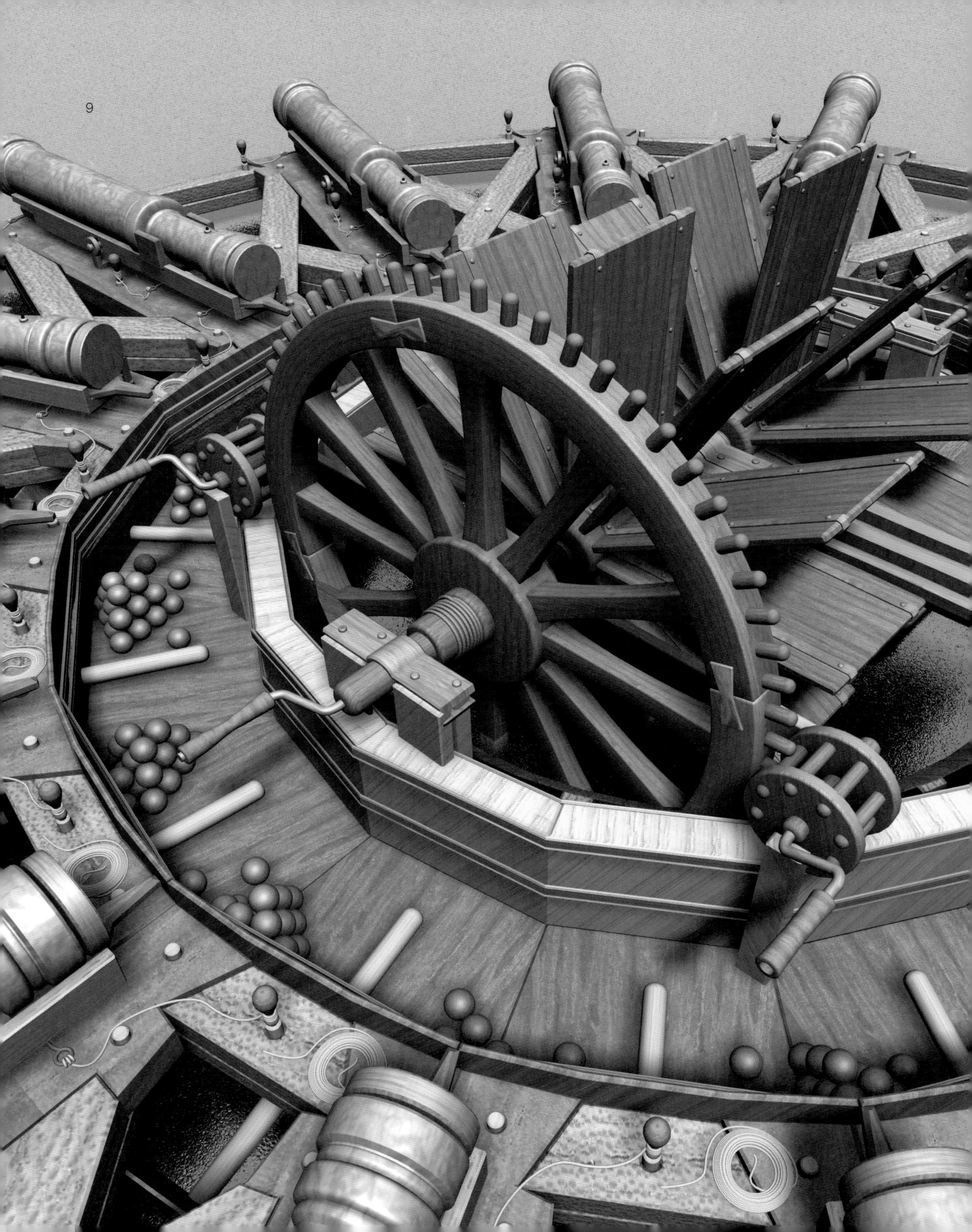
9

图 10

炮台爆炸图。整架大炮的制作和下水肯定是一个漫长而又昂贵的工程，会耗费巨大的人力和物力，特别是木料和炮身用的金属

下页对页图 11

假想达·芬奇第一次航行站在炮台上的情景。事实上，这部机器从未真正被制造出来

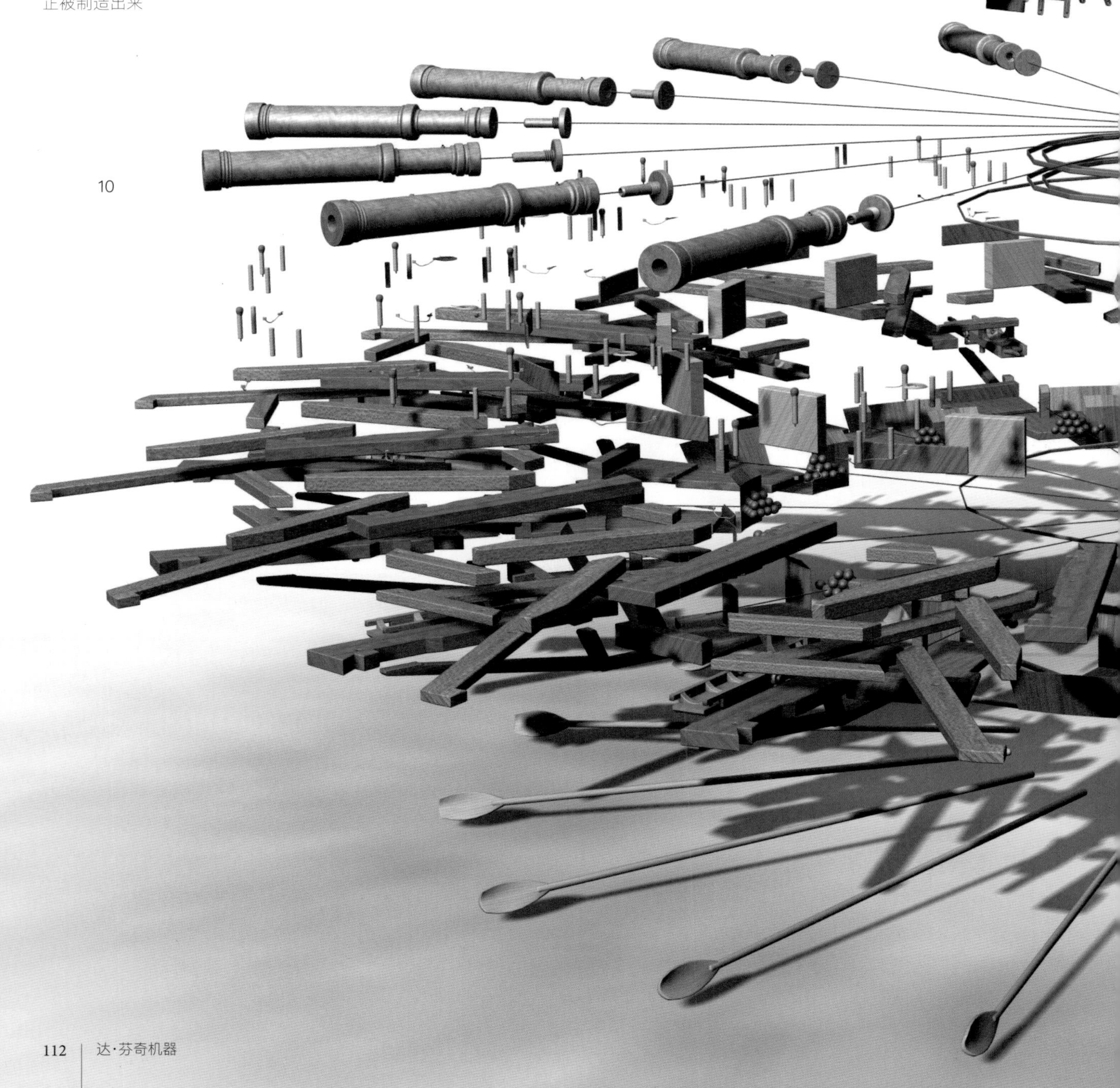

《图谱抄本》33r

芬奇镇，1452

1460

1470

1480

1490

1500

约 1504

1510

安博瓦兹，1519

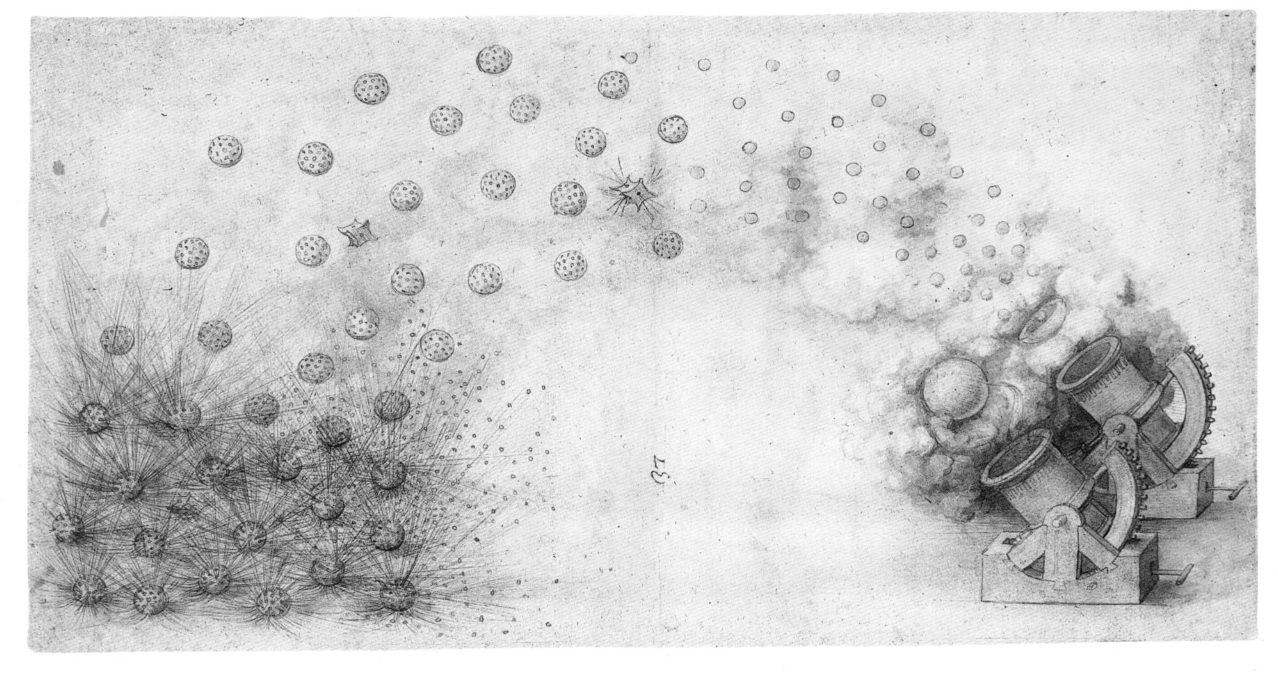

1

射石炮

这页手稿来自《图谱抄本》。它并不是达·芬奇自己做的研究项目，而是为某个王公贵族敬献的图纸。图画本身具备完整性，呈现的技术十分复杂。达·芬奇使用水笔勾勒线条，并用水墨进行了晕染，主图的下面也没有文字说明。这些特征都证实了它的用途。达·芬奇画展示图的时候，通常都不写注解。即便是写注解的情况，他也会改用从左到右的书写方式，方便别人阅读。达·芬奇并不是第一个用技术图做展示的画家。在这些机器设计图纸中，他严格遵守文艺复兴时期的工程师传统。例如，迪乔治和塔克拉这两位先驱，存世的手稿都十分精致，并配有精美的文字说明（拉丁语）。这些手稿都不是施工图。我们不知道这幅射石炮是为谁设计的。除此之外，这页手稿的年代也很难确定。它华丽的特征让人想起达·芬奇的青年时代，但是它清晰的布局，又让人想起他在1490年前后的作品。在这个时期，达·芬奇在弹道研究上获得了杰出的成就。然而手稿其他的风格则更贴近16世纪早期，那时候的达·芬奇正在各地的战场上做武器和工程设计。他曾经跟随恺撒·博尔吉亚在罗马涅大区的前线工作，也曾经为佛罗伦萨城邦在托斯卡纳前线参与设计。这幅手稿有一个本质上的特征，使它和1504年达·芬奇设计的一系列射石炮产生了关联（《温莎手稿》12275和《图谱抄本》72r）。这些手稿都刻意用艺术手法渲染了武器的弹道。事实上，这页手稿完整地描绘了炮弹飞行的抛物线，特别是在手稿的左边，达·芬奇绘制了每一颗炮弹的射程和爆炸后的打击范围。这些炮弹并没有被单纯地表现为爆炸后的碎片，每一颗炮弹的外围都用细线条画出一道光圈来表现爆炸的效果。研究这些线条的时候，我们意识到，手稿的作者是一位真正的科学家。为了掌握弹道的规律，他非常执着地研究着空气对弹道的影响。与此同时，他绘制的丝状线条和紧绷的射线，在审美上产生了无与伦比的美感。达·芬奇绘制的弹道研究图和他在研究水利时绘制的洪水一样，都具有无法超越的艺术价值。在这些手稿中，我们不仅能清晰地看到他对科学规律的执着，同时也能看到他艺术创作的结晶。这样的成就在人类历史上，也只有达·芬奇一人能够取得。

图1

达·芬奇《图谱抄本》33r的设计图

图2

炮弹碎片

A 射石炮在达·芬奇时代，已经是为人熟知的武器。这页手稿之所以引人注目，是因为它的绘画质量极高，画作清晰精准，表现出发射中的射石炮以及炮弹的弹道轨迹。从另一方面说，这一页所绘制的射石炮在设计上并没有创新之处，它的绘制目的应该仅限于研究，因为画面的核心在于发射后产生的巨大能量。整架大炮应该是用木棒和绳索固定在平原上的。它只能朝一个方向开火，操作员也仅能调整大炮射击角度的高低。大炮的射击方向完全取决于基座的位置，因为基座被固定在地面上，所以炮身很难移动。为了能够大面积攻击，同一个战场上可能会同时使用许多台这样的大炮

B 大炮射击角度的高低可以通过调节手柄轻松调整。转动手柄的时候，操作员能精准地调节每一发炮弹的射击角度。手柄连接在装有蜗杆螺钉的金属棒上。蜗杆螺钉则可以转动装有锯齿的弧形装置，使炮身上下旋转。炮身瞄准的时候，精确度非常重要。这主要是因为炮筒比较粗短，炮弹的弹道本身很不精确。并且，对于射程较远的大炮来说，微小的几度差别，在落弹点上会造成天壤之别

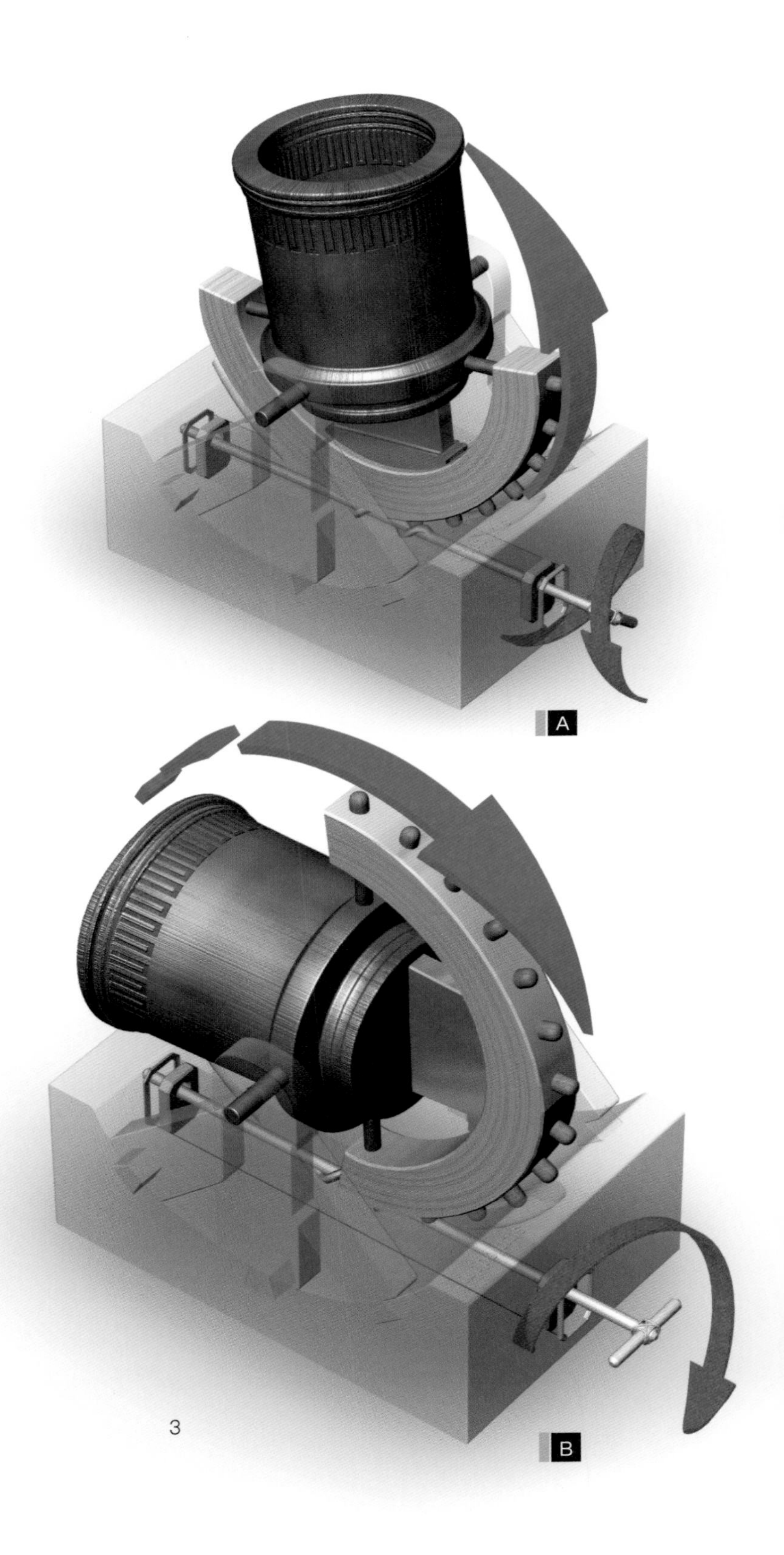

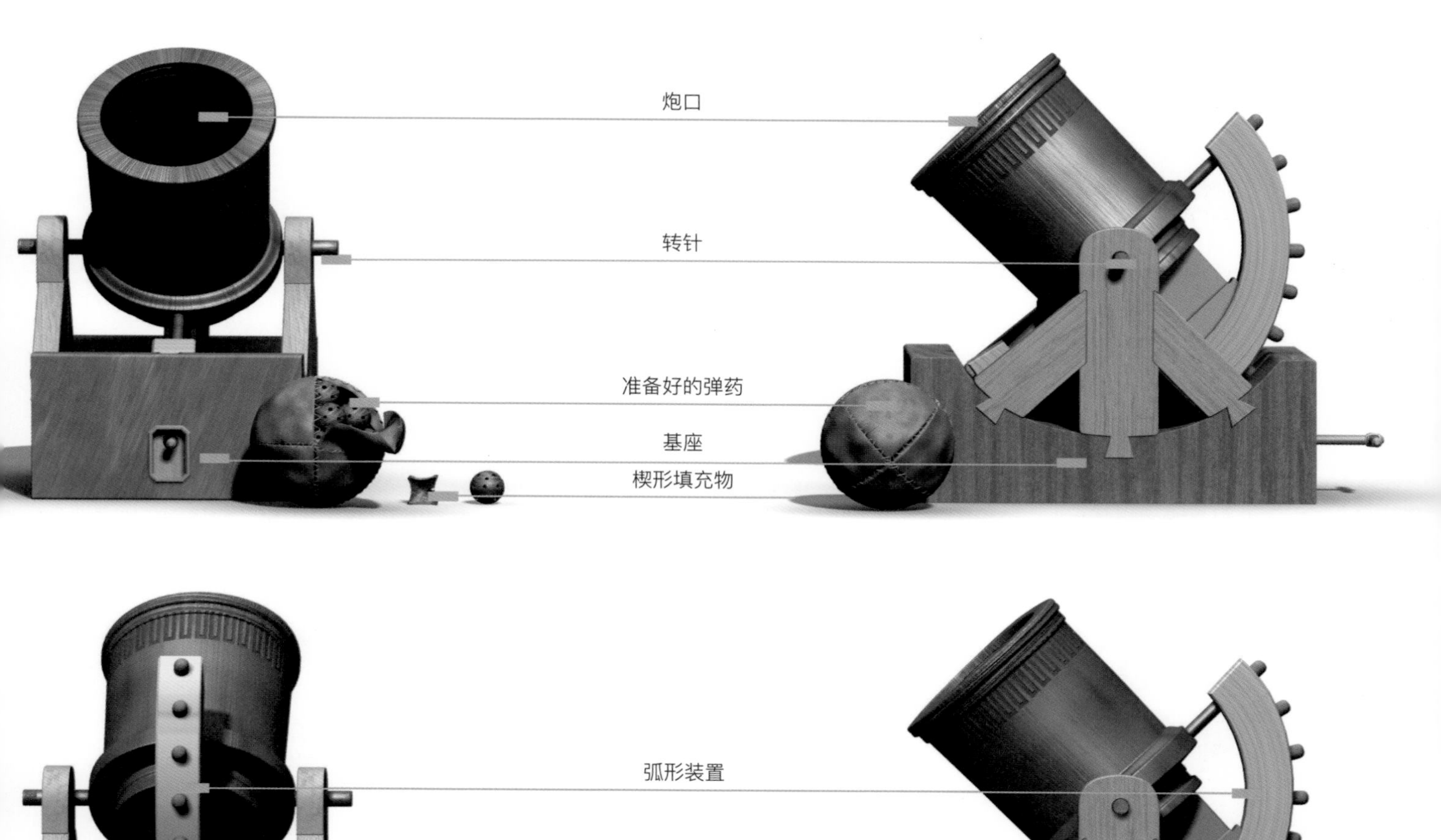

图 3

炮弹角度调整功能

图 4

部件正交视图

下对开页 5 和图 6

射石炮和炮弹的爆炸图

A 射石炮内部结构和炮弹爆炸图。除了少量的炸药以外，炮弹还含有楔形的铁片，能够使炸药不散开，稳固地待在弹壳内。达·芬奇设计的装填系统并不是最有效的，但是当时没有制图工具，很难表达和想象出其他的解决方案

B 装填完毕，就可以将花瓣形状的弹壳缝合在一起

C 缝制弹壳是手工操作的，需要操作人员精神高度集中，针脚非常精确。缝制的最后步骤是将所有“花瓣”的顶端缝合在一起

D 缝合完毕后，炮弹就可以装填到射石炮的炮膛里了

E 射石炮的爆炸图。在这个视图中，我们能看到武器复杂的结构及其功能特点。例如用于调节炮口高度的蜗杆螺钉是通过炮身后面的手柄完成的

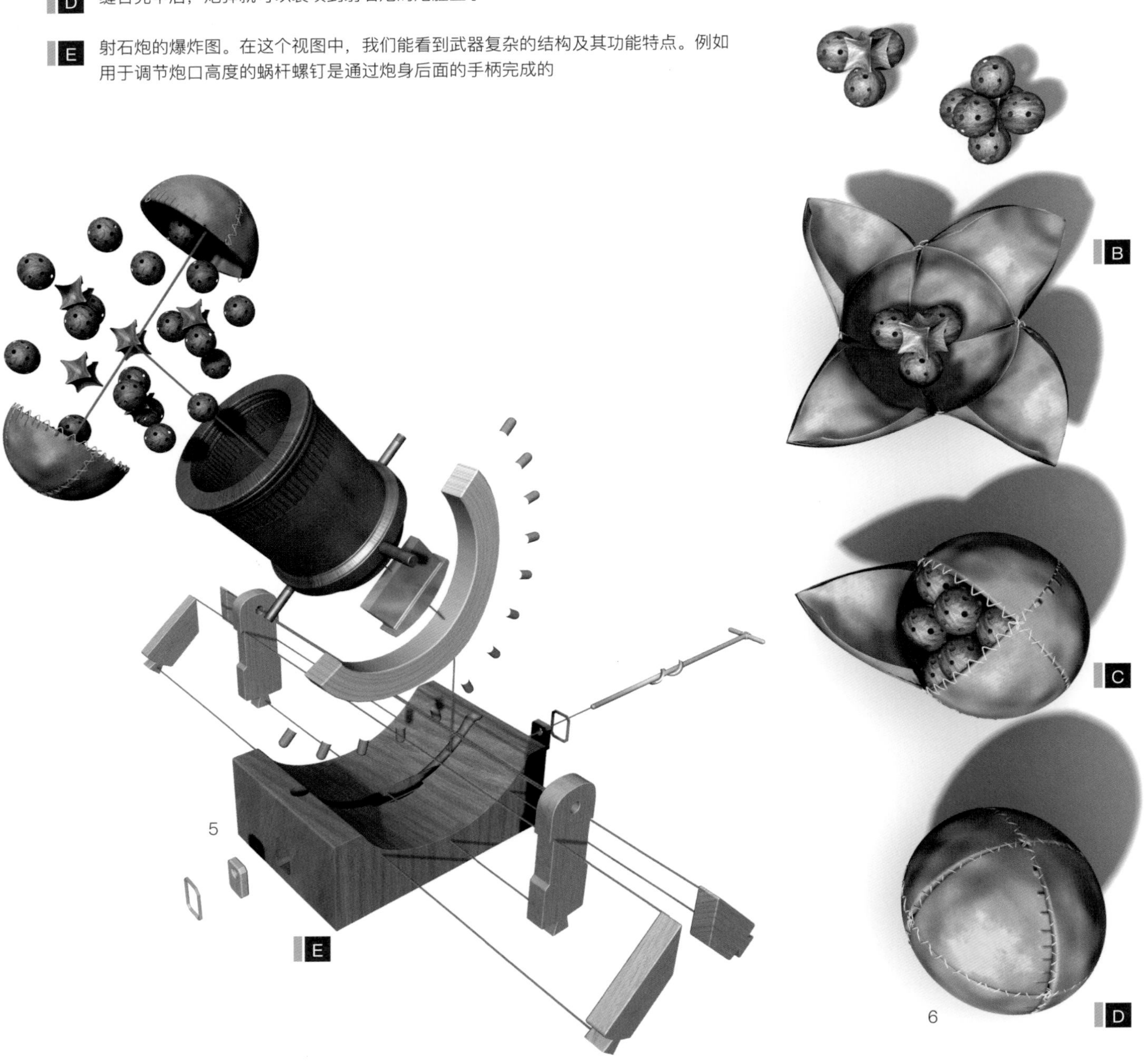

上页图 7

正在发射的射石炮

图 8

手稿上放置的射石炮三维模型忠实地反映了达·芬奇的原作。这个版本的演绎是毫无疑义的

楔形填充物
转针
炮筒
弧形装置
手柄
固定钩
固定索
8

芬奇镇，1452

1460

1470

1480

1490

1500

1507—1510

1510

安博瓦兹，1519

《图谱抄本》117r

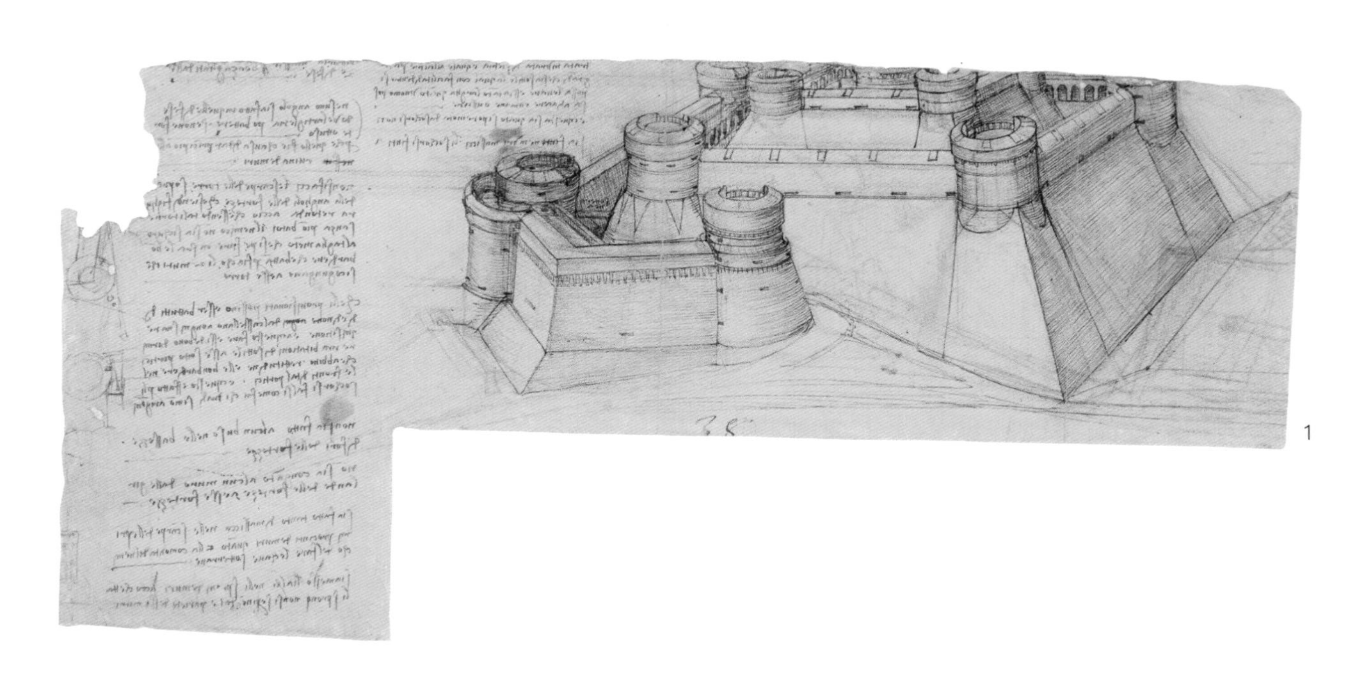

1

堡垒

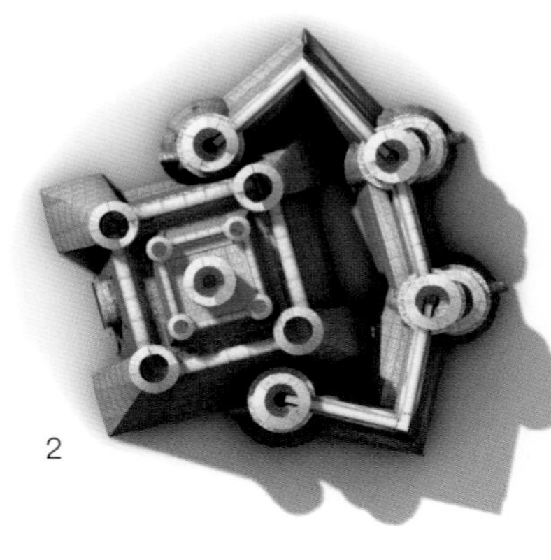

2

这幅《图谱抄本》中的堡垒设计图绘制于达·芬奇第二次旅居米兰的时期，最早大约在1508年。当时的政局已经发生了戏剧性变化。由于斯福尔扎被驱逐，法国人占领了意大利。达·芬奇曾为斯福尔扎工作过，所以法国政府对他十分重视并委以重任。事实上，他被任命为“常侍工程师”，而这幅堡垒设计图很可能是为法国人设计的，因为法国在完成征服以后，捍卫战争成果的任务迫在眉睫。达·芬奇对战争中的工程设计并不陌生。除了斯福尔扎给他的一些小任务之外，他曾经担任过威尼斯政府的设计顾问。不久之后，他追随恺撒·博尔吉亚征服罗马涅大区。在他开始为恺撒·博尔吉亚效力之前（1502年，他正着手准备绘制战争油画《安吉里之战》的时候），他曾经系统地研究了当时发明的所有火器。他研究弹道、武器设计和防御工事。他曾经绘制过扁平的、逐渐向上缩进的要塞瞭望塔，以便遭受火炮攻击的时候，把着弹面积缩减到最小。但1508年之后达·芬奇绘制的要塞，和1502年时的完全不同。一方面，这是因为他在过去的6年中研究出了全新的建筑学解决方案。例如，某些瞭望塔的剖面图就展现出这种特征。与此同时，整个堡垒非常雄伟，具有中世纪的建筑气势。在整个设计图中，他大量使用了多边形。最初，位于最外端的半月堡（城门外墙），达·芬奇运用弧线，绘制出向外突出的形状。但是后来他改变了想法，把这个部分设计成尖锐的多边形。机械设计先驱迪乔治曾经偏爱这种形制，并且在意大利的许多地方，都设计过这样的城堡。在这方面，达·芬奇应该是受到了迪乔治的影响。1500年后，达·芬奇拿到了《论建筑》（迪乔治作品）的一个抄本。他仔细研读，还在书上留下了自己的见解。当然，也可能是根据客户的要求，达·芬奇才将这个堡垒设计得既新颖而又不乏传统元素。

图1

绘有城堡设计图的手稿，注释中记载了一个关于巧用军事计谋的真实故事

图2

城堡俯瞰图

A

这个堡垒很可能是为山区设计的，坐落于山顶，因为城墙的特殊形状和角度，使它能够抵御强风。外城墙用于防御堡垒的核心建筑，也就是城堡主人居住的地方。15 世纪中叶，火药和火器已经被广泛运用于各种防御系统，堡垒和要塞的城墙都必须在设计上进行调整，以便适应这种新的攻击形式。在达·芬奇的设计中，城墙的平面和立面的比例被极度地扩大了。这种城墙在结构上更加稳固，可以吸收和化解新型进攻武器的冲击。这个堡垒设计的另一项创新，就是去掉了城垛，使城墙的侧面呈弧形，能弹射部分炮火。城墙上的小孔便于防守的军队控制大局，并组织反攻

B

整个堡垒的几何造型十分有趣，同时也是精心设计的。达·芬奇相信他设计的城墙无法被攻破，因此并没有用任何天然屏障（斜坡和壕沟）来进行防护。与此相反，他把堡垒的周边设计得相当平坦，方便在反攻的时候对敌军进行追击。一旦敌军意识到城墙不可攻克，他们根本找不到任何东西来掩护他们撤退

图3

堡垒是如此壮观和难以接近，任何攻击都是白费力气

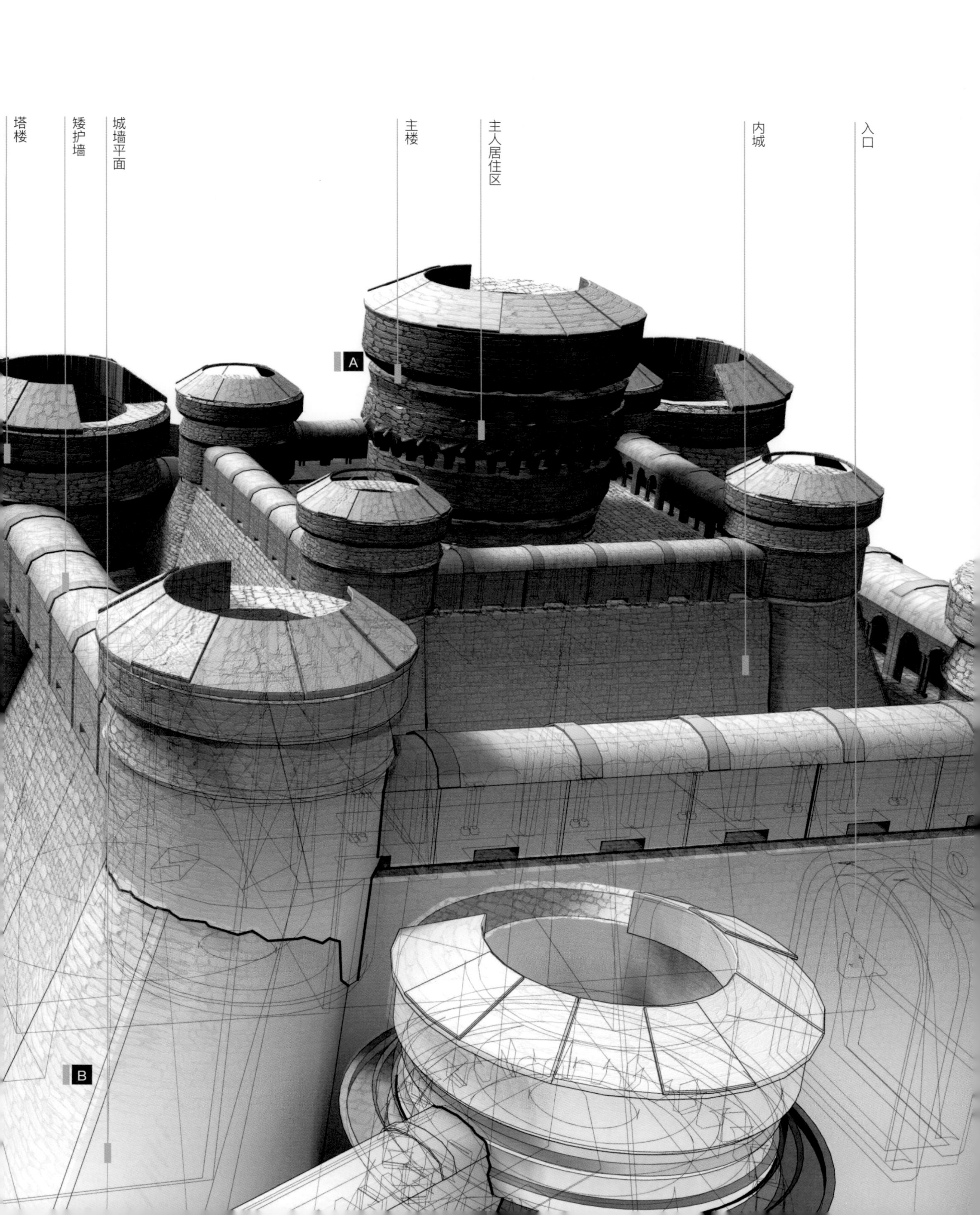
塔楼
矮护墙
城墙平面
主楼
主人居住区
内城
入口
A
B

003

水力机械

Hydraulic Machines

机械锯
明轮船
平转桥
挖泥船

达·芬奇经常把空气和水结合起来研究，他不仅设计过飞行器，还设计过许多水动力设备。他研究海上的波浪，是为了间接了解空气的流动行为。他设计的一些飞行器（《图谱抄本》156r、860r），无论从外形，还是从机械概念上，都和船很相似。但是，从另一方面来看，这两个领域是截然不同的。飞行器的研究属于达·芬奇的私人世界，我们也找不到任何证据来证明达·芬奇的客户会对这种研究产生兴趣。他给后世留下的印象是，这部分的研究是他的私人秘密。然而水力研究却是达·芬奇持续时间最长的工作。它不仅仅属于私人兴趣范畴，无论身在何方，当地的统治者都会请达·芬奇设计水力机械和工程。

根据瓦萨里的记载，在达·芬奇还是个居住在佛罗伦萨的少年时，就已经有人和他探讨当地的民生问题：如何使亚诺河从佛罗伦萨一直通航到大海。尽管当时还是个孩子，达·芬奇还是提出将亚诺河开凿成连接比萨和佛罗伦萨的运河。他也是提出这个建议的第一人。因此，我们就不难理解，为什么水利工程是达·芬奇为客户设计得最多的工程（从这个角度来讲，只有战争工程能够与之相比）。除了为城市提供基本水源和运输资源之外，他还尝试利用水动力来驱动各种机械。在达·芬奇的时代，水路还是商业运输的最快途径。达·芬奇基本上有两个工作中心——佛罗伦萨和米兰。两个城市都远离大海，只能依赖河流运输。米兰人和佛罗伦萨人倾尽所有财富，尝试过各种途径来打破河流运输的局限性。达·芬奇也曾参与解决问题，因为河流运输问题，曾经困扰了几代工程师。一方面，达·芬奇对已经实施或尝试过的工程很感兴趣；另一方面，他提出了新方案。在米兰，水利局设计的运河系统非常先进，这让达·芬奇获益匪浅。佛罗伦萨的情况也很相似：布鲁内莱斯基一直在着手解决亚诺河的通航问题，只可惜进展不大。他设计了一种名为“流浪汉”的大船，目的是将在海边开采的大理石块运到佛罗伦萨。在现存的达·芬奇手稿中，没有解决类似问题的设计图。但是对《图谱抄本》90v进行推断（运河的水闸系统），它可能正是为了解决瓦萨里提出的问题而设计的。我们手头还有一些达·芬奇早期的水利设计图，特别是在《图谱抄本》中用于抽水的装置。这些装置中最著名的莫过于“阿基米德螺旋泵”。这种水泵的内部装有螺旋或叶片，当倾斜到一定的角度时，能够自动抽水。这件设计是达·芬奇借鉴其他工程师的另一个例子。托斯卡纳地区水利设计历史悠久，因此达·芬奇研究分析的起点很高。同时，他也一直在试图脱离前人的轨道。随着年月的增长，他越来越把水当作独立的元素来研究，不断观察水的物理性质和运动，尝试设计以水为动力的机器。在佛罗伦萨居住的后期以及旅居米兰的初期（1482—1483），他深深为水和空气的相似之处着迷。他研究既能够在水域又能在空中生存的动物（例如飞鱼）并且得出结论：覆膜的翅膀不仅适合飞翔，同时也适合在水中游泳（见《巴黎手稿B》81v 中的网状手套，绘制年代在 1486—1489 年）。除了在科学理论上精益求精（这个时期达·芬奇的科学理论并不成熟），他在这个时期也尝试在设计上摆脱实用的束缚，让想象力自由翱翔。例如，他设计了一艘潜水艇，自带复杂的攻击系统，能够在水下撕裂敌船的船体（《巴黎手稿 B》81v 和《图谱抄本》881r）。1499 年，达·芬奇匆匆离开米兰前往威尼斯。第二年，他重新开始留意水力机械的实用设计。事实上，威尼斯城邦出资，请他为城邦东部设计一个防御系统，防止奥斯曼帝国的入侵。达·芬奇在伊松佐河上设计了许多栅栏（《图谱抄本》638dv、215r）来完成这个使命。在为项目工作的时候，达·芬奇通常会考虑到它的公众效应。在《温莎手稿》12680 中可以看到，亚诺河从佛罗伦萨城边流过。这意味着达·芬奇设计了一个阻挡水流的系统，防止河流继续损害堤坝。图画旁边的注释也不再是用他习惯的镜像字，而是从左到右正常书写，这意味着他希望客户能够看到这些文字。16 世纪初，当达·芬奇回到佛罗伦萨后，城邦统治者立即请他参与了至少 3 个大型水利工程：一、亚诺河与地中海通航问题；二、设法使亚诺河改道，切断比萨城（已叛乱）的水源；三、维护佛罗伦萨城边的亚诺河河道，防止泛滥。

1508 年后，达·芬奇回到已经被法国人占领的米兰，并成为法国国王的“常侍工程师”。除了日常任务之外，他奉命设计一条运河，以便连接米兰和阿达河沿线的北部地区。阿达河并不能全程通航，因此达·芬奇想出了一系列的解决方案，并且设计了各种各样的水力机械。这些创意和机械基本上都是原创的，也有相当的实用价值。1508—1510年，他在水力机械设计的过程中，得出了许多有趣的结果。这些研究的手稿基本上都收集在《巴黎手稿F》和《莱斯特手稿》中了。即便是个人的研究，也不能摆脱实际的问题。通常，实用与理论是两条平行线，它们的同时存在，让达·芬奇的研究产生了有趣的结果。例如，部分手稿上的注释和速写都是从实际问题开始的（如发明一个可以抽干池塘的机器），接着，达·芬奇会通过对机器的设计进行理论性和实验性的研究。在《巴黎手稿F》13v和15r两页中，他设计了一个抽干池塘的机器。机器的主体是一个由轮子带动的离心装置，轮子的动力可以由河流、船只或动物提供。离心装置飞速运转，在池塘里形成漩涡，逐渐把水抽干。这个创意说明达·芬奇研究过漩涡的形成和运动特征。完成这个设计之后，他就开始在许多纯理论试验中使用离心装置了。他制作了一个用于科研的设备，其功能就是在水面产生漩涡。在《巴黎手稿F》16r上，他把这些机器称为“人造涡流”。很明显，这些机器已经属于试验性水力机械的范畴，为后来以伽利略为代表的科学革命打下了基础。伽利略不仅从事科学研究，还开设了一间作坊，专门用于制造试验仪器，为科学研究提供支持。

在达·芬奇工作的最后几年里——于罗马的1513—1516年及法国的1517—1519年期间，他一直受到在罗马时期的雇主和法国国王的青睐，得以承接许多和水力、机械相关的设计项目。在罗马，他参与了彭甸沼泽的土地开垦计划（《温莎手稿》12684）和奇维塔韦基亚港的建设工程。他在法国期间的一组手稿（《图谱抄本》69br、574、790r、810r和1016r）展现了一个极为复杂的喷泉水力系统。因为达·芬奇的后半生一直为法国国王弗朗西斯一世工作，所以这个喷泉应该是为他设计的，用于罗莫朗坦的大游行活动。

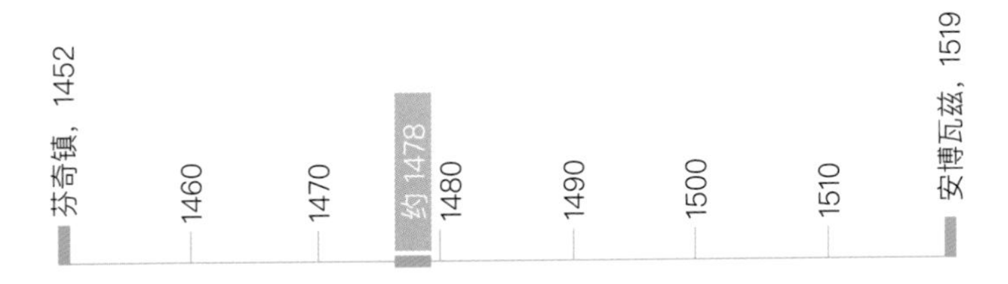

《图谱抄本》1078ar

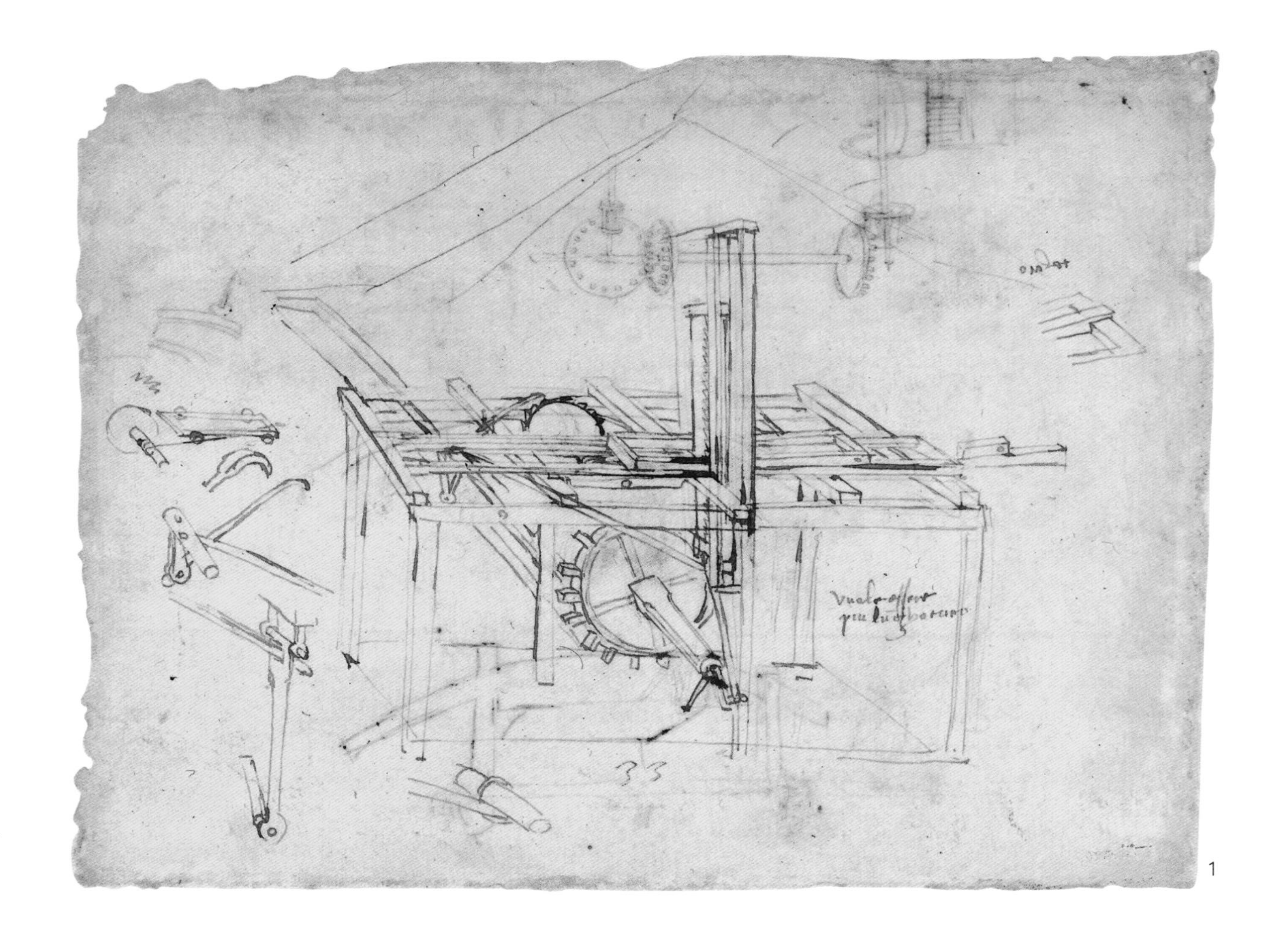

1

机械锯

在《图谱抄本》合辑中，有时候会看到劣质的画作。如果没有注释或者明显的特征，人们很难判断这些图画是否出自达·芬奇之手。这幅机械锯的图画就是一个很好的例子。图画中的墨水笔勾勒显得非常吃力造作。画这幅画的人似乎并不是在发明机器，而是在临摹。他一笔一笔地小心描摹，似乎是在对照实物写生，也有可能是在临摹另一幅作品。如果这幅画真的是达·芬奇所作，那么第二种可能性似乎更大。事实上，这幅画的透视方式非常陈腐，也并不清晰，让人想到文艺复兴早期工程师的风格。他们绘画的主要目的是展现机器的外观，所以他们使用传统的视觉技巧，用以掩盖正确的透视和空间表达。翻开塔科拉的论文集，类似风格的画图可以说比比皆是。然而，也有人认为这幅图是对着机器实物绘制的。首先，在达·芬奇之前的两位著名工程师，洛伦佐和本韦努托·德拉·戈帕雅，也曾经绘制过一台类似的机器。这幅手稿现藏于威尼斯。我们曾经说过，判断达·芬奇的真迹，更重要的是看内容，而不是看绘图和概念的质量。事实上，手稿的右上方有一幅细致的机器图，旁边有镜像体的“地盘”二字——这是典型的达·芬奇字迹。手稿的背面（1078av）还有一幅非常简单的速写草稿，其线条的稳健，一看就是达·芬奇的真迹。在机械锯的设计图上，有一句这样的文字注解：“一切都应该长一些。”注解是从左到右书写的，表明达·芬奇希望与人分享这个观点。这句话也许是他对设计稿提出的改良方案。另外，在从这页手稿上撕下来的一张残片（1078bv）上，绘有布鲁内莱斯基风格的套筒螺母（这是布鲁内莱斯基为圣母百花大教堂拱顶设计的零件，很快就被其他工程师抄袭）。螺母应该是达·芬奇的手迹，但是螺母旁边的花体字则不是达·芬奇的手笔。人们之所以会对机械锯产生兴趣，是因为它代表着达·芬奇最早期的研究风格。当时的达·芬奇还没有开始发明机械。他和另外一位学徒一起，正潜心钻研意大利的机械设计传统。

图1

《图谱抄本》1078ar

图2

摆放在手稿上的三维数码机械锯模型

2

A 上面的平台负责拉动树干。树干沿着轨道向前滑行，穿过锯片

B 锯树干的时候，连接在曲柄轴上的滑轮系统能自动而缓慢地移动上面的平台

C 水轮车利用机器下面的水流动力。水轮车的转动被转化成机械动力，用于推动上面的切割程序

图3

达·芬奇所设想的水力机械据。所有的结构元素都是透明的，其中传输动力的水轮车机制得到了强调

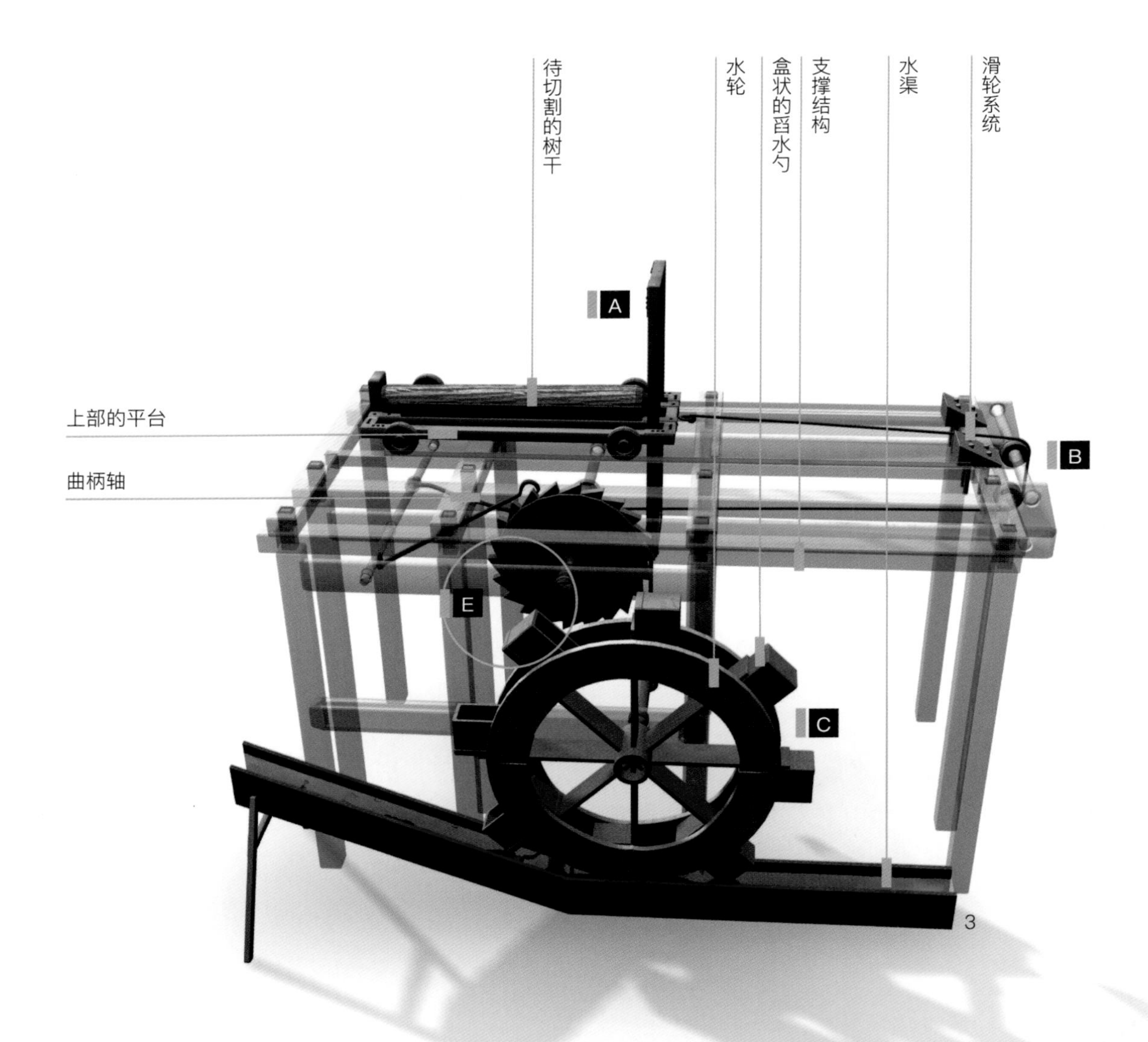

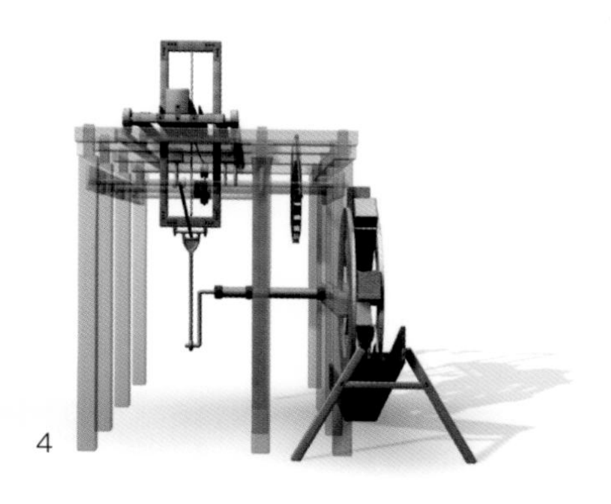

图4

机械锯的前端视图，展示了各个部件如何将旋转运动转化为往复的直线运动（上下的拉锯运动）

图5

机械据的运作流程图

D 水轮上装有盒子形状的舀水勺，它依赖水渠的活水推动。水轮的转动能够把旋转的动力输送给其他机制

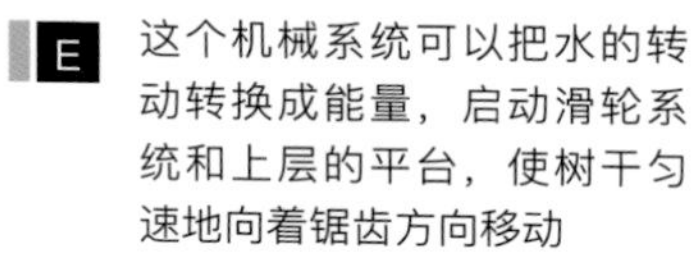

E 这个机械系统可以把水的转动转换成能量，启动滑轮系统和上层的平台，使树干匀速地向着锯齿方向移动

F 这个阶段，连续不断的旋转被转化成反复的线性动作，使锯子能够上下运动。滑轮系统上有一条绳索连接上层平台，可以将平台沿着锯齿的边框拉动

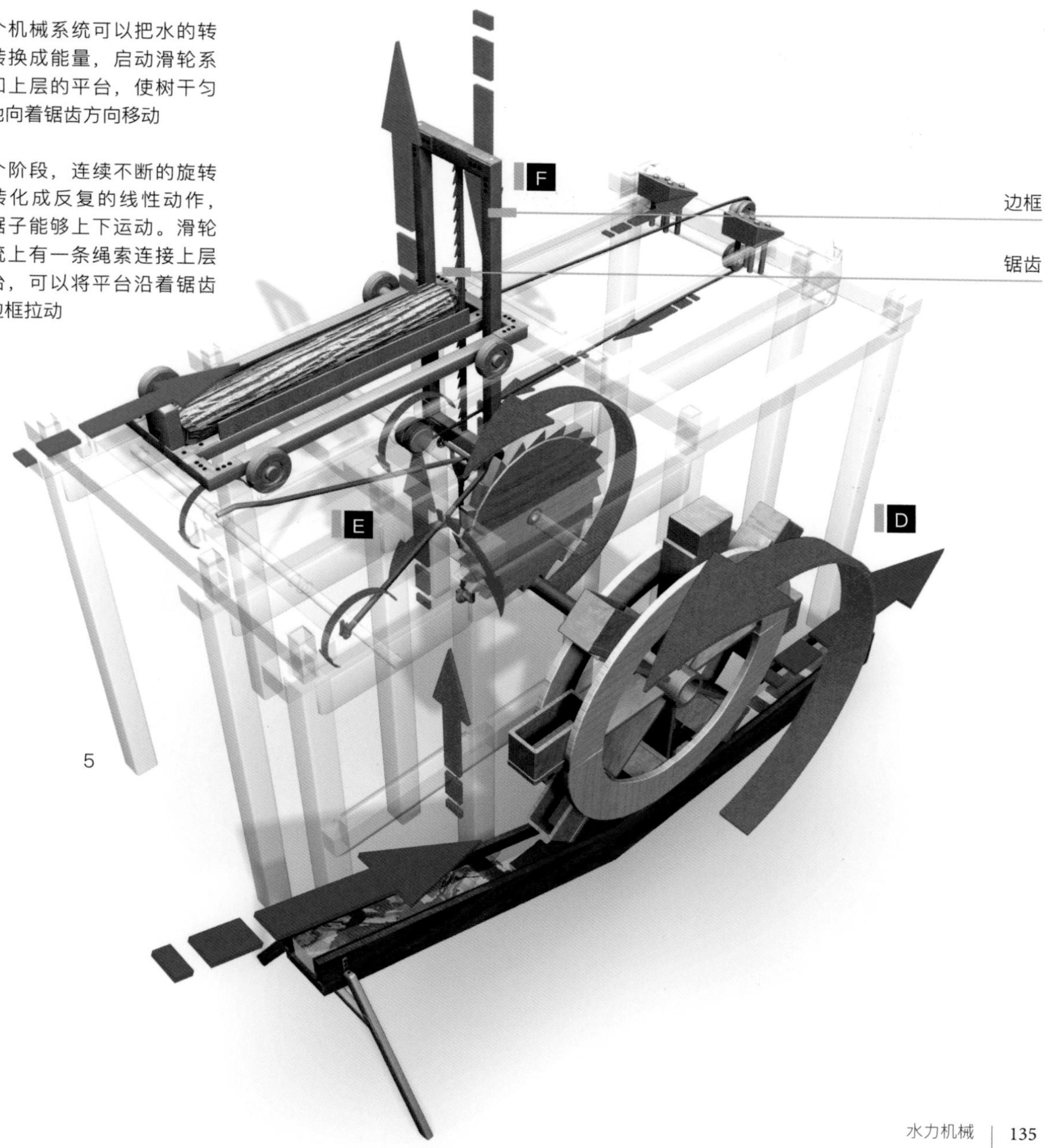

6

图6

被分解成零件的机械锯：结构零件、齿轮、接头、联轴器和底座

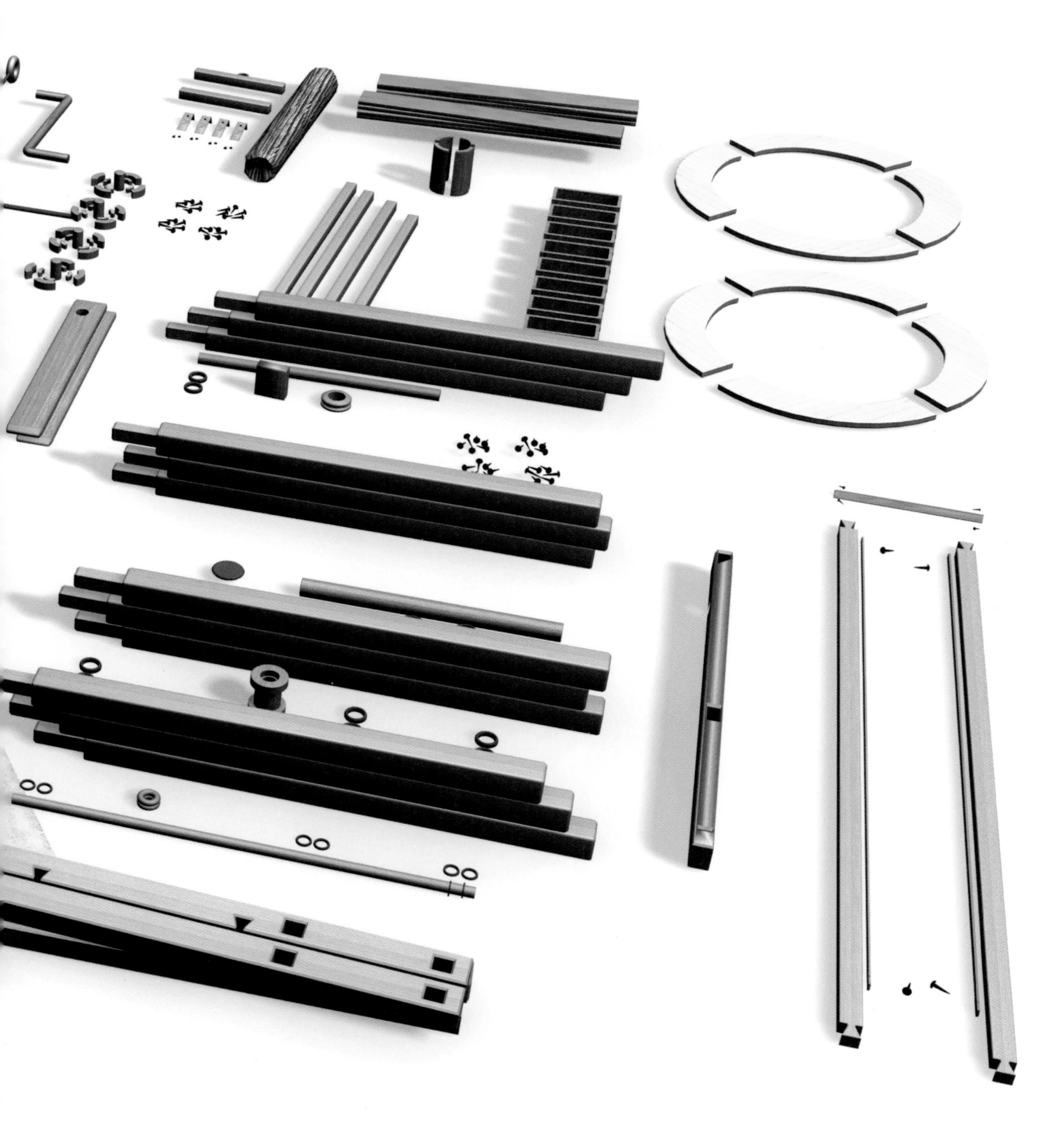

芬奇镇，1452
1460
1470
1480
1487—1489
1490
1500
1510
安博瓦兹，1519

《图谱抄本》945r

1

明轮船

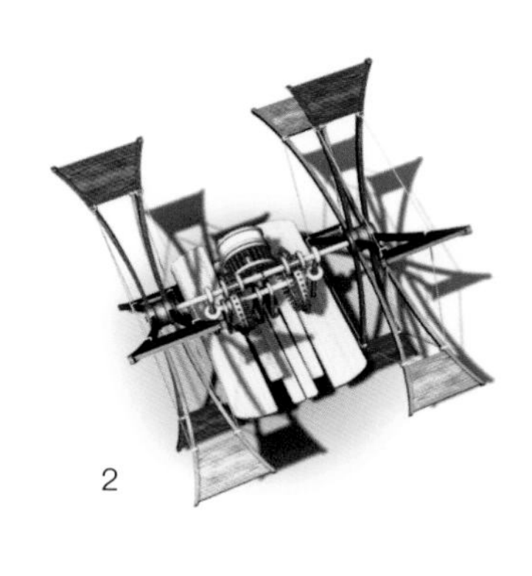

图1

《图谱抄本》945r 手稿。草图的中部是一个踏板系统，可以用于推进船舶。这是一个十分重要的技术设备。踏板周围有其他的构造细节和注解

图2

旋转的轮子是由踏板启动的。河流或运河航行与航海并不相同。一旦轮船能够浮在水面上，它就必须拥有推进系统，使它能逆流而上，或者在水流缓慢的运河中快速前进。对于达·芬奇来说，使用脚踏比使用船桨更能解决问题。这个发明的创新在于用轮子来代替船桨。它的工作原理和磨坊的原理正好相反——不是用水流来推动轮子，而是通过人力踩动踏板，使轮子在水中转动，从而让船舶前行

使用新动力系统的轮船、水下潜水服、潜水艇、能在水下攻击敌人的机械装置……达·芬奇时常沉迷于航海学研究，也经常有创新的构思。大海与河流航行对于达·芬奇的时代来说，是最快、最有效的交通方式。米兰和佛罗伦萨这样的城市，由于不能直通海洋，就得面对运输带来的困难。鉴于这两座城市在政治、经济上的强大地位，它们不得不努力克服这种困难。一方面，它们尝试利用军队来扩张领土：米兰就曾经想攻打到利古里亚海岸，而佛罗伦萨则一直在攻打比萨。它们另一方面的努力，则集中在水利工程的建设上。例如，佛罗伦萨就尝试过疏通亚诺河，使它能够直通大海。文艺复兴时期的工程师们争相设计新型船舶，以便适应不断增长的商业和战争需要。用明轮推送船只的概念，在意大利由来已久。从迪乔治到塔科拉，著名的工程师对此都有一定的研究。达·芬奇对明轮的设计进行了改良，同时提出了新的明轮船舶方案。就像他所有的新发明一样，设计图的结构在画稿上显得杂乱不堪，就连注释也显得没有秩序感，但是这些图案和注释非常有效。与达·芬奇同时代的工程师也留下了一批明轮船的手稿，但是这些手稿通常是已经完成了的作品，我们无法从中看出背后的研究过程。达·芬奇绘制这幅手稿的时候，刚刚抵达米兰不久。手稿中有许多地方显示，这幅图是在1487—1489年绘制的。首先，手稿背面的文字并不是达·芬奇所写的，它出自某个银行职员之手。这页手稿原本是米兰大教堂的旧账本，辗转到了达·芬奇手中。他在空白的地方画画、写笔记。另外一个元素也能推断手稿的年代：手稿的右上角写有“Fellonia，Diversificazione，Avversità”字样，意思是罪行、变化和逆境。同时代手稿中的文字（《巴黎手稿B》和《提福兹欧手稿》）证实，当达·芬奇到达米兰之后，由于没有受过大学教育，他渴望了解文化的根源，于是开始学习语言学，包括拉丁文。

图3

传动马达的爆炸图

图4

明轮船上的脚踏马达运作流程图。左边的机械设备用透明图表示，右边的部分（运行原理已经在上文中解释）则用彩图表示。值得一提的是设计中将直线运动转化为旋转运动的机制。这个机制类似于达·芬奇在《图谱抄本》30v手稿上的速写，只有一部分结构是正好相反的

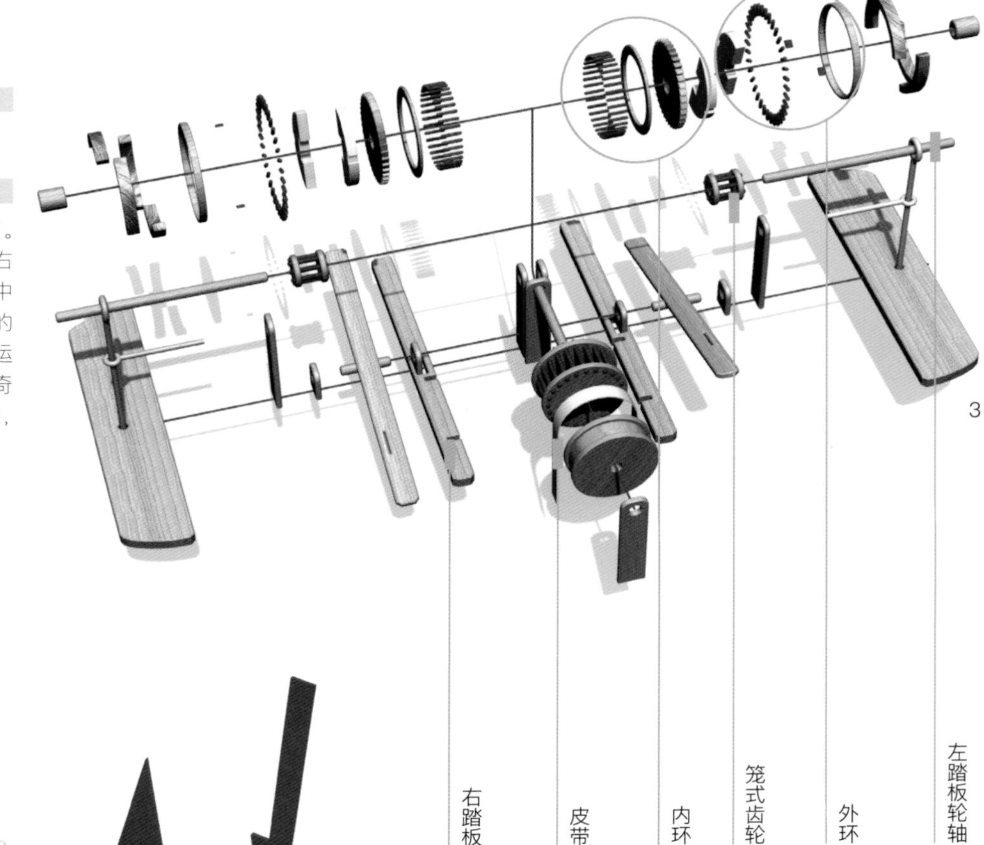

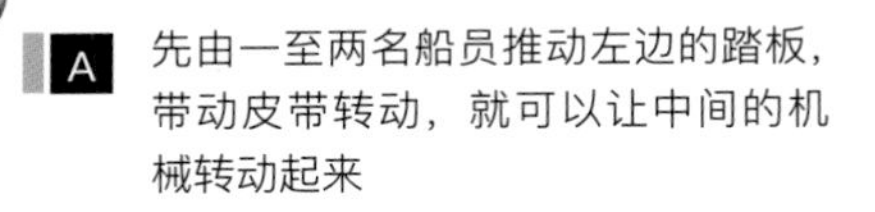

A 先由一至两名船员推动左边的踏板，带动皮带转动，就可以让中间的机械转动起来

B 在皮带的带动下，中间的机械顺时针转动，并将这种动能传送给位于右内环中的马达。两根内置的弹簧开始顺时针旋转，与锯齿状的外环相啮合

C 外环把旋转的动力传输到上部的齿轮，使它开始逆时针转动。齿轮带动右边的支撑轴，使右边的踏板轮呈逆时针方向转动（绿色箭头）。完成了这个流程之后，船员推动右边的踏板。这样反复轮流推动左右踏板，船只就会前行

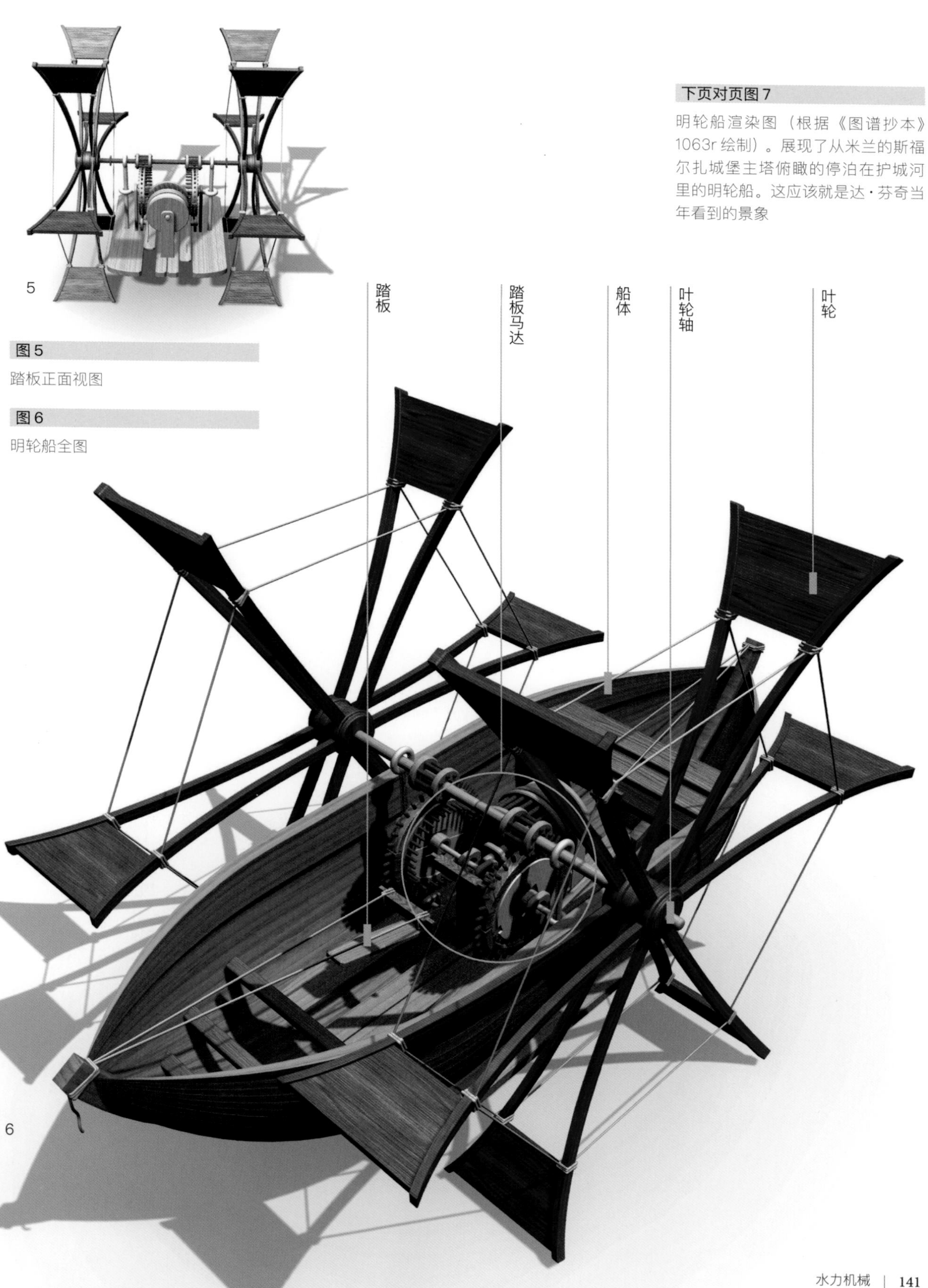

下页对页图 7

明轮船渲染图（根据《图谱抄本》1063r 绘制）。展现了从米兰的斯福尔扎城堡主塔俯瞰的停泊在护城河里的明轮船。这应该就是达·芬奇当年看到的景象

图 5

踏板正面视图

图 6

明轮船全图

《图谱抄本》855r

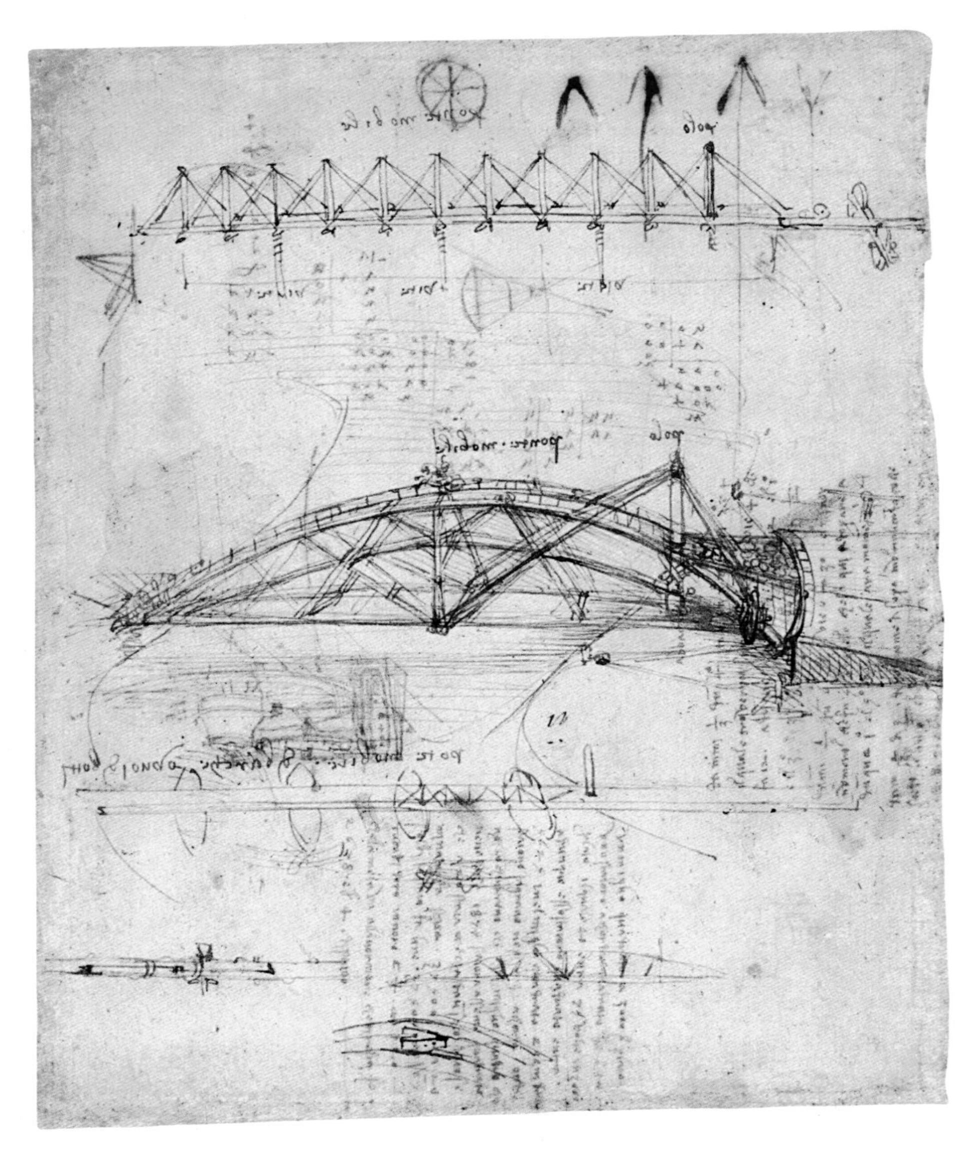

1

平转桥

为战争设计桥梁，是达·芬奇生命中一个有趣的篇章。1482 年，他离开佛罗伦萨之后，曾经给莫罗公爵写过一封自荐信。在信中，他提到自己能建造“极度轻盈牢固的桥梁”。我们并不知道莫罗公爵有没有给这位年轻的、雄心勃勃的工程师一些实战考验，但达·芬奇的笔记里却充斥着各种各样的桥梁建筑图。它们结构奇特，且非常适合在战争时期使用。他设计过可以移动的桥梁（本章将介绍）；设计过用极轻的材质建造的桥梁；设计过能快速拆卸、拼装的桥梁。著名数学家卢卡·帕乔利是达·芬奇的好朋友，他曾经在《数学大全》一书中提到一位“高贵的工程师”。这位工程师效力于恺撒·博尔吉亚，设计过一种紧急情况下使用的轻便桥梁。在战场上，士兵们不需要借助任何工具就能把桥梁架设起来。帕乔利提到的这位工程师是不是达·芬奇我们不能确定，但这种可能性极大，因为达·芬奇曾经为恺撒·博尔吉亚工作，设计过很多战争机械。这页手稿上的 3 种方案提供了 3 种可能性：其一，桥梁用绳索固定，便于拆卸；其二，桥梁是木结构，可以平行转动；其三，搭建浮桥，把桥身摆放在船或浮筒上。这些想法都只是寥寥数笔，说明达·芬奇只是记录下当时的想法，希望日后能加以完善。《巴黎手稿 B》包含许多类似的速写。事实上，我们几乎可以肯定这页《图谱抄本》的手稿来自同一个时期，也就是他在米兰工作的那几年。他在绘制战争机械的时候，通常遵循一定的传统。例如，用船只架起的浮桥几乎可以说是古典时代的发明。重归古典并不能说明大师缺乏创意，因为他当时渴望在米兰宫廷里出人头地。莫罗公爵和当时所有的军阀一样，在追求军力强大的同时，内心对古典主义有着特殊的人文情怀。假如达·芬奇能够在创新的设计之中，添加少许古典元素，他肯定会受到青睐。即使是这样，这些设计仍不乏创意。其中以平转桥最为突出。达·芬奇的静力学概念十分杰出。他把桥梁平转的中心轴称为“杆”，并且利用石块平衡桥体，证实了他高超的理论境界。在“重物

图 1

《图谱抄本》855r 提供了 3 种设计方案。其一，桥梁用绳索固定，便于拆卸；其二，桥梁是木结构，可以平行转动；其三，搭建浮桥，把桥身摆放在船或浮筒上

图 2

平转桥俯视图

2

学”研究中，达·芬奇最早涉足的领域是身体的静态和动态行为。他在动力学方面的贡献，正是把传统上纯理论、纯推测的科学，转化成了实用的机械。

这幅图是达·芬奇抵达米兰不久后绘制的。达·芬奇在写给莫罗公爵的自荐信里可能提到过这个项目，并借此展露自己在民用和军事工程方面的才华。平转桥的主要特征是可以快速合拢、开启，能够有效地将敌军阻挡在河对面。

图3

摆放在原手稿上的三维数码平转桥

图4

从底部仰视平转桥，能够看到部分的结构，了解运作原理

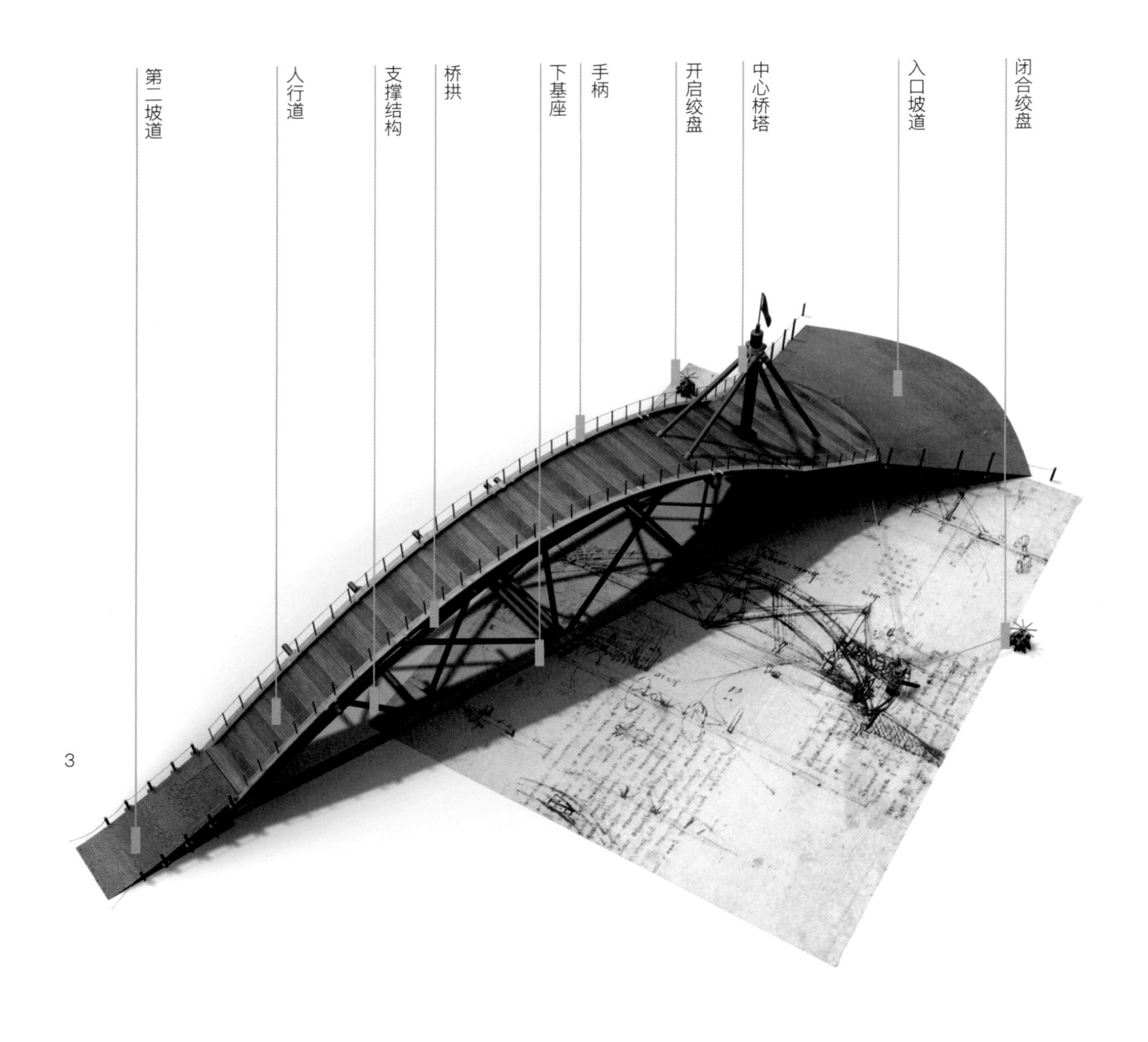

4

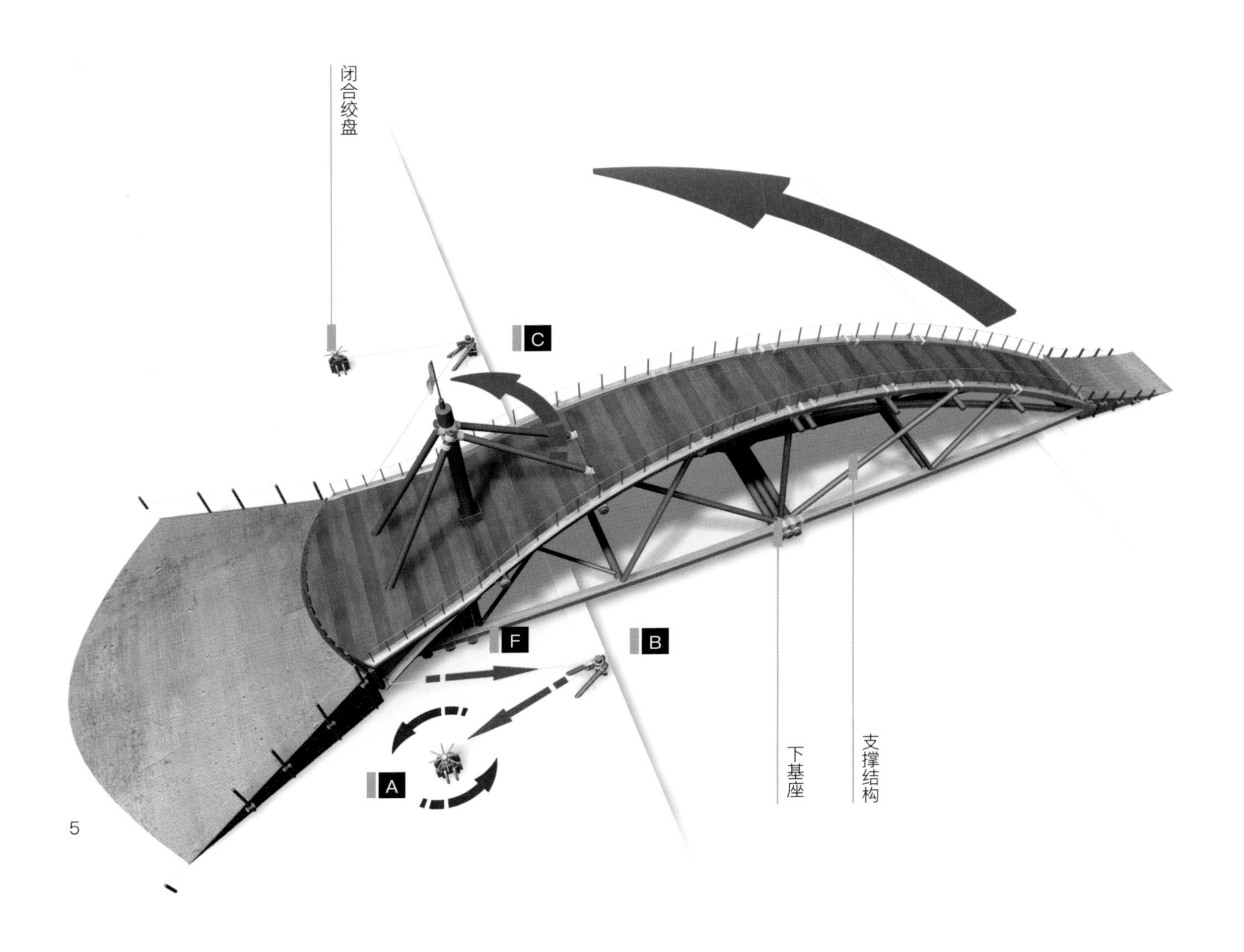

这是一个单跨度平转桥，其中一头用柱子固定在河岸上。通过绳索、绞盘和滚轴系统，桥身可以围绕柱子旋转。当旋转桥开启时，船只就能从河面通过，而敌军就被阻挡在河岸对面。

A 开启桥梁的绞盘。转动绞盘的时候，和桥身连接的绳索向内绕紧

B 固定在河岸上的滑轮系统可以防止绳索打滑，同时也决定了旋转的轨迹，使平转桥能够平滑地转动

C 拉动绳索的时候，桥身围绕桥塔转动，并悬在空中，让船只通过。桥塔的作用和天平上的枢轴销钉一样

图 5

平转桥开启步骤图

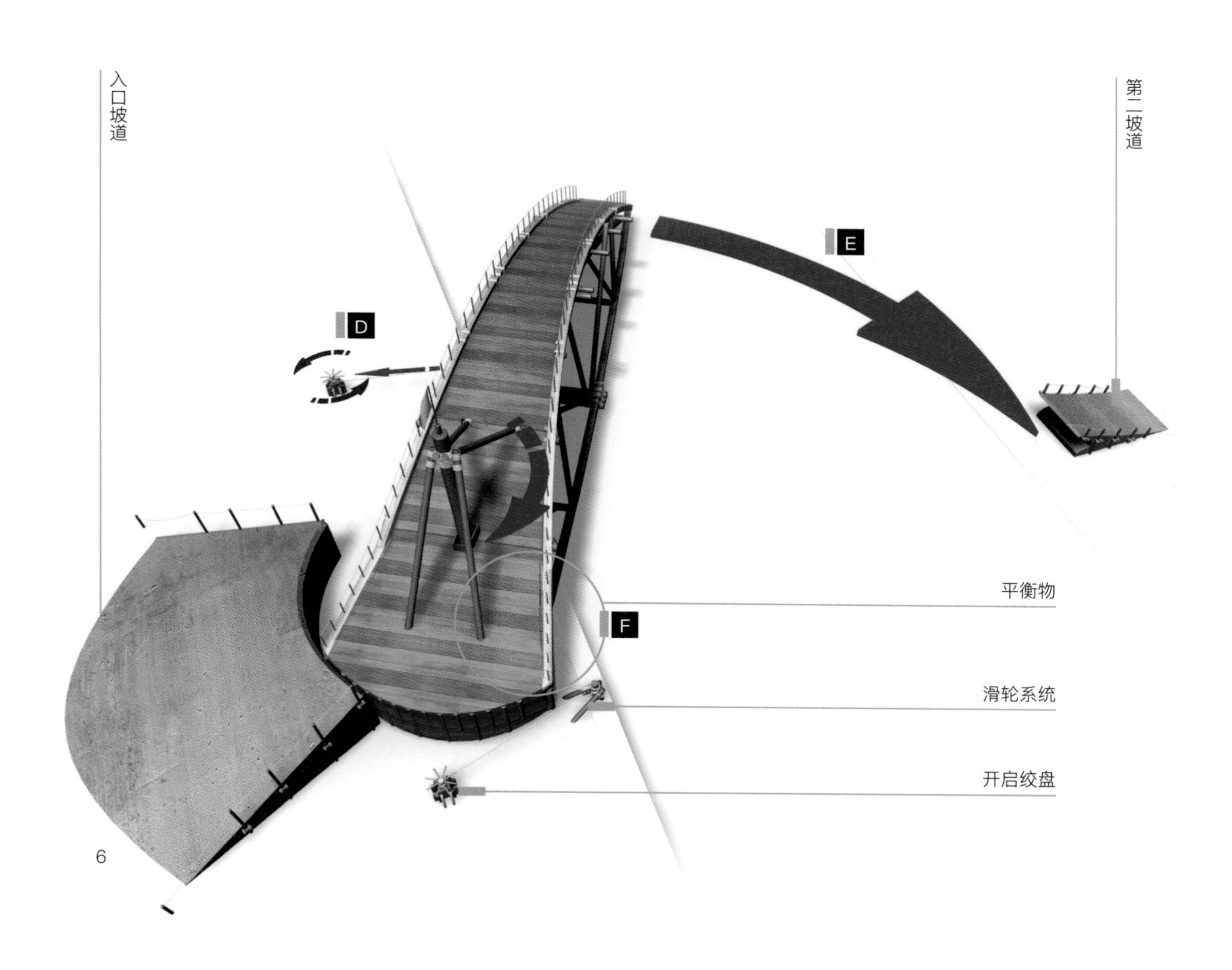

图 6

平转桥关闭步骤图

对页图 7（见第 152—153 页）和图 8（见第 154—155 页）

平转桥安装在河流上的情景。图 7 中，透明桥体的所有零件都拆卸开来，放在桥边。图 8 展现了平转桥闭合的情况，同时也应该是达·芬奇所看到的景象

D 如果想让桥体恢复通行，就必须使用桥塔对面的绞盘。绞盘缠绕绳索的同时可以拉动桥体旋转

E 桥体的尾端重新和摆放在河对面的第二坡道对接

F 为了让开启的过程更为简便，当桥体悬空的时候，达·芬奇计划用石块使它保持平衡

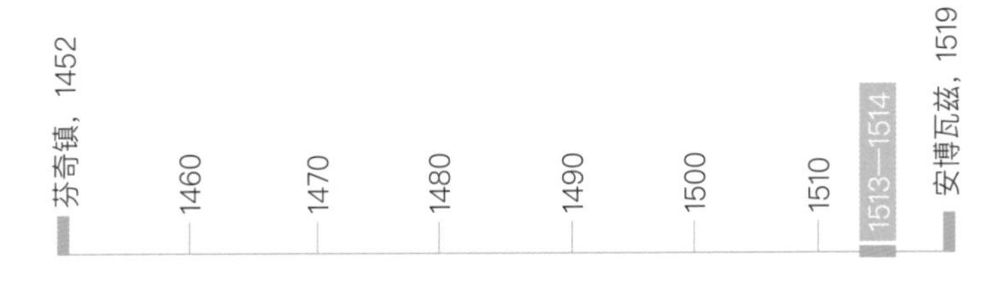

《巴黎手稿E》75v

1

挖泥船

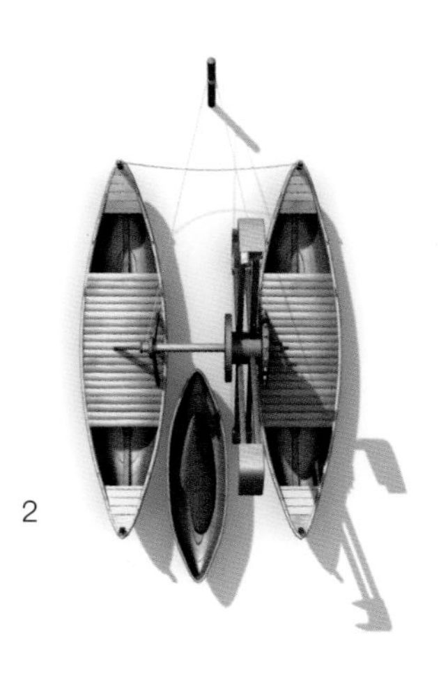

2

这艘船用于挖掘运河底部的泥土。它的设计稿夹在达·芬奇晚年常用的一本手稿当中。这个本子的大小类似于《巴黎手稿G》和《巴黎手稿F》，外观都比较小，而且都是由96页组成。三本手稿属于同一个时期。很明显，达·芬奇认为这种规格的笔记本页数最为合适，而且携带方便。他经常旅行，需要随时记录自己的想法，因此需要更为轻便的工具。《巴黎手稿E》就像一本传记一样，记录了达·芬奇从米兰到罗马的整个过程。虽然不能确定，但是有人认为，挖泥船的设计和他1513年在罗马的经历有关。其实，大师在另一个本子上写过一则与挖泥船有关的笔记，说明他很可能早就做过一些相关的研究。可以肯定的是，他旅居罗马的时期参与了彭甸沼泽的垦荒工程，而挖泥船这样的工具，对于他的工作有很大帮助。彭甸沼泽位于罗马南面，在塞尔莫内塔和泰拉奇纳之间，离伊特鲁利亚海很近。1514年，教皇利奥十世委任弟弟朱里亚诺·德·美第奇主持这片土地的垦荒工作。在流传后世的档案中，有一份提到"技术高超的土地测量师们"，意味着许多工程师参与了这项工程，达·芬奇就是其中之一。朱里亚诺·德·美第奇作为教皇的弟弟，位高权重，是达·芬奇在罗马时期的雇主。在英国皇室的藏品中，有一幅大师绘制的彭甸沼泽全图（《温莎手稿》RL12684），详尽地描绘了开垦的范围。达·芬奇甚至在图上写明了自己的工作内容：清理马蒂诺河底的淤泥，阻止河流泛滥。此外，他还负责管理境内的其他水流、开挖沟渠和运河。也许，挖泥船就是这些项目中的一部分。达·芬奇来到罗马之前，曾经在米兰为法国人设计过河流疏浚工程，因此挖泥船这个项目可能属于米兰时期。

绘制好设计图之后，达·芬奇在顶部添加了名称，并在底部写下了注解。由于空间有限，他的字写得很小，也许是希望留点空间，以后再增添内容。他的文字被挤在下面和右边的空白位置。

图1

《巴黎手稿E》75v。手稿上方绘制了一艘正在工作的挖泥船，下方的注释则清晰地阐明了它的结构和工作原理

图2

挖泥船俯视图，能够清晰地看见双船体结构。这种结构能使船只更加稳定地漂浮在水面上，类似于现代的双体船

图3

挖泥船的运作原理图

图4

挖泥船上的斗式挖掘车

图5

挖泥船在清理河道时的情景，截面图展示了河床的情况

图6

挖泥船俯视图

A 挖泥船由两个平行的船体构成，中心装有巨大的斗式挖掘车，将从河底挖出的泥沙直接装在驳船内

B 在斗式挖掘车的中轴上，达·芬奇设计了一个曲柄，能够转动枢轴上的绳索。由于绳索的另一头绑在岸上，挖泥船就可以自动前进，继续工作

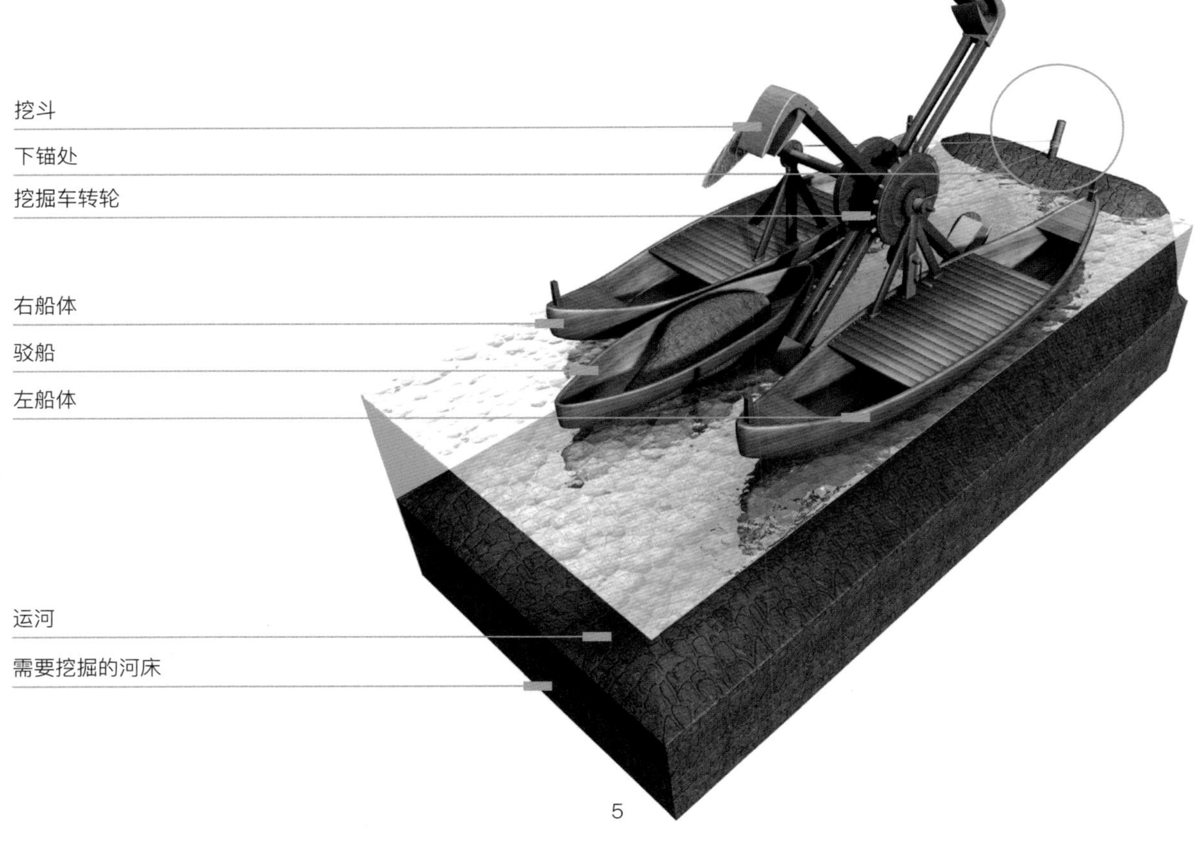

004

工作机械

Work Machines

起重机
凿锉机
凹镜打磨机
运河挖掘机

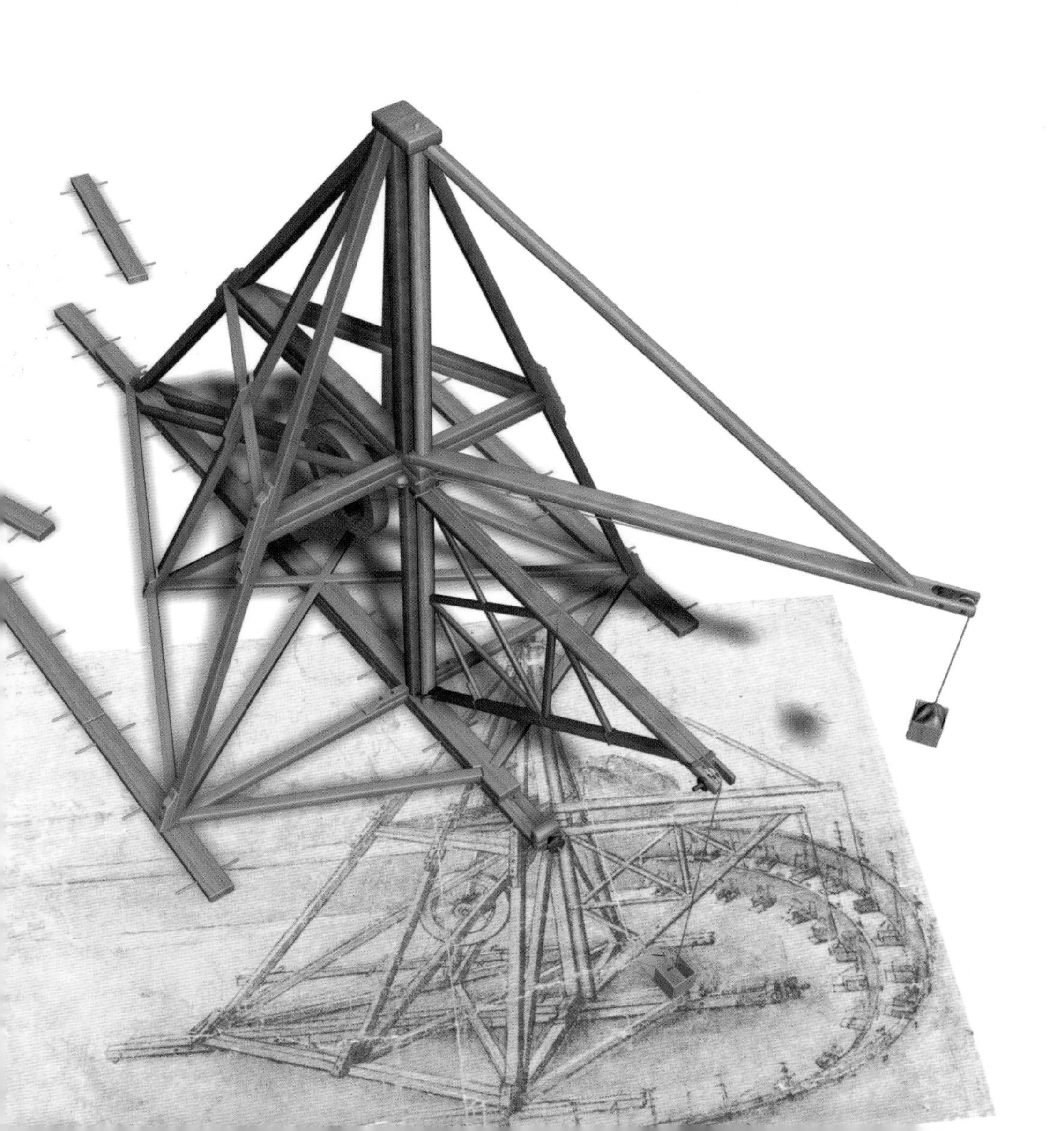

终其一生，达·芬奇都在设计和改良机器，以便提高它们的工作效率。他的设计范围包括冶金、建筑工地上的起重机，甚至包括纺织机械等。在为新的行业设计机械之前，他必须了解这个行业的情况。16世纪末，达·芬奇居住在佛罗伦萨，与两所伟大的技术学校有着密切的联系。他在韦罗基奥的作坊里当学徒，也曾经在布鲁内莱斯基承建大教堂的时候，在工地工作过。在后期的笔记中，达·芬奇经常提到韦罗基奥教给他的知识，并一再强调这些知识的重要性。1472年5月27日，韦罗基奥将巨大的鎏金球体安放在大教堂的拱顶上，完成了布鲁内莱斯基布置的任务。当时在场的所有人，都被这一伟大的壮举惊呆了。铸造拱顶是一项复杂的工程，当时达·芬奇负责铸造的监督工作。40年后，当大师碰到类似的问题，他写下了这样的笔记："记得圣母百花大教堂的球体是这样铸造的……铜里面添加了石块，就像这个球体里的三角体（《巴黎手稿G》84v）。"韦罗基奥的作坊不仅能铸造顶尖的铜雕像，还能制造各种实用的产品，例如金属钟和盔甲。达·芬奇作为实习画家到作坊做学徒的时候，觉得自己简直就是到了一个包罗万象的大学堂。年轻的达·芬奇甚至设计过反射炉和聚焦镜（《图谱抄本》87r）。这些研究的目的是非常清晰的。聚焦镜通过镜面的反射来集中热力，用于焊接金属。而反射炉则利用从四壁反射回来的热力，直接熔合金属。当时，达·芬奇对反射原理很感兴趣。因为在光学的基础上，人们所看到的物体和空间，有着复杂的光学和几何学原理。达·芬奇希望把这些原理运用在绘画上。在设计聚焦镜的时候，他在透视学方面的理论知识对该设计产生了决定性的影响。例如，在《图谱抄本》87r中，他绘制了一个研磨装置，用于将镜面打磨出一定的弧度（类似于抛物线的曲线，就像圆锥体的截面一样）。当初，布鲁内莱斯基铸造圣母百花大教堂拱顶的时候，动用了许多机械。整个工程的成功，为达·芬奇打开了另一扇学习的大门。由于使用了新发明的机械和建造方法，巨大的拱顶在不搭建脚手架的情况下完工了。

《图谱抄本》中的许多设计项目，包括808r、1083v、965r和138r，都证实了达·芬奇对类似项目的兴趣。他为纺织业设计的重要机械，大多是在旅居米兰时期完成的。总体来说，不论是在佛罗伦萨还是米兰，人们都必须从德国和佛兰德斯进口原材料，包括羊毛。羊毛抵达这两座城市之后，直接就在港口完成清洗、纺线和制造布匹的工序。染色又是另外一个重要流程。所有这些工作都需要由机器来完成。就像我们在《马德里手稿I》（约1495）中看到的那样，达·芬奇主要设计纺纱机。和以往一样，在新创意诞生之前，他会努力钻研现有的产品。事实上，《马德里手稿Ⅰ》68r中那幅漂亮的设计图并不是他的发明，而是描摹了当时米兰作坊里的一台织布机。同一本手稿中的其他纺织机械就不仅仅是漂亮的图画了——它们新颖独特，并力图提高机械的工作效率。又比如说，《图谱抄本》1090v是一张翼锭装配设计图。这项设计能在抻线的同时捻线、缠绕线团。1500年后，达·芬奇的创作步入巅峰期。他不止一次重拾冶金学、起重机、建筑机械和纺织机械的研究。这个时期，他的设计在学术上也越来越成熟。一些采矿和起重设备（《图谱抄本》3r、4r）应该都是这个时期的作品。虽然这个时期他也绘制过略显传统的内容，比如用踏车带动的机械，但它们可能只是用来对比新发明的。在泥土挖掘机的设计上，他就利用重物和平衡物解决了机械的动力问题。这部机器看起来像个巨大的天平，是达·芬奇研究重物动力学的结果。到了这个时期，他的设计早就超越了布鲁内莱斯基的实用原则，将理论知识和具体问题牢牢地结合在一起。在1513—1516年，达·芬奇对冶金学和纺织机械的热情重新炽烈起来。《巴黎手稿G》里面有一系列的聚焦镜设计笔记，内容比佛罗伦萨时期的笔记更清晰、更系统。他在这两个领域的研究已经有了丰富的理论支持。

达·芬奇对反射的研究极为繁复（《图谱抄本》750r）。为了精确地打磨出镜面的弧度，他设计出一款复杂的圆规。在梵蒂冈期间，他不得不提防一位名叫乔万尼·斯佩基的设计师。此人绰号“镜子约翰”，也在朱里亚诺·德·美第奇手下工作，工于通过不道德的方式和同行竞争。达·芬奇曾经在聚焦镜的笔记中插入密码，以防自己的设计机密泄露。我们不知道乔万尼的学术背景，只知道他是德国人。整个文艺复兴时期，德国在冶金方面发展飞速，论述颇丰。而意大利在冶金设备方面，直到瓦诺西奥·比林谷西和达·芬奇出现，才开始用科学理论来引导设计。因此，身边有一位狡诈的德国工程师，肯定给达·芬奇带来了不少麻烦。由于美第奇家族的统治，当时罗马的纺织业在迅速扩展。所以达·芬奇设计的这种聚焦镜，可能是用于纺织行业的。不管怎样，达·芬奇至少为聚焦镜找到了另外一个用途：制作反射式望远镜（见《艾伦德尔手稿》279v）。他还提到过反射镜的文化内涵，并引用了阿基米德利用镜子击退罗马军队的故事（《图谱抄本》12r、13r）。当时，弗拉·乔康多向美第奇敬献了由维特鲁威创作的《建筑十书》。达·芬奇不甘示弱，也向美第奇敬献了两项新的机械设计：其中一台机器的手柄形状像钻石戒指，这正是美第奇家族的象征。

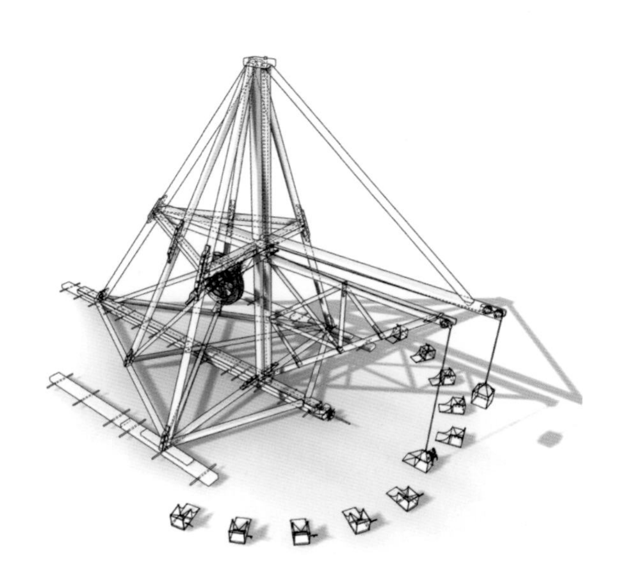

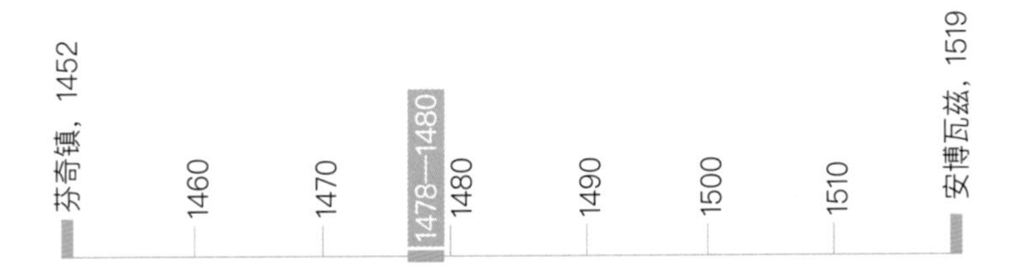

《图谱抄本》30v

1

起重机

也许，达·芬奇一开始在这页手稿上画了两项设计图。第一项是起重机，依靠旋转运动提供动力，而它的旋转动力来自杠杆的往复运动。第二项是一架形状怪异的梯子。从传统的角度来看，梯子和起重机之间没有概念上的联系。但是两幅图都非常完整，不仅有阴影线，还有水墨渲染。通常，一幅完成的设计稿上只有一个设计图，有两个设计图的情况比较罕见，我们能找到的另一个例子是《图谱抄本》24r，迪乔治的图册中也出现过类似的情况。以达·芬奇的功力，完成一幅设计图只是瞬间的工夫。他在起重机的下面写了一串镜像文字注解，说明这只是他的私人笔记。在手稿的左上角，他还绘制了一个湿度计的设计稿。达·芬奇笔下的湿度计类似于一个天平，左边放置能吸水的海绵状物质，右边放置能防水的蜡。当空气湿度增加，海绵就会吸收水分，天平就会向左倾斜，表示天气状况恶化。在添加这幅湿度计之前，手稿按照传统的形式，只绘制了两幅漂亮的机械图。这两台机器在创意上十分大胆，特别是起重机部分。起重机绘制得十分完整，所有的零件结合紧凑。在手稿的右侧，达·芬奇还按照零件之间的关系，绘制了拆散后的零件示意图。这是人类历史上最早、最有效的爆炸图之一。后来，达·芬奇把这种绘图模式系统性地运用在人体解剖学上。达·芬奇年轻时就开始绘制爆炸图，说明他当时的研究已经跨越了许多领域。在同一时代，我们并没有找到他绘制的解剖图，但是种种迹象表明，这些解剖图一定存在过。尽管如此，我们可以根据这幅手稿推断，达·芬奇早期就已经能娴熟地设计机械，从而驱使他广泛地涉猎各种相关的领域。在开始研究人体解剖之前，他绘制机械的“解剖图”。全景图和爆炸图之间的关系并不是他在图像学上唯一的革新。在右边，他还绘制了传动轴和转盘的放大视图，并且用3个字母表示各个部件之间的连接点。达·芬奇杰出的视觉语言，使得任何的文字说明都相形见绌。

图1

这是达·芬奇最清晰的手稿之一。左边是机器的全景图，右边是结构的爆炸图

图2

起重机是手稿的主体。根据手稿上绘制的结构，这个设备应该能承受相当大的重量

下对开页3

起重机的工作流程图

下对开页4

起重机的爆炸图，和达·芬奇的原爆炸图非常接近

2

A

总体来说，这幅起重机画稿只是用于研究的工具。达·芬奇希望能够找到一种途径，把往复运动转化为不间断的旋转运动。根据设计，操作员将杠杆左右推动。杠杆每移动一次，两只巨大的转轮就会向相反的方向微微转动。两只转轮的运动是交替进行的

B

机芯部分是一个复杂的同心轴系统，包裹在两个圆形的盒子里。内齿轮的形状像单向运动的大锯子，连接在一个传动系统上。这个传动系统内部装有两只金属的弹簧卡爪。每当杠杆运动，内部的齿轮便会交互作用在外部的转盘上，将动力传输给中轴。当机械运作的时候，可以听见有规律的“咔咔”声

C

两个机械轮的相对运动带动了安装在主轴上的齿轮。齿轮只能单向运动，由机械轮交互转动。主轴上盘绕的绳索就可以吊起重物。这台起重机可以在民用工程中使用，例如可以以它为蓝本制造大型吊机。这台机器的现代版就是机械千斤顶

3

主轴
绳索
杠杆
传动装置
框架
防护罩
齿轮
木钉
重物
卡爪

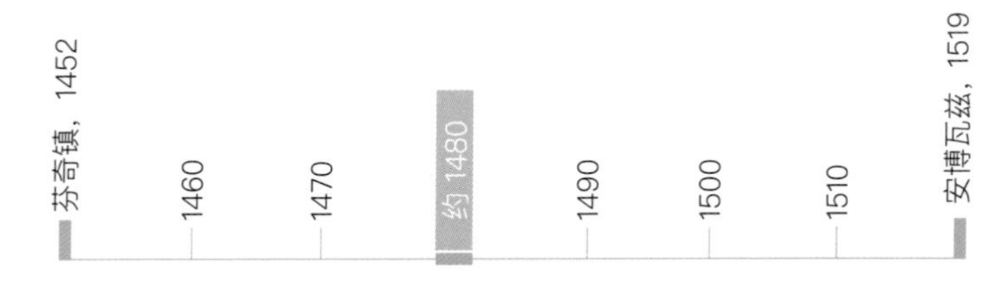

《图谱抄本》24r

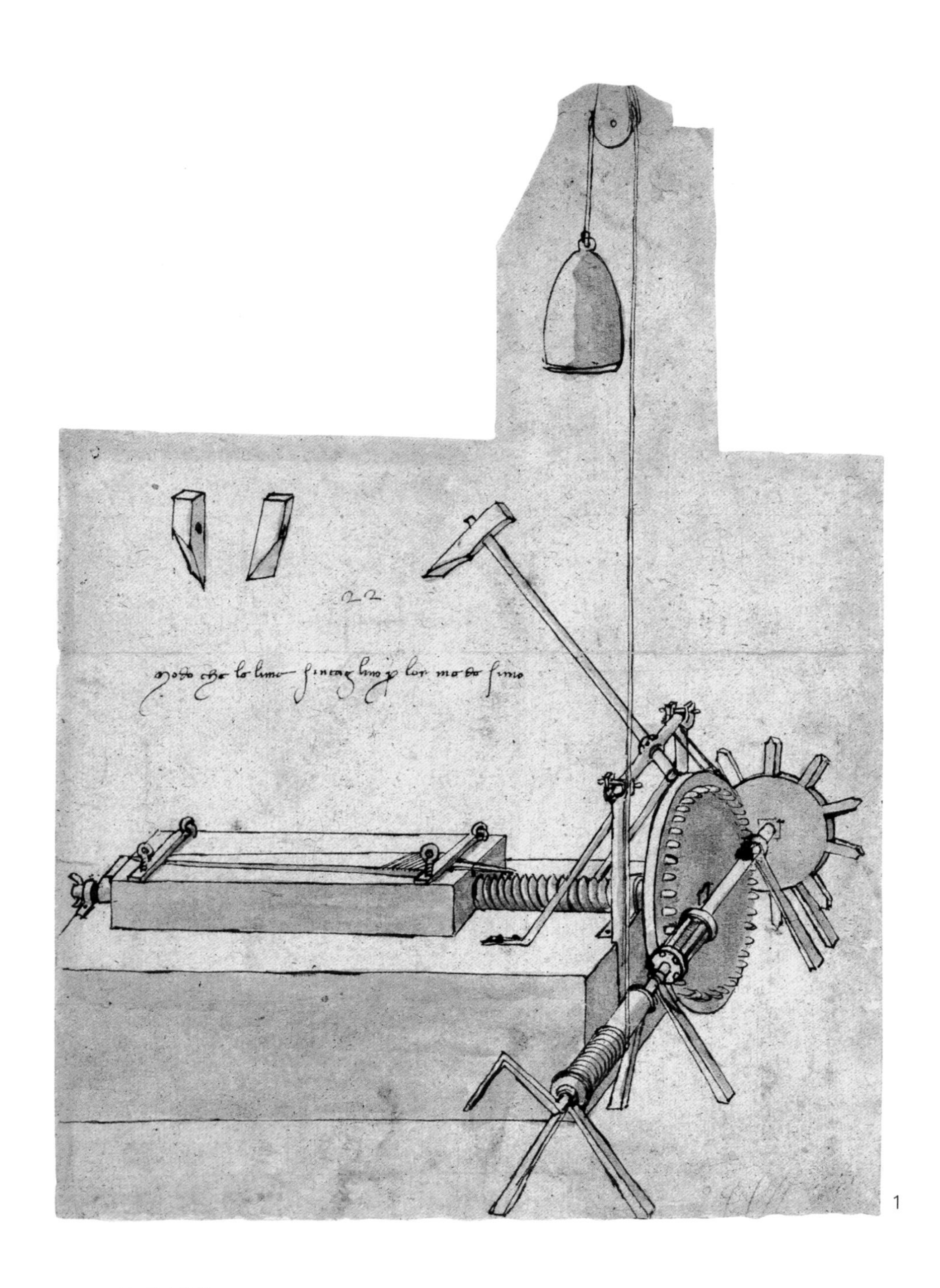

1

凿锉机

手稿上只绘制了一组大型的机器，绘画完整，充分地使用了墨水笔和墨水渲染。这幅图还有一幅更早的草图，也就是《图谱抄本》1022v。整个图稿为研究达·芬奇早期绘制机械的风格提供了完美的蓝本。虽然这部机器有创新的成分，但是达·芬奇使用的各种绘图方式则扎根于传统的机械绘画规则。年轻的达·芬奇和当年的迪乔治一样，笃信机械绘图四原则：私人速写草图；单页纸的机械完成稿，必须用细致的风格绘制；机械合辑图，将不同的机械完成稿绘制在同一张图纸上；为机械合辑图写注解。达·芬奇绘制的凿锉机图则属于第二类。迪乔治曾经撰写过一本《建筑小记》，进献给乌尔比诺大公。书中有许多精致的插图，每一页都绘制了一部单独的机械。当达·芬奇绘制凿锉机的时候，可能也想过要做一本这样的小册子。这幅图很明显是用于展示的，因为达·芬奇使用了从左到右的方式来书写标题“凿锉法”。这幅画除了标题之外，没有其他的文字，说明达·芬奇希望通过图片“说明一切”。

绘制机械时所使用的透视法在图像的表达上扮演了重要的角色。达·芬奇选择从右上角俯视，绘制出机械和所有部件的全图。在机械绘图中使用透视，不仅改善了图片的展示能力，同时也体现了深厚的文化内涵。就像在油画中那样，透视学、自然几何学和数学的运用，对机械绘图非常有帮助。感谢迪乔治这一代的艺术家和工程师们，许多科学原理才得以在绘画中运用。在他们之前，机械的绘制完全受传统绘图法的制约。迪乔治则是将透视法运用于机械绘图的第一人，为机械绘图学带来了翻天覆地的变化。从此，各个部件之间的关系能够被清晰地表现出来，就如我们眼前的这幅凿锉机一样——达·芬奇运用透视原理，将从传统中解放出来的机械绘图，发挥到了极致。

图 1

达·芬奇的绘图非常清晰，展观了机械的使用方法

图 2

能否正确使用机械，滑轮系统的高度至关重要

2

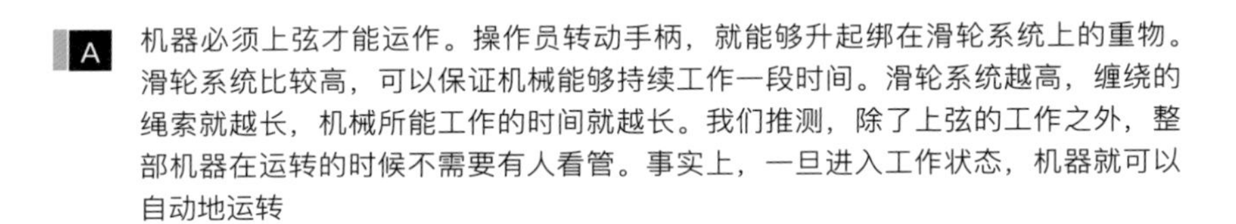

A 机器必须上弦才能运作。操作员转动手柄，就能够升起绑在滑轮系统上的重物。滑轮系统比较高，可以保证机械能够持续工作一段时间。滑轮系统越高，缠绕的绳索就越长，机械所能工作的时间就越长。我们推测，除了上弦的工作之外，整部机器在运转的时候不需要有人看管。事实上，一旦进入工作状态，机器就可以自动地运转

B 达·芬奇在设计机器的时候，总是希望能够自动操作，解脱人力的负担。这部机器是用于制造锉刀的。一段已经切割完毕的铁条被螺丝钳固定在可以移动的机床上。机床的一端连接着一颗很长的蜗杆螺钉，向前缓慢匀速移动

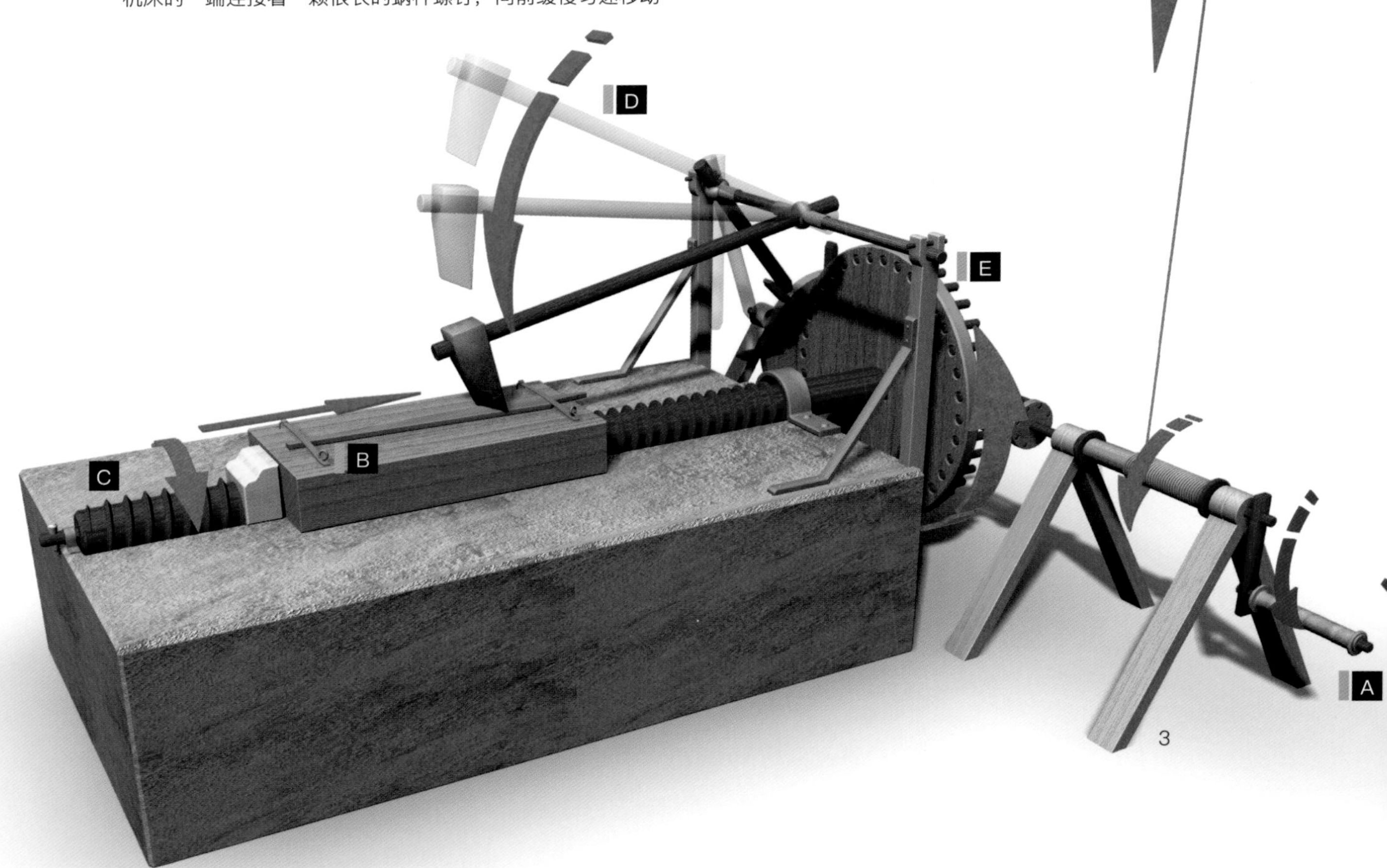

C 一颗巨大的蜗杆螺钉缓慢旋转，带动连接机床的绳索，使机床逐渐向机器的右边移动

D 一把重斧有规律地砸向机床上的铁条，留下尖锐的凿痕。当整个铁条布满刻痕的时候，锉刀就可以使用了

E 用于凿铁锉的巨斧是由复杂的棘轮装置操控的，类似于手表制作中使用的棘轮，但是规模要大得多。一只轮子有规律地举起巨斧的手柄，在完成旋转之后，这只轮子松开手柄，巨斧借助重力砸向铁片。由于巨斧沉重，它自身的重力就能在铁片上凿出痕迹

图 3

机械的运作流程图

图 4

主要部件

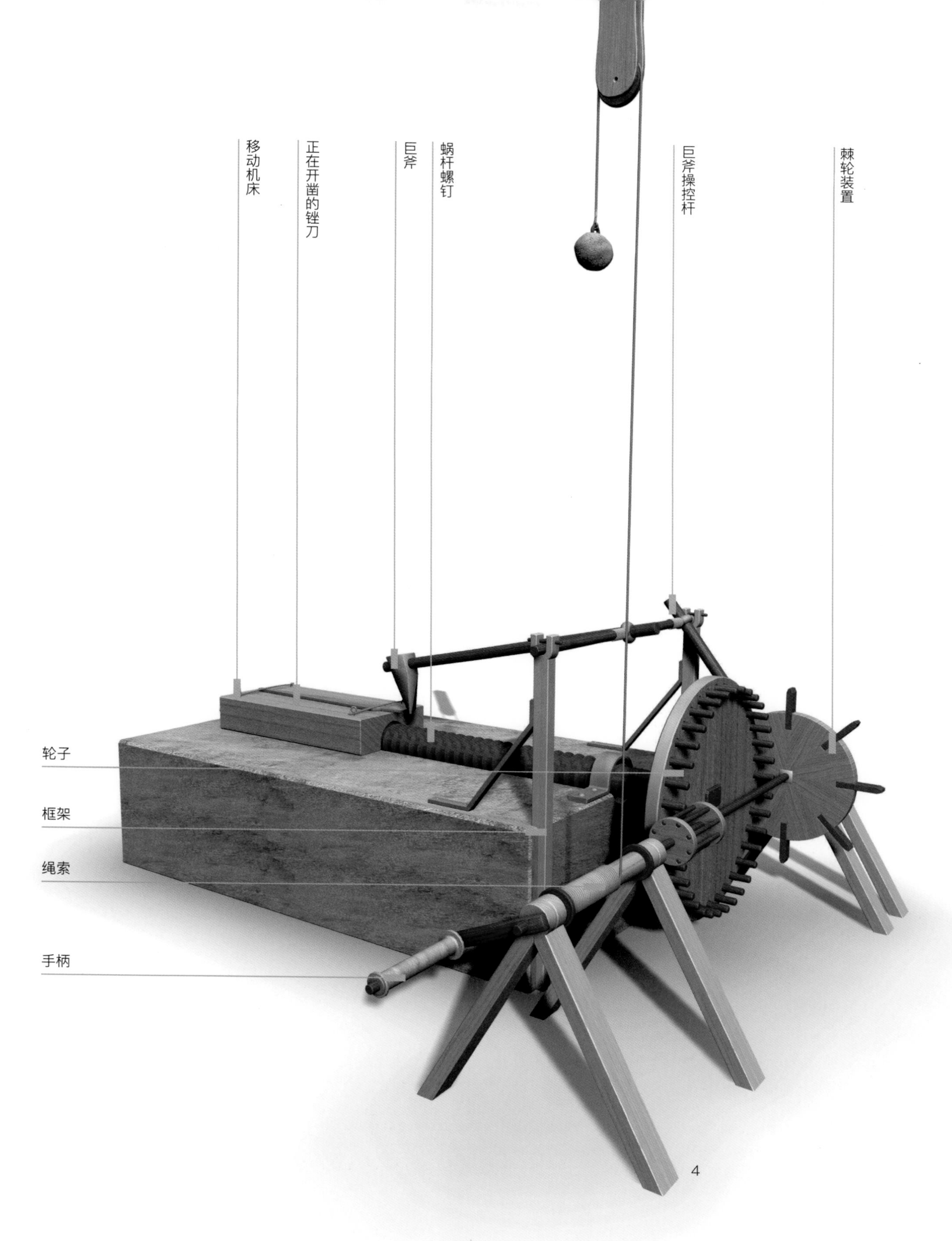
移动机床
正在开凿的锉刀
巨斧
蜗杆螺钉
巨斧操控杆
棘轮装置
轮子
框架
绳索
手柄
4

芬奇镇，1452 | 1460 | 1470 | 约1480 | 1490 | 1500 | 1510 | 安博瓦兹，1519

《图谱抄本》87r

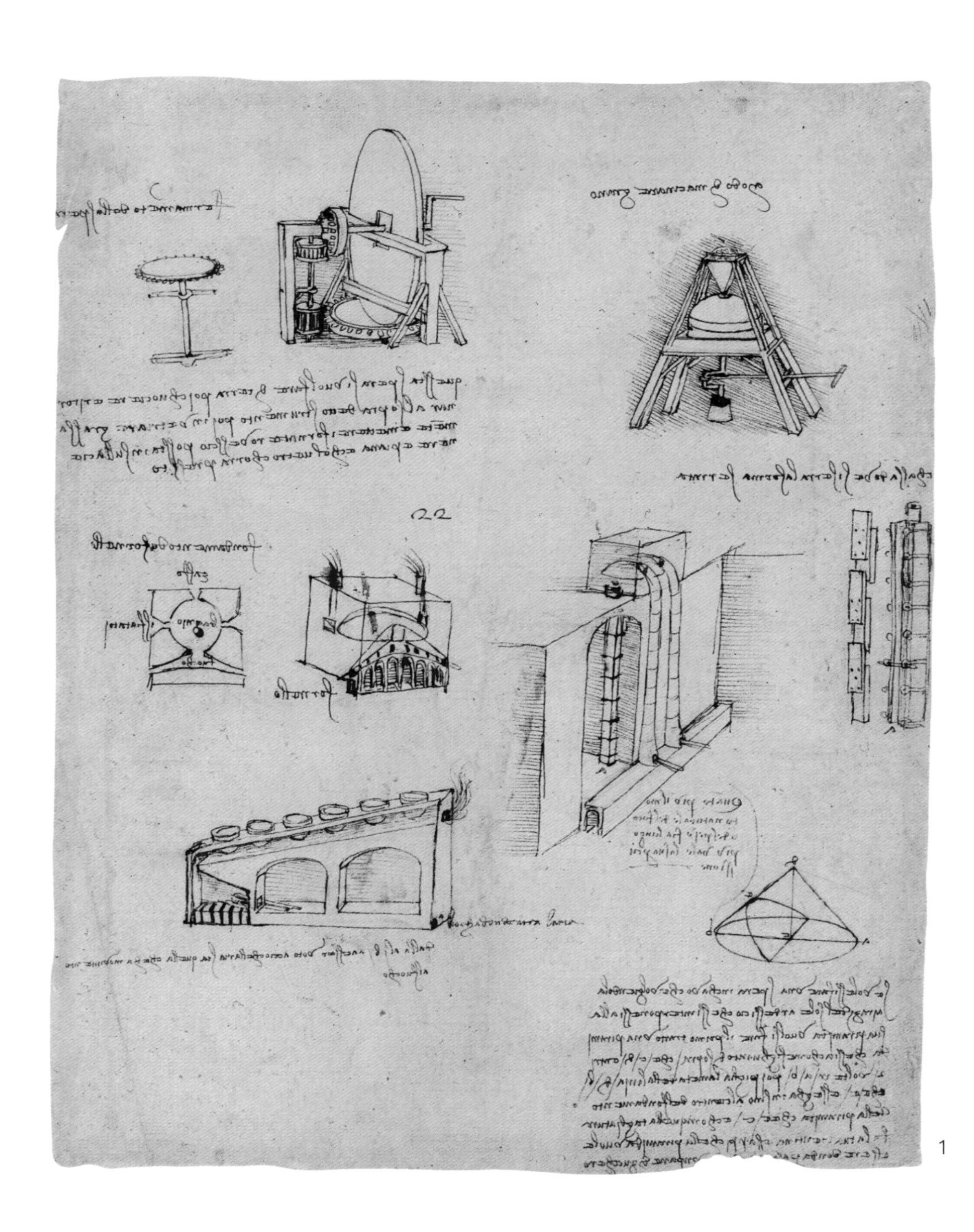

1

凹镜打磨机

2

这页手稿是达·芬奇在佛罗伦萨绘制的，风格十分典型。画稿上绘制了许多台机器，就像一幅集锦图。手稿上绘制了用来做聚焦镜的研磨装置、一幅磨坊图，还画了一些烤炉和烤箱。这些设备毫无相似之处，并且展现出不成熟的特质。达·芬奇也是到了后期才把科学理论与设计相结合的。在他的青年时代，他仍然严格地遵循经验主义原则，并没有注重设计背后的理论关联。但是从这幅手稿中，我们能够看到一些有趣的蛛丝马迹——他将理论知识运用到机械设计中来。在画稿的左上方，他绘制的是聚焦镜设计图。聚焦镜在当时佛罗伦萨的手工作坊里相当流行。达·芬奇在韦罗基奥的作坊里当学徒，而韦罗基奥的手工作坊，出色地完成了圣母百花大教堂拱顶球体的安装工作。这个球体正是使用聚焦镜铸造完成的。后来，达·芬奇回忆过这个1472年的壮举。作为名满天下的设计师，达·芬奇在《巴黎手稿G》中重拾聚焦镜的研究，并且提到了他早年的经历。对比韦罗基奥作坊里使用的聚焦镜，这页手稿上的机器的确有一些创新的元素。不单如此，手稿右下方的一则设计更为惊人。它是一幅流程图，展现了达·芬奇希望通过几何学的手段来确定镜面的曲度。达·芬奇知道，抛物面能够通过聚焦的方式来反射阳光，被反射出来的光线在焦点聚集。“焦点”一词是透视学名词，而透视学又是建立在光学基础上的一门科学。透视学在文艺复兴时期的意大利上升为一门理论，得到了详尽的研究。因此我们不难理解，为什么达·芬奇要在聚焦镜上使用精确的几何学、光学和透视学理论。《图谱抄本》1055r似乎就是一页用于研究光学的手稿。事实上，它是一次小心翼翼的尝试，目的是用几何学的方式确立镜面的曲度。这些尝试规模不大，也没有完全脱离传统的束缚，然而对于后期的科学发展，它们毫无疑问是非常有意义的。此外，在聚焦镜和几何流程图这页手稿上，还有一幅反射炉的设计图。反射炉也是利用反射光产生加热作用的。这是另一个理论和机械设计相结合的例子，而这个领域从达·芬奇的这页手稿起步，逐渐被人们广泛认知。

图1

在手稿的上方画着自动镜面研磨机，旁边附有注解

图2

这部机器是用于打磨凹透镜的

下对开页3

镜面打磨机的生产环境。其中的一个角落堆放着已完成的镜面，而另一个角落堆放着等待加工的石料

下对开页4

机器的主要部件

A

工人移动杠杆，机器的所有部件都开始沿着弧形的轨迹转动起来。但是在启动研磨机之前，操作员必须在大磨石下面放置一块等待切割的石头。用这部机器打磨出凹面，想必会非常吃力，因为要移动沉重的石块。启动杠杆之前，用于研磨的砂轮和镜面之间的摩擦力一定是相当之大。这个研磨机的有趣之处在于用作研磨的轮子和石块。两者之间互相摩擦，能够均匀地将地面的石块打磨光滑。通过使用一个设计合理的齿轮装置，一个人就能够转动手柄，完成操作

B

研磨机非常沉重。由于它的摩擦力很大，我们猜想可能需要润滑剂才能使它转动。研磨的轮子由机器一侧的手柄操控。由于体积庞大，它的转动必然是相当缓慢的。它转动时，外沿的角速度能够确保产生足够的摩擦，因此工人转动手柄的速度不用太快。研磨轮下面放置的石块水平转动，能够增加各个部分的摩擦速度

C

打磨和研磨工作可能需要持续几天时间。研磨工作完成后，机器可以开始打磨另一件产品。达·芬奇可能曾经想过设计一套装有齿轮的护罩，能够自动更换待打磨的石头，把石头直接放置在研磨轮的下方。图中的楔形物用于将中心承枢固定在地面上

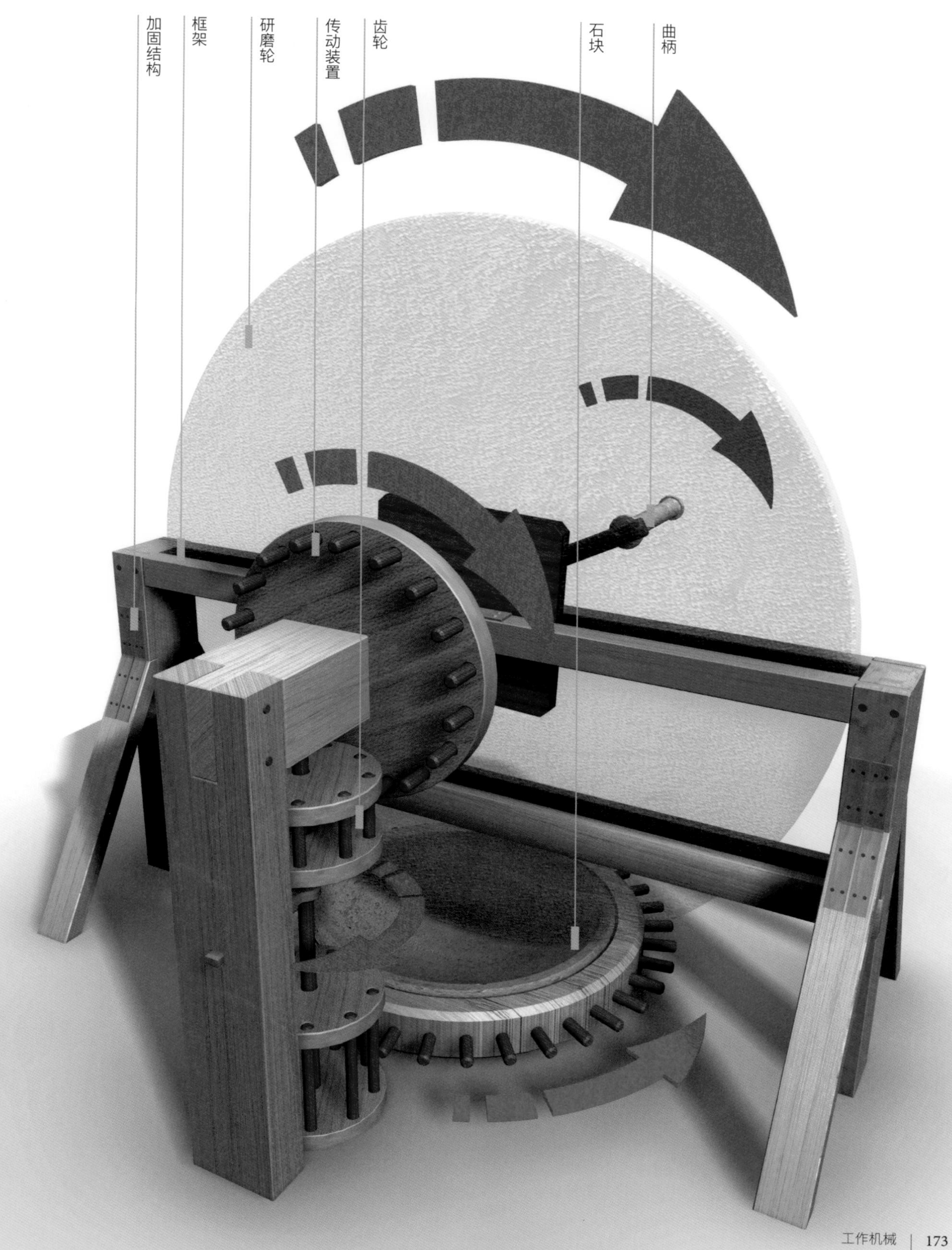
加固结构
框架
研磨轮
传动装置
齿轮
石块
曲柄

芬奇镇，1452
1460
1470
1480
1490
1500
1503—1504
1510
安博瓦兹，1519

《图谱抄本》4r

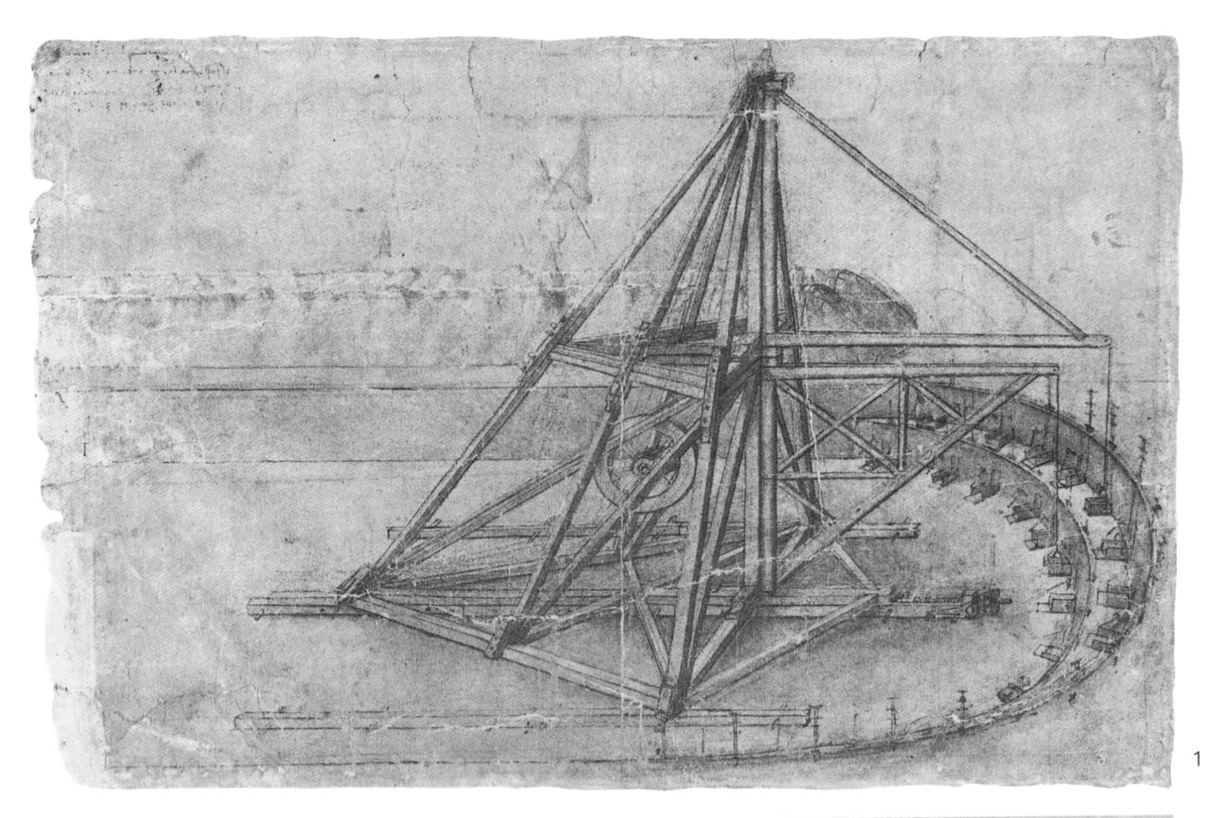

1

2

运河挖掘机

这幅设计图是用于展示的。它和《图谱抄本》3r 里的集锦图本应是一套，可能是用来呈送给某位客户，因为这两幅图都呈现出完整的状态。达·芬奇首先用黑色铅笔绘制出轮廓（部分线条仍然清晰可见），然后用墨水笔定稿，最后用墨水进行了渲染。因此这幅图不是潦草记录之作，而是一幅完成的设计稿。这种设计稿对于工程师、雕塑家和建筑设计师来说，属于日常工作的一部分。在真正开始动工之前，他们还可能会先制作模型。通过观察模型，客户可以提出修改方案，或是接受设计方案，同意动工。除了按比例制作模型之外，他们也可以提供用墨水渲染的图纸。这张图必须细节准确，形制完整。米开朗琪罗为尤利乌斯二世设计的纪念碑图纸，在风格上就和这类设计图非常相似。达·芬奇很可能不太喜欢用墨水渲染，而更倾向于使用阴影线。但是在提交给客户的图纸上，他遵循了传统的风格。如果手稿上的日期——1504 年是正确的话，那么这幅图的客户应该是佛罗伦萨公国的政府代表。他们曾经要求达·芬奇疏通亚诺河航道，图中的机械应该就是用来开挖运河的，绕过佛罗伦萨北部不能通航的一段河道。年轻的时候，达·芬奇曾经绘制过类似的图画，也就是把机器绘制在它们的使用环境中。这幅图的一个特点是没有人物出现。达·芬奇早期就在机械图中添加过人物，把枯燥的机械设计转换为生动的、动态的场面。达·芬奇也绘制过空无一人的工地，其目的是强调工程的知识性。图中，机器的几何形状非常精准，在两个规整的弧形工作面上挖掘。所有的挖斗均匀分布，部分挖掘工具悬吊在空中，暗示了所需要的工人数量。我们并不清楚达·芬奇是否将图纸交给了客户，也不了解客户的最终反馈。但是最终这幅图和一幅垂饰一起留在了达·芬奇的手里。后来，大师用镜像文字给它添加了注释。有兴趣的读者还可以参考《图谱抄本》905、944v 及《马德里手稿 I 》96r，研究达·芬奇其他类似的设计。

图 1

《图谱抄本》4r

图 2

《图谱抄本》3r 和 4r 的数码还原图。原稿上的一些标示让人怀疑两幅图其实属于同一页手稿。特别是挖掘工地的路堤上，有一个完美的结合点，能够把两张图拼接在一起

下对开页 3

三维数码还原图被放置在原手稿上。原手稿和电脑复原图达到了惊人的吻合

下对开页 4 和图 5

运河挖掘机的工作流程图

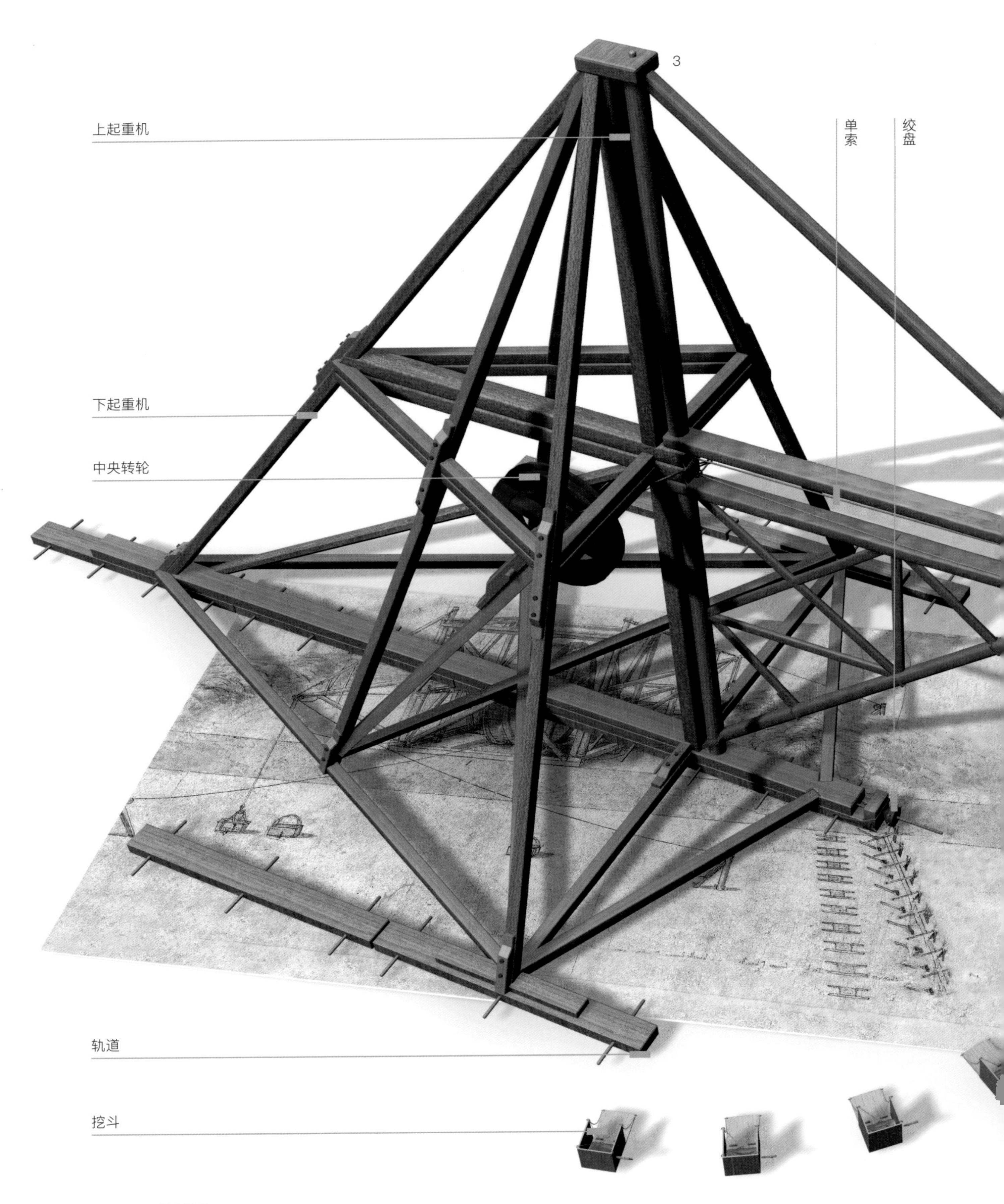
3
上起重机
单索
绞盘
下起重机
中央转轮
轨道
挖斗

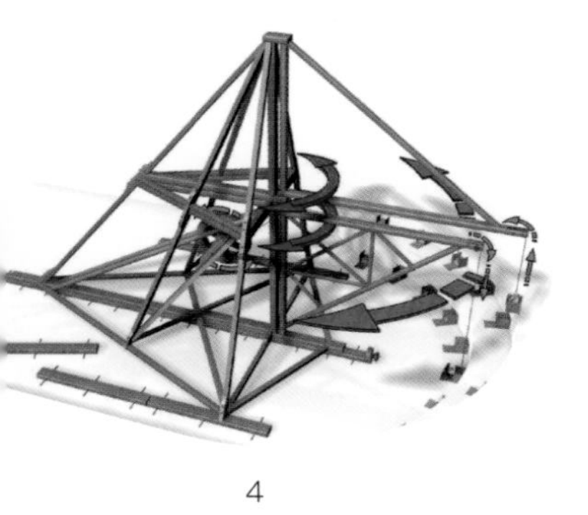

4

A 达·芬奇设计这部机器的目的，是在挖掘运河的时候可以快速运走淤泥。通过一个精密的轨道和螺杆系统，整个结构在挖掘过程中能够不断移动。机器由两个巨大的吊机组成，利用升降机原理，由单索来升降重物。挖掘工人在三个工作面同时开挖，每当一个挖斗装满了泥沙，它就会自动吊起，而另一队工人则会乘坐另一只空的挖斗下降到工作面，回到自己的工作岗位上

B 整个挖掘工作的程序如下：一队挖掘工人在下面装填挖斗，另一队工人则在运河外面清空运送上去的挖斗。两项工作同时完成。上面的工人爬进空的挖斗，挖斗开始下降，工人们返回作业面开始挖掘装填。而装满泥沙的挖斗上升到运河外面，准备清空

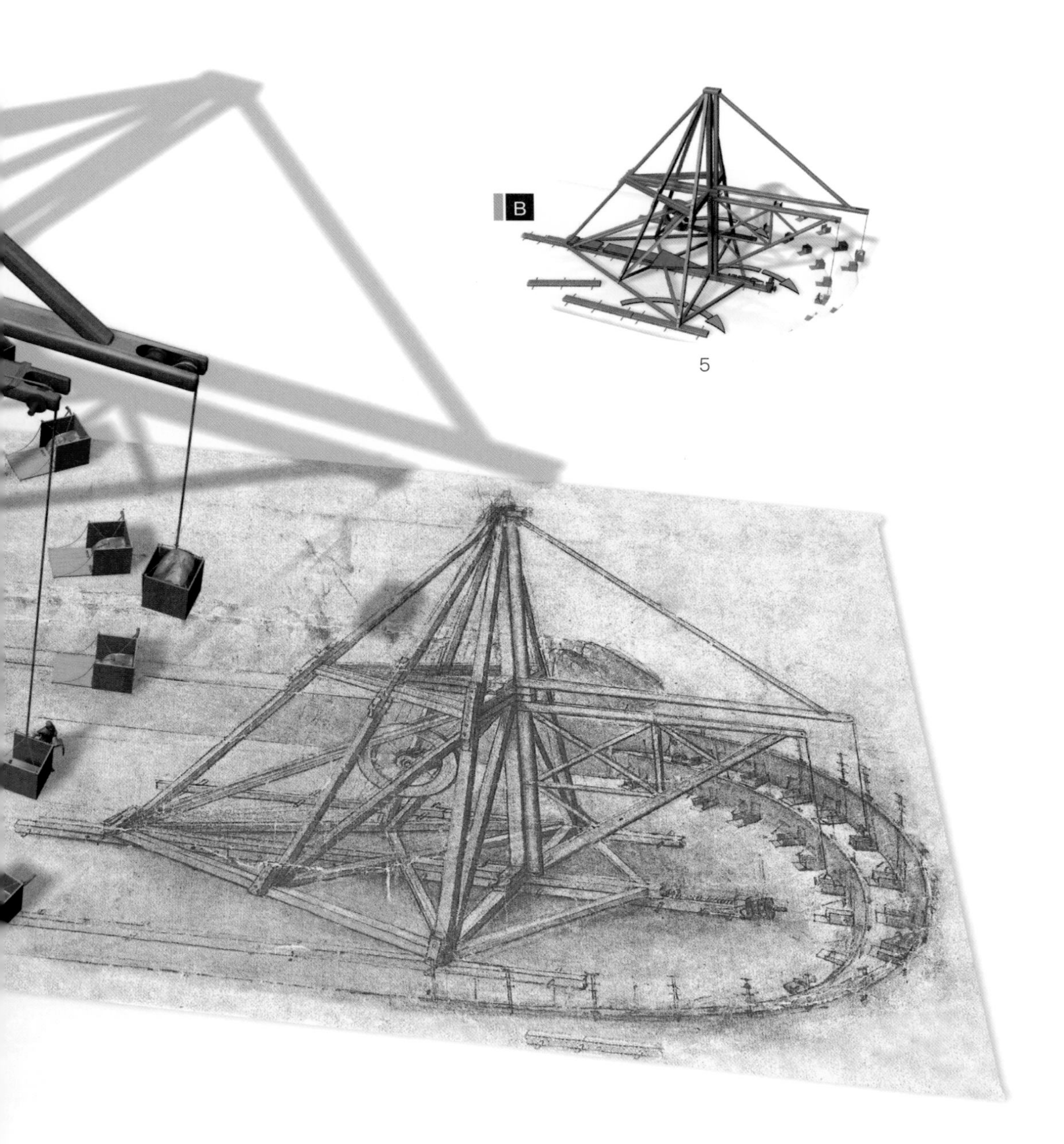

5

本页和上页对页图绘制了挖掘机两种可能的工作环境。通过人物高度对比，我们可以看出挖掘机的巨大规模（该工人是假设的，身高为男性平均值）

005

舞台机械
Theatrical Machines

自动车

《俄耳甫斯》舞台布景

文艺复兴时期，许多著名的工程师和艺术家都参与过舞台道具设计和布景设计。工程师包括乔万尼·丰塔纳和布鲁内莱斯基，艺术家则由蒙塔纳到拉斐尔，达·芬奇也不例外。在离开佛罗伦萨之前，他就已经开始设计舞台道具。这种才华在他的后半生相继受到了斯福尔扎和法国宫廷的赏识。在文艺复兴时期的戏剧舞台为人们创造了无穷无尽的视觉冲击，这也是它能吸引众多大师的原因。对于大师们来说，舞台就是活生生的画面，让大家为了同一个目标而奋斗，不断创造出仿真的场景和故事。通常，艺术家通过绘画和雕塑来描绘现实。而戏剧为他们提供的机会，却是雕塑和绘画所无法比拟的。因为戏剧不仅具备现实的外形，还具备现实的动态。出于这个原因，在文艺复兴时期的舞台和大型聚会中，都会使用类似于机器人的齿轮装置。除了一些大受欢迎的宗教剧之外，以世俗为题材的戏剧也非常成熟。在文艺复兴以前，世俗剧数量有限，文化水平也比较低。但是在达·芬奇的时代，世俗已经成为舞台上的主要内容，格外受到贵族阶层的青睐。因此我们不难理解，为什么达·芬奇参与设计的剧目都是古典的世俗剧，包括《达娜厄》、《天堂盛宴》和《俄耳甫斯》。并且，我们只有在达·芬奇青年时代的手稿中，才能找到他参与宗教剧的蛛丝马迹。从另一方面说，宗教剧也并没有因为世俗剧的流行而销声匿迹。在佛罗伦萨，宗教剧和宗教游行受到持续的追捧，并且场面越来越豪华。1471 年，韦罗基奥的手工作坊奉命为几场宗教剧制作道具，迎接斯福尔扎到访佛罗伦萨。不难想象，它们神圣的主题更能刺激工程师们的想象力和创造力。事实上，韦罗基奥经常接到一些奇特的设计要求，例如能让演员或者道具做出上升和下降的动作。这就难怪达·芬奇设计的第一件飞行器就是用作舞台道具了。它有一双网状的翅翼，能够在绳索的操控下飞行。对于佛罗伦萨的工程师们来说，设计能够移动的布景和道具属于老传统，而这种观念影响了达·芬奇对戏剧的看法。就像他在其他领域的创意一样，达·芬奇在戏剧上也经历了从和谐、静态的观念向更为动态的、自然的观念的转化。为了了解他在思维上的这种变化，就必须提到意大利文艺复兴时期出现的新的舞台发明。在中世纪的宗教剧中，一场戏的舞台布景是可以不断变换的。人们交替推动布景，例如“彼拉多的宫殿”“客西马尼园”等，使它们轮番出现在舞台上。这种“多变”的舞台，体现了亚里士多德关于表演与现实一致性的学说。到了文艺复兴时期，人们运用透视学原理，使原来支离破碎的背景取得了统一。“透视布景”或者说“城市布景”，是由贝鲁奇和塞里欧根据古典建筑学家维特鲁威的思想创作而成的。悲剧和正剧都被极度夸张，在城市的环境中展现。原有的多个布景，例如房屋、广场和宫殿，都可以通过透视的方法，在同一个布景中出现。在《图谱抄本》996v 的一幅小图上，达·芬奇似乎是在回忆传统的舞台布景。15 世纪 90 年代，达·芬奇为斯福尔扎设计《天堂盛宴》舞台布景的时候，仍然沿用了传统的动态方式。他在舞台上安放了一个巨大的半球形天幕，演员们站在上面转动，每人代表一个星球。这个大胆的创举令观众震惊不已。根据佛罗伦萨的传统，舞台结构越灵动越好。而达·芬奇应该就是凭借这种设计天分，获得了米兰宫廷的青睐。虽然这个布景设计得出人意料，但是据当时的观众回忆，它非常切合故事的主题，给人一种秩序感。而且它和亚里士多德的天体旋转学说也是相一致的。

在文艺复兴时期，“透视舞台背景”做得越来越精细，创造出一种静态的环境。和透视学一样，它体现出人们对几何秩序的追求。许多年后，法国人将斯福尔扎逐出米兰，统治了意大利北部的大部分地区。旅居在米兰的达·芬奇奉命设计《俄耳甫斯》的舞台布景。他为人们展现的，是一种与透视法截然相反的观念。这个设计类似于他在《马德里手稿 I》110r 中展现的场景，堪称戏剧奇观。整个布景由两个半圆形部分组成，可以各自转动，也可以合拢成一个圆形。它结合了两种经典的剧场设计，其一是古希腊的半圆形剧院，用于表演戏剧、音乐剧和文学活动；其二是古罗马的圆形剧场，用于观看角斗士的表演。

达·芬奇的这项设计并不是原创。根据普林尼的《自然历史》记载，圣加伊乌斯曾经建造过一座可以移动的半圆形剧院。毫无疑问，达·芬奇希望重现圣加伊乌斯的作品。他对剧院和舞台的动态设计几近痴迷，而《俄耳甫斯》的设计手稿数量不少，其中包括《艾伦德尔手稿》231v、264r，《图谱抄本》363及从《图谱抄本》散失的私人藏品。从这些速写中不难看出，达·芬奇的舞台布景观念，和文艺复兴时期流行的“透视布景”完全相反。一方面，达·芬奇的设计更倾向于自然。他的布景没有房屋，取而代之的是青山绿水。另一方面，他的布景更为灵动。在表演中，他设计的高山会裂为两半，从缝隙中升起冥王和可怖的魔鬼。虽然他只用了寥寥数笔来勾勒人物，但是这些人物很有可能长着翅膀，就像他年轻时在佛罗伦萨设计的那些翅翼一样。所以说，达·芬奇的舞台设计，一直是向着自然和动态发展的。这一点也符合他当时在其他领域的研究。当时，他已经脱离了几何透视学，进入了空间透视学的研究阶段。

达·芬奇直到晚年还在设计游行道具和舞台机械。为了讨好弗朗西斯一世，佛罗伦萨富商在里昂的狂欢节上向他敬献了一座雕像。这座雕像由达·芬奇设计，外形是头雄狮。它可以向前走动，胸部可以打开，向舞台抛撒百合花。达·芬奇当时设计的许多机器，即使是舞台机械，也被赋予了复杂的政治内涵。狮子是佛罗伦萨的象征，同时也是法国城市里昂的象征。百合花则象征着法国国王。这座雕像传达了明确的信息，它代表佛罗伦萨和美第奇家族，感谢弗朗西斯一世再度征服米兰。达·芬奇最后的两幅作品藏于温莎城堡，它们似乎也都和戏剧有关。这页手稿的正面是穿着盛装的人们，背面是一座骑马的雕像。前者可能是关于戏剧服装的研究，后者则可能是用于露天游行的背景。

芬奇镇，1452 | 1460 | 1470 | 1478—1480 | 1480 | 1490 | 1500 | 1510 | 安博瓦兹，1519

《图谱抄本》812r

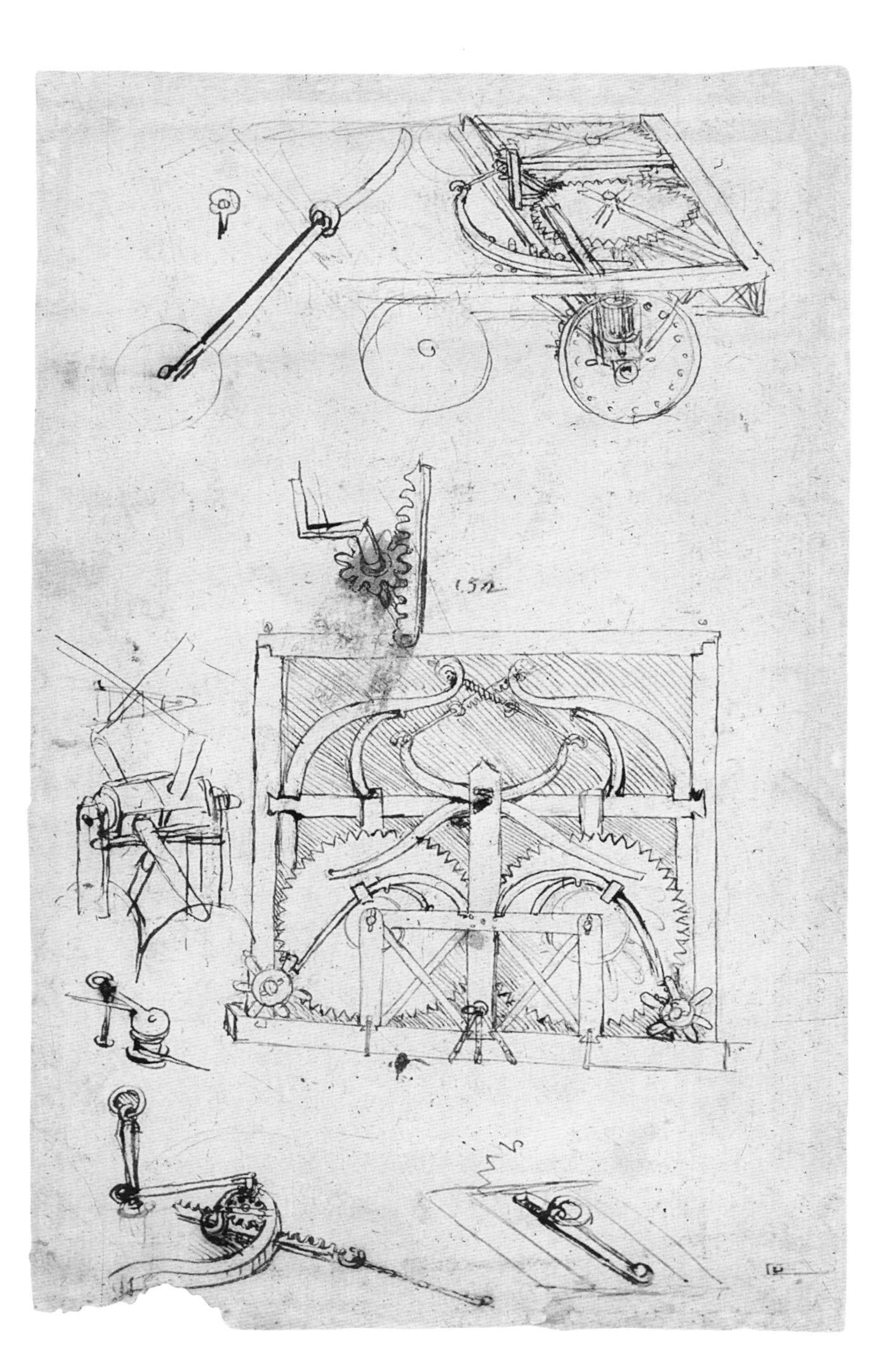

1

自动车

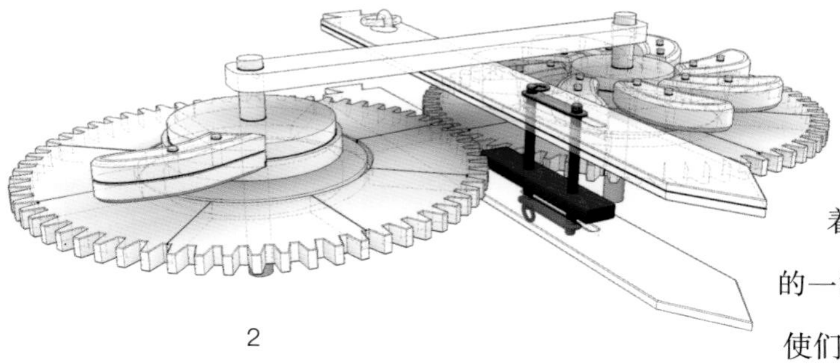

2

虽然只是推测，但达·芬奇这台著名的“自动车”很可能是一个舞台道具。其实，就连他的飞行器，也是在佛罗伦萨时开始酝酿的。在15世纪的宗教剧里，长着翅膀的天使和魔鬼十分流行。包括布鲁内莱斯基在内的一流工程师们，都曾经设计过这类翅翼。达·芬奇在给天使们设计翅膀的时候，常常会在画稿的空白处画一些机械翼的图稿。这是一页典型的工作图。就像普通人更容易理解展示图一样，达·芬奇更容易理解这种图像所表达的视觉语言。可惜他并没有画出所有的细节，也因此留给后人许多难解之谜。其实他的很多图稿都只是半成品，每当他用图画记录某种想法时，他只会画出当时认为重要的一些细节。达·芬奇的展示图通常会走向两个极端，一边是异想天开，一边是理论性太浓。但是这幅手稿却让人感觉到手工作坊的气息。事实上，这些画作似乎是为了解释如何组装机械的各个部件——但是我们不清楚他是在向自己解释，还是在向客户解释。这部机器并非达·芬奇设计的第一辆自动车。在设计战争机械的时候，他必须不断地解决大炮的运输问题，也为此曾经提出过各式各样的创新方案。他设计过车轮和瞄准器，研究过移动系统，还对三轮车情有独钟。在一幅早期的图画中（《图谱抄本》17v），他设计了一辆有趣的自动车。两个人坐在车厢内，通过智能动力传输系统来驱动车辆。虽然这个系统比起前辈们设计的风力帆船车更为先进，也更为可行，但它的主要零件仍然是大大小小的齿轮，不能克服在路面行驶时遭遇的巨大摩擦力。这幅图中的自动车则主要使用弹簧动力。达·芬奇曾经在《力学因素论》中详细地分析过弹簧的使用，并将这种研究运用在飞行器的设计之中。

图1

《图谱抄本》812r是达·芬奇设计的最有趣、最迷人和最著名的机器之一。多年以来，人们一直把它称作“达·芬奇的汽车”，而它神秘的面纱最近才得以揭开

图2

自动车的技术图

A

钝齿轮下面的两根螺旋弹簧为车辆提供动力。两根螺旋弹簧都安装在木箱里，并朝着相反的方向绕紧。达·芬奇经常使用弹簧动力系统，特别是在钟表零件上。

两根弹簧直接与钝齿轮相连。绕紧之后，它们能逐渐释放集聚的能量。两个钝齿轮耦合在一起，能够将能量传输到车子的各个部件。由于两个钝齿轮直接耦合，排除了达·芬奇想要安装差速器的可能。虽然一根弹簧就足以驱动车辆，但是两根弹簧会使车辆显得更加对称和优雅，同时驱动力也更为强大

B

车辆两边的设备是用来向车轮传输动力的，同时还能启动车子顶端的一对弹簧片。车角的两个齿轮有节奏地击打弹簧片的顶端。车角左边的设备类似于钟表上使用的棘轮，能够调节主弹簧的能量释放。达·芬奇非常清楚，弹簧并不能持续释放能量。为了避免突然起步后力量迅速消减，他在车辆上安装了棘轮，以保证弹簧持续平稳地释放能量。棘轮运作时，人们能听到齿轮击打弹簧片的“咔咔”声

C

这是一个很小的装置，但是在车辆的运作过程中至关重要。它是一个遥控手刹，由一根木条和一块铸铁组成。木条沿着铸铁飞速移动，被推入钝齿轮之间。因此，在螺旋弹簧绕紧之后，两个钝齿轮无法转动，车辆便处于静止状态。铸铁的圆环上可以穿入一根绳索。拉动绳索的时候，木条松开，钝齿轮开始转动，车辆就可以前进了

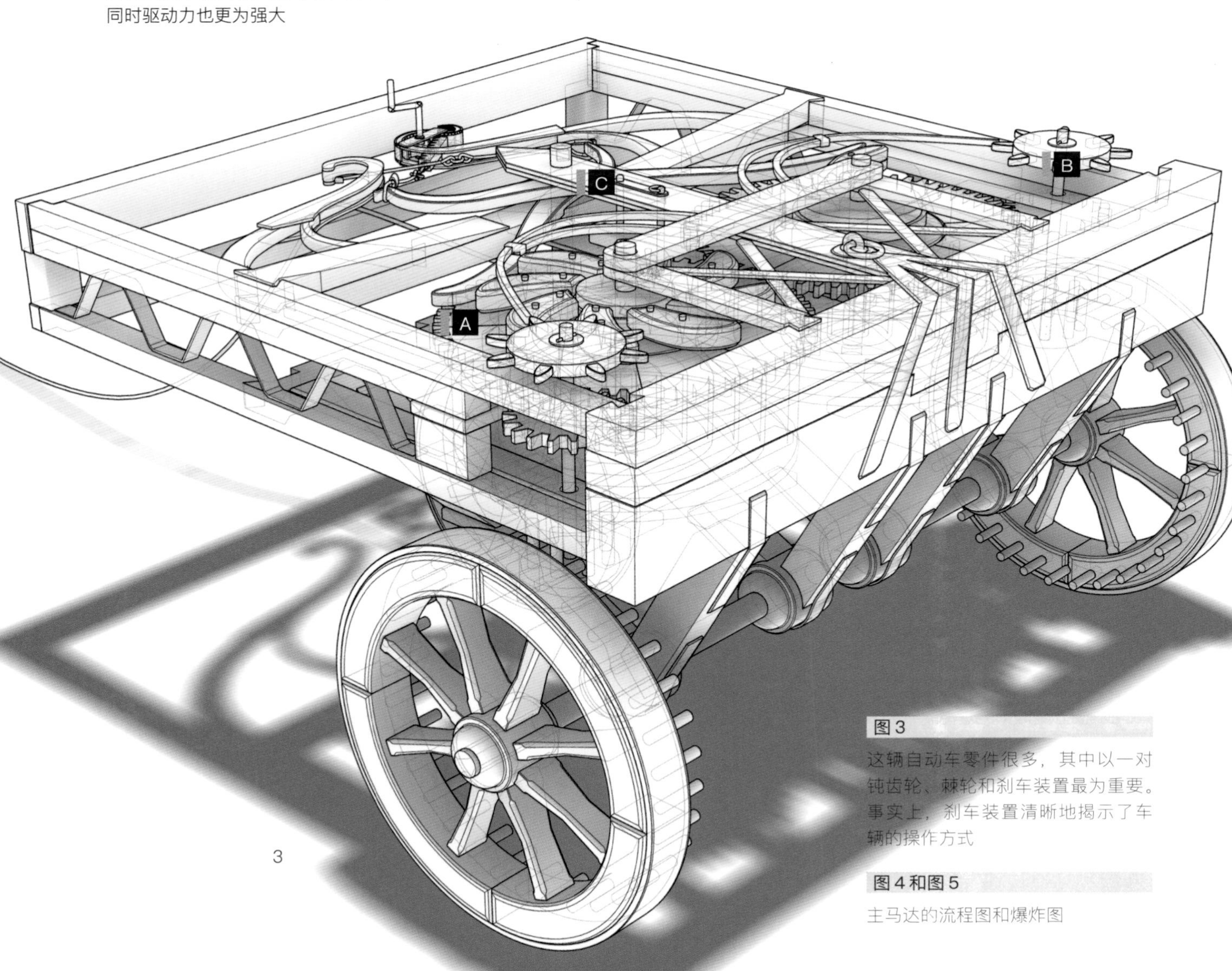

图 3

这辆自动车零件很多，其中以一对钝齿轮、棘轮和刹车装置最为重要。事实上，刹车装置清晰地揭示了车辆的操作方式

图 4 和图 5

主马达的流程图和爆炸图

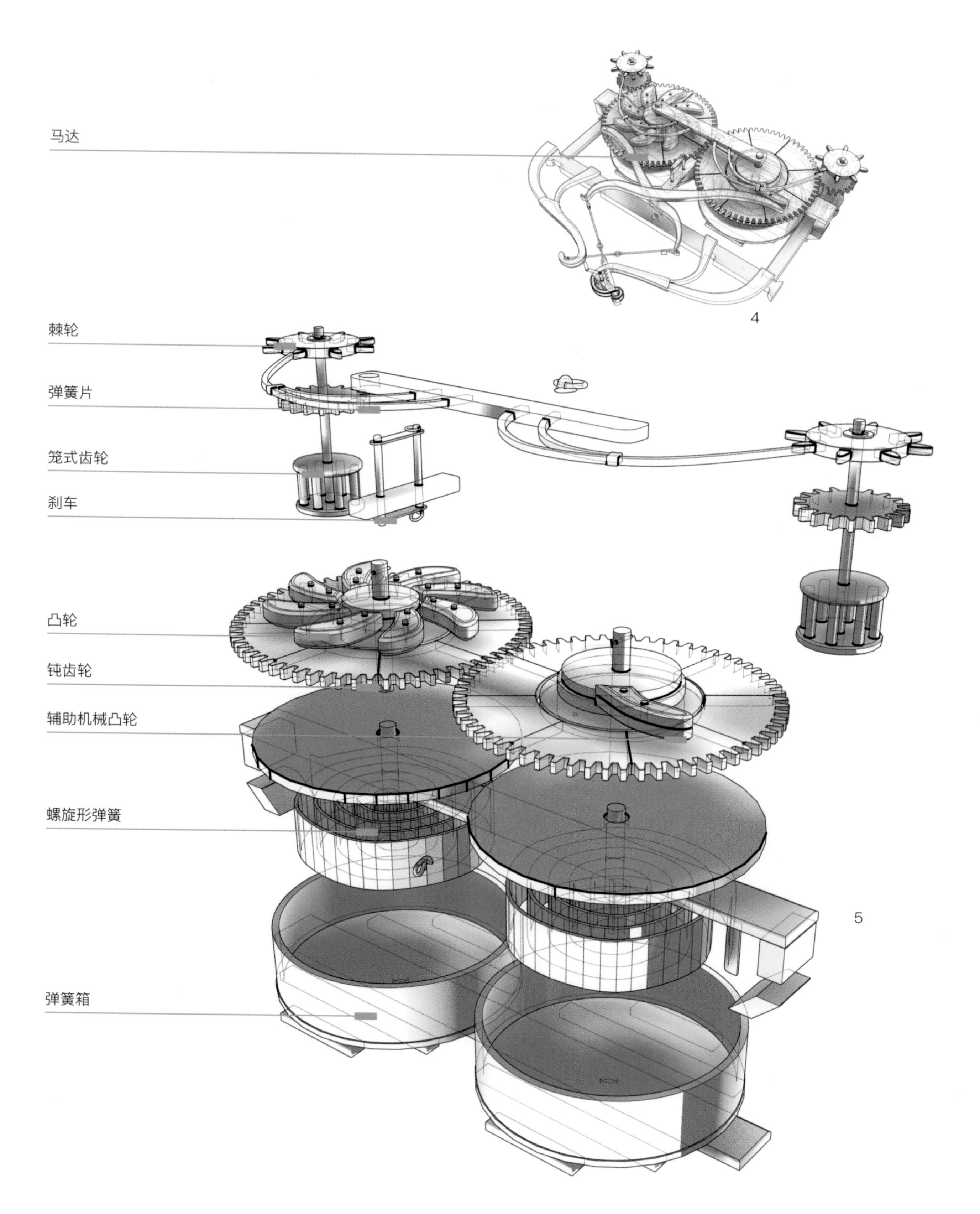
马达
4
棘轮
弹簧片
笼式齿轮
刹车
凸轮
钝齿轮
辅助机械凸轮
螺旋形弹簧
5
弹簧箱

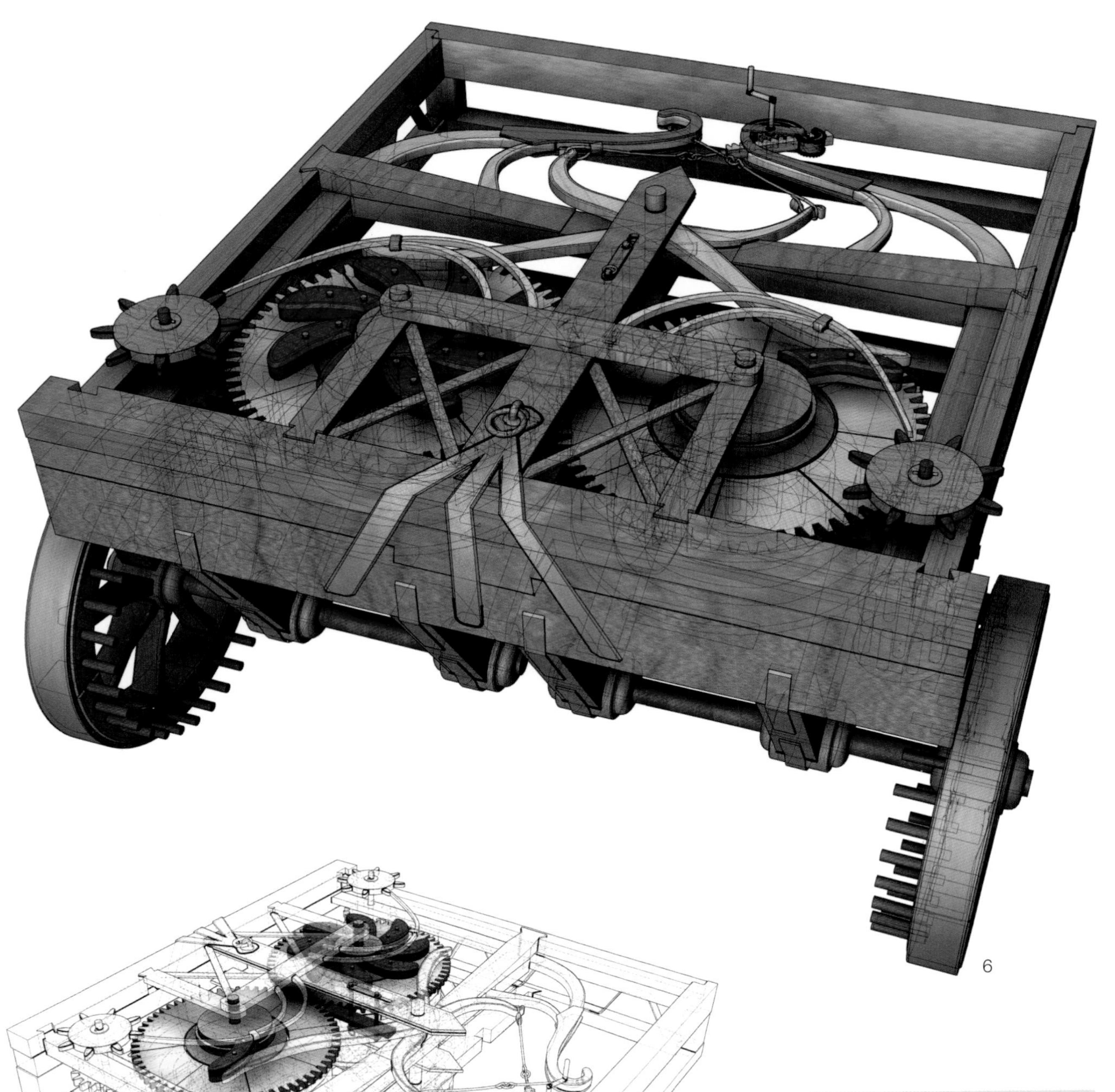

6

7

图6

这辆自动车可能非常小。通过研究其他的手稿，我们认为这辆车的长宽均在1米左右，高度则不足1米

图7

马达安装流程图

图8

自动车在达·芬奇的作坊里安装的设想场景

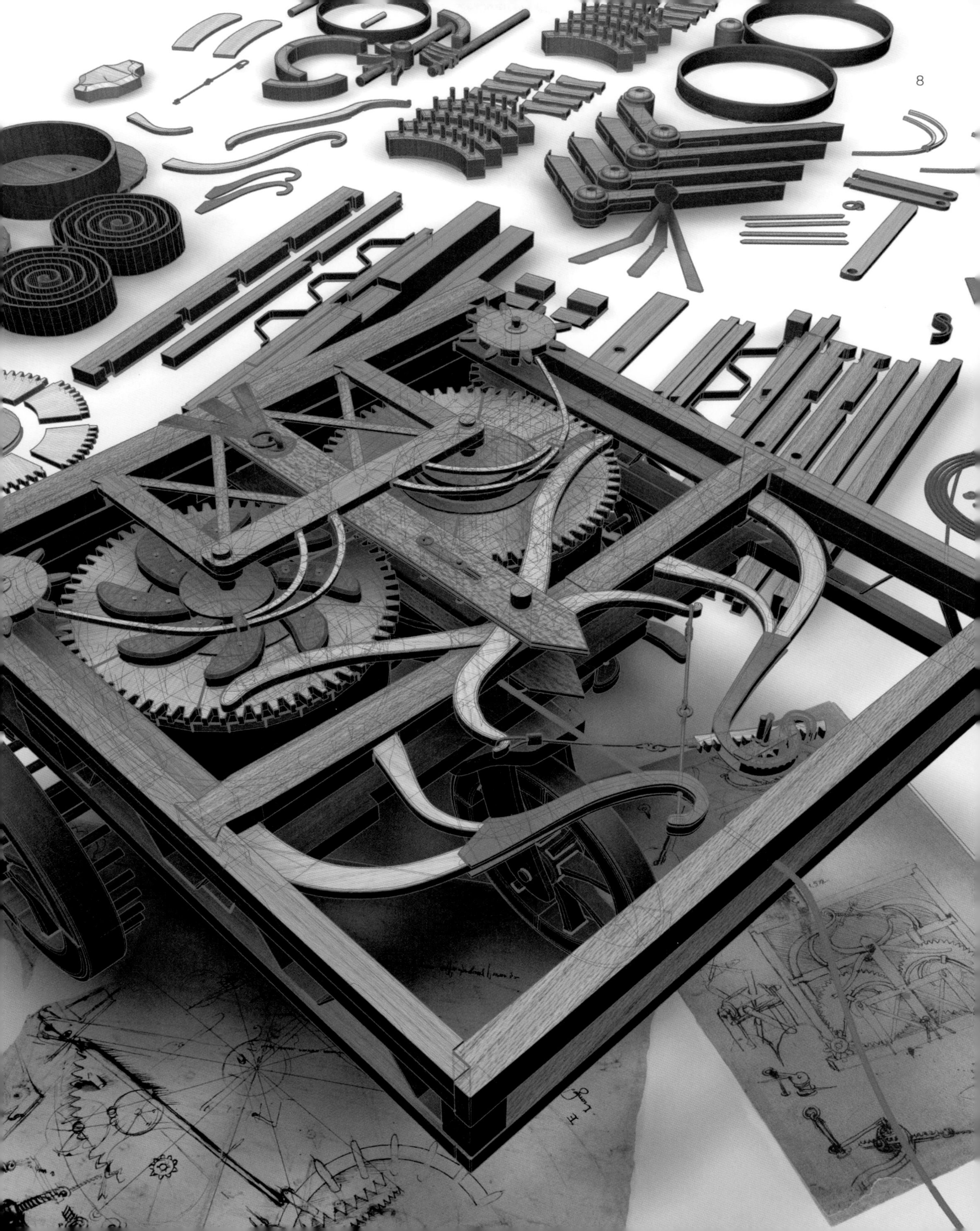

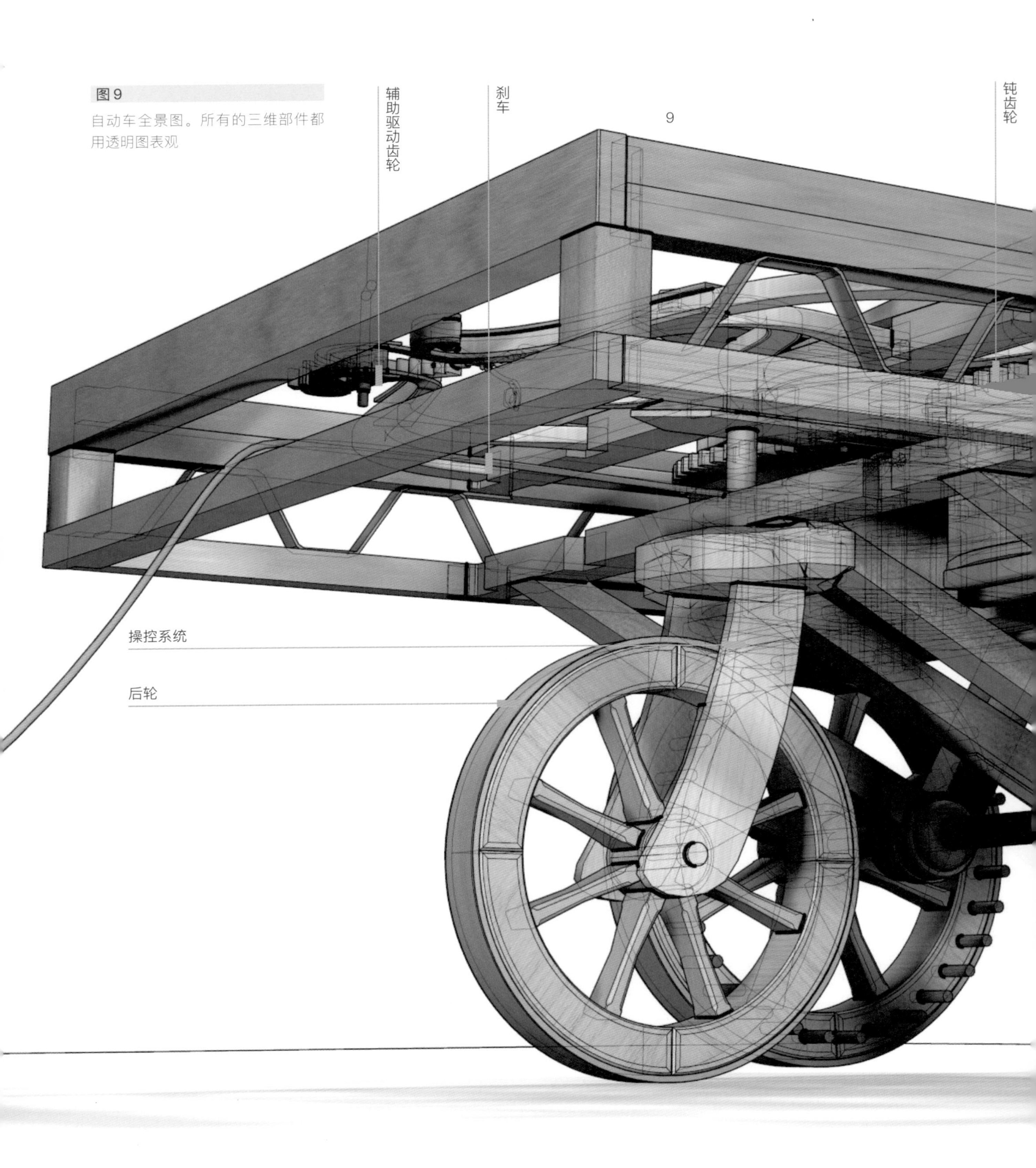

图9

自动车全景图。所有的三维部件都用透明图表观

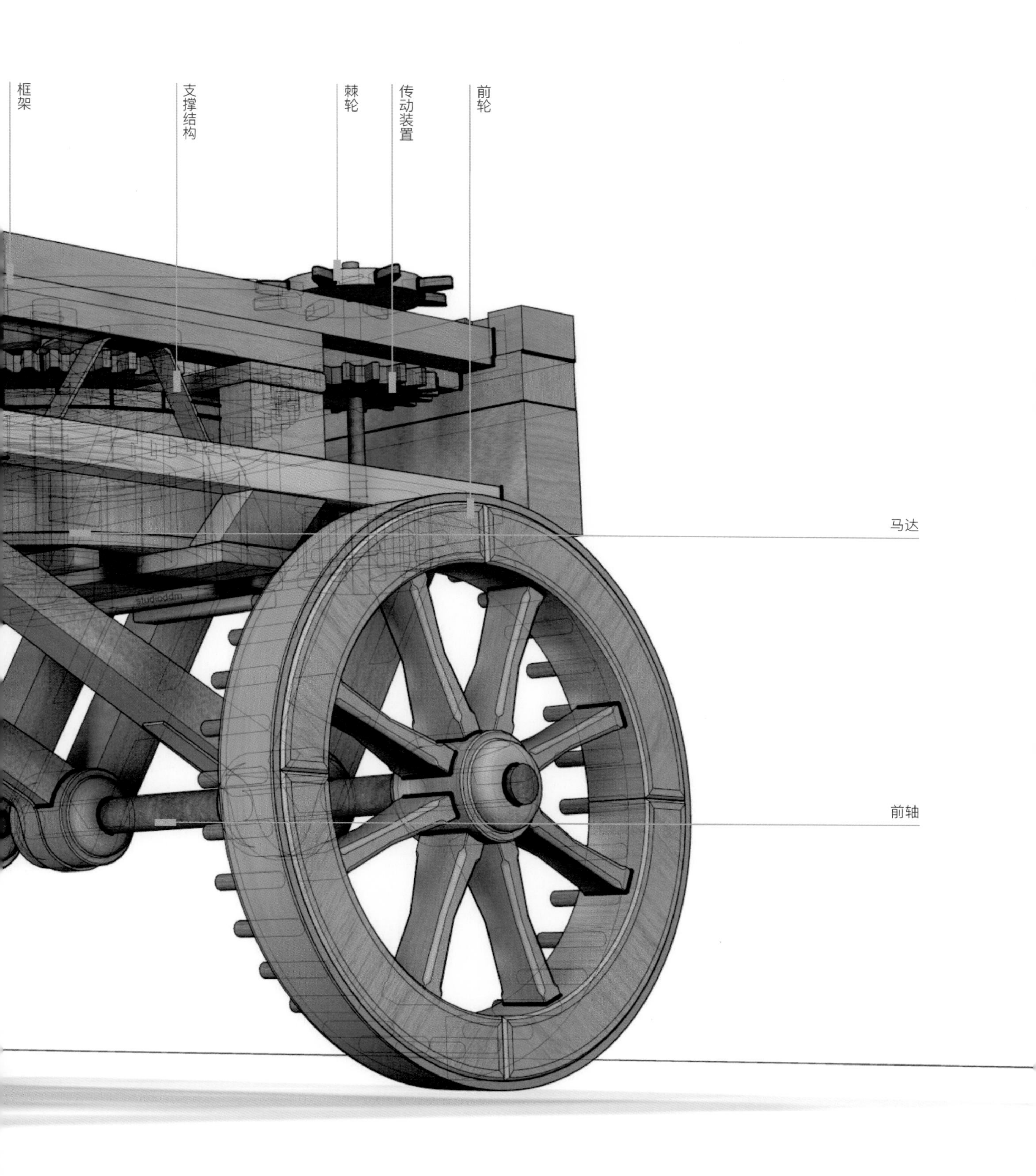
框架
支撑结构
棘轮
传动装置
前轮
马达
前轴
studioddm

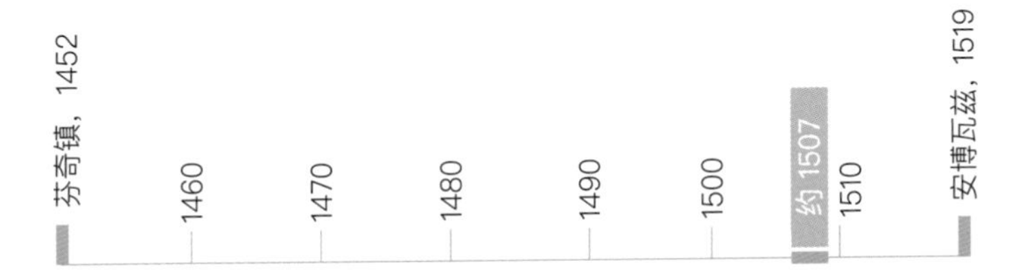

《艾伦德尔手稿》231v

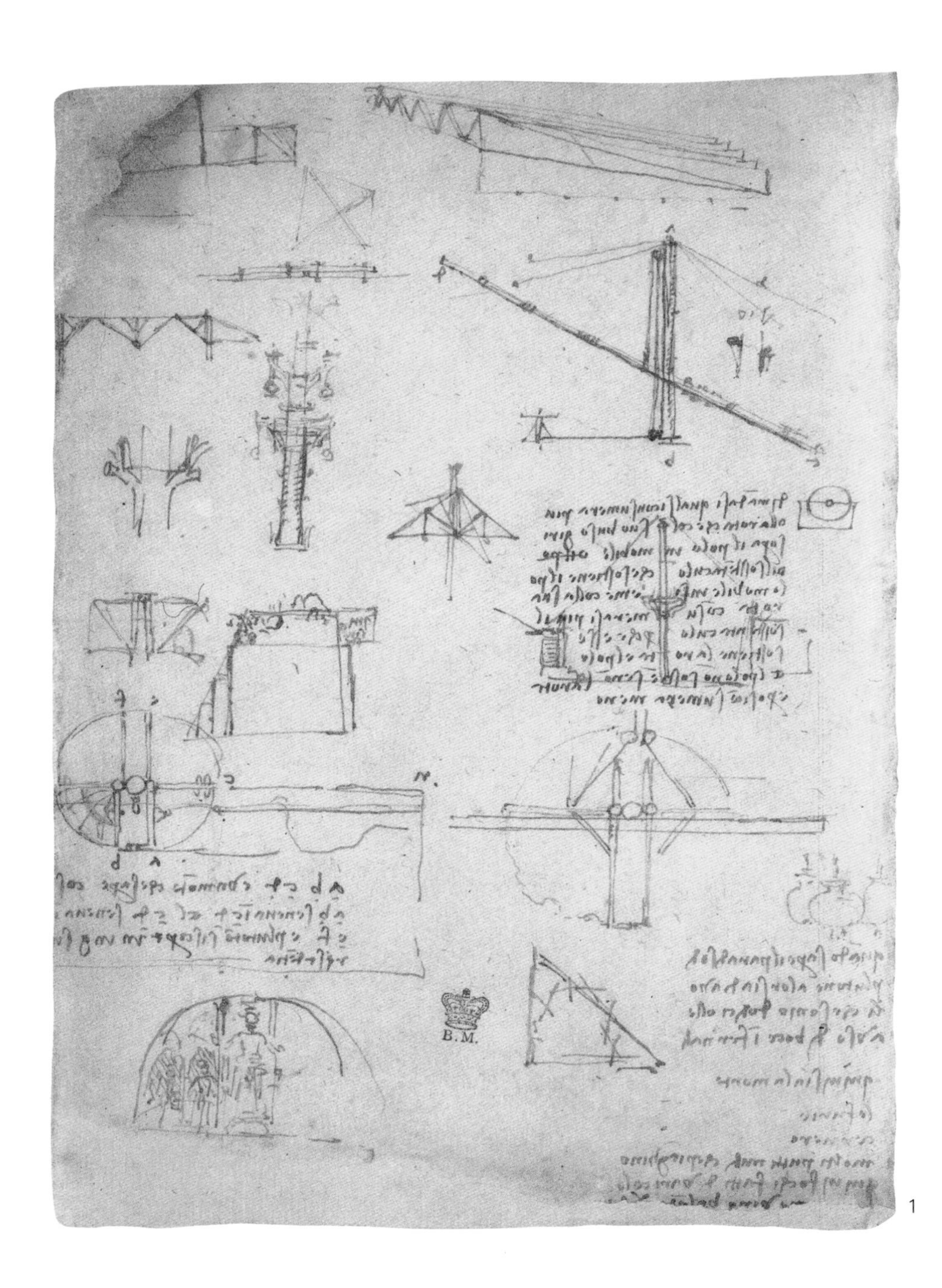

1

《俄耳甫斯》舞台布景

对于达·芬奇曾经服务过的宫廷来说，最大的享受莫过于欣赏他设计的舞台布景。可惜一段时间的表演过后，布景就会被拆除，我们已经无缘目睹他曾经创造的神奇。在他众多的设计中，能够留下一星半点痕迹的，只有为《俄耳甫斯》所做的舞台设计。这出戏讲述了俄耳甫斯和欧律狄刻的凄美爱情故事，是达·芬奇第二次旅居米兰时，为法国政府设计的项目之一。作为斯福尔扎的御用设计师，他创作的舞台布景震撼人心，使法国人对他争相追捧。《俄耳甫斯》的舞台设计图纸共有4页，都是速写图。其中两页收藏在《艾伦德尔手稿》里，一页藏于《图谱抄本》，还有一页在私人收藏家手中。私人藏品中的两块碎片最近被媒体曝光，图上绘有一座山峰和几个女性的形象，也许是复仇三女神正在袭击俄耳甫斯。这两块碎片很清晰地展现了达·芬奇的设计创意——自然主义和活力。为了更好地理解他的想法，我们必须明白文艺复兴时期最流行的布景方式。当时，所谓的“透视布景”占据了主导地位，舞台上的背景是完全静止的画面，通常画着符合透视原理的街道和房屋。达·芬奇则反其道而行之。一开场，他用田园诗一般的山峰和谷底来衬托两位主角的爱情。随着剧情的发展，山峰逐渐后退，冥王带领随从由地狱升起。地狱的画面则用于故事的第二部分，也就是悲剧部分。在《艾伦德尔手稿》231v上，达·芬奇曾经描绘过这个场景：“冥王的福地之门敞开，下面传来恶魔们的吼叫声。死神、复仇三女神和裸体的天使都在哭泣。还有许多各色的火焰……在四周跳舞。”冥王的福地，指的就是地狱。整个场景重现了俄耳甫斯和欧律狄刻之间的爱情悲剧，同波利齐亚诺在原著中描写的一模一样。《俄耳甫斯》1490年在曼图亚上演，因为布景出众而名声大噪。

图1

达·芬奇设计的舞台机器散布在各种手稿之中。这幅图来源于《艾伦德尔手稿》，但是其余的部分收藏在《图谱抄本》和私人收藏家手中

图2

根据《艾伦德尔手稿》和其他手稿绘制的透视图

下对开页3

布景的机械运作原理图。蓝色的箭头表示当木箱装满重物的时侯，机械的运动方向

下对开页4

戏剧布景的3个工作阶段：舞台紧闭、开始启动和完全张开。布景完全张开之后，演员们出现在观众眼前

下对开页5

舞台布景的主要组成部分

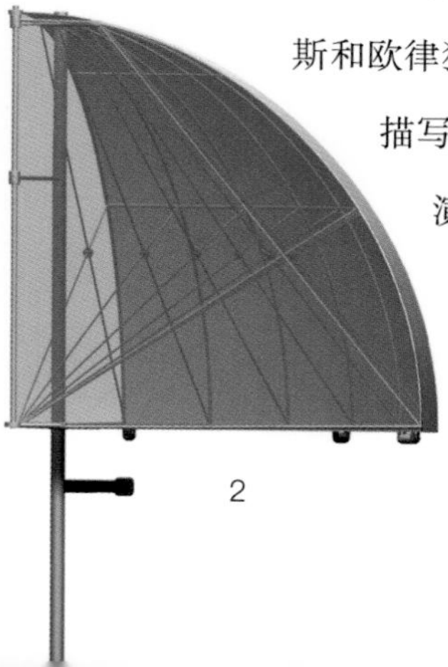

2

A 这一系列的图片展示了舞台张开的过程。在表演过程中，拱顶成为山景的一部分。当然，山体不可能完全是半圆形的，所以舞台上肯定还有绘制着山峰的纸板，力求逼真的效果。由于纸板很轻，可以大规模制作，用来隐藏复杂的滑轮和拉杆系统

B 随着剧情的发展，第二个舞台会在特定的时间完全张开，起到强烈的戏剧性效果。两只巨拱在旋转的时候不仅能展开新的画面，还能让演员直接出现在舞台上，省略了他们在两厢等待的步骤

C 拱顶完全打开之后，为演员们拓宽了表演的空间

D 整个舞台的运作方式十分简单。演员最初站在舞台下的一个升降平台上。工作人员在与之相连的木箱上填满重物，使它慢慢下沉，载有演员的升降平台就能缓缓升起。与此同时，舞台也开始转动张开。有人推测，在开启舞台的时候，操作人员可能会直接爬进木箱里，以此来提供下坠的动力

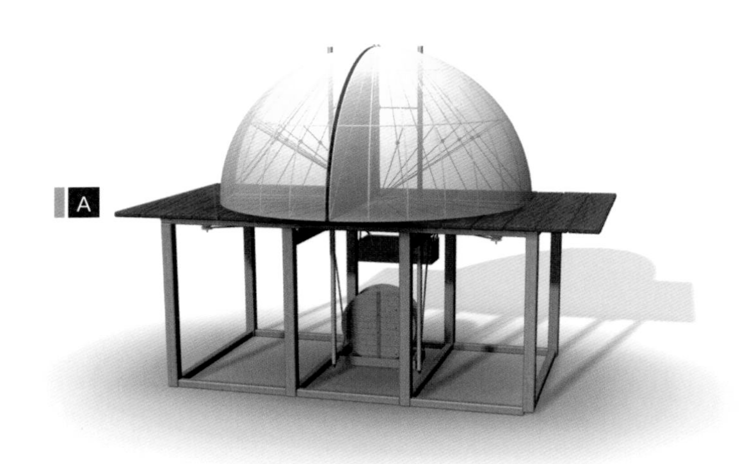

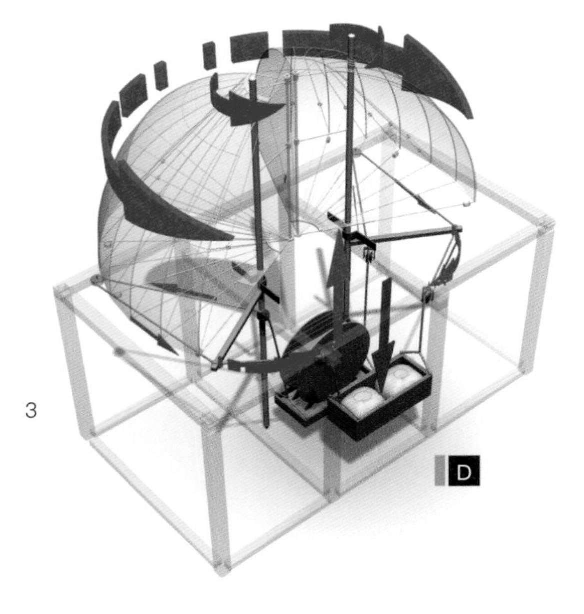

3

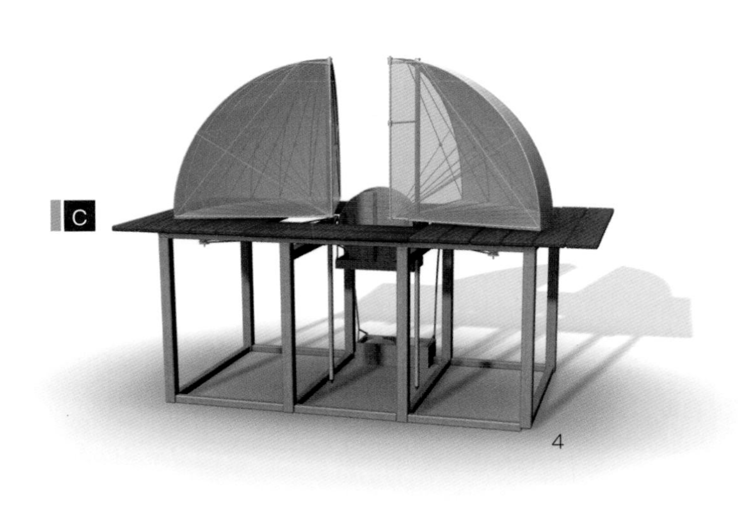

4

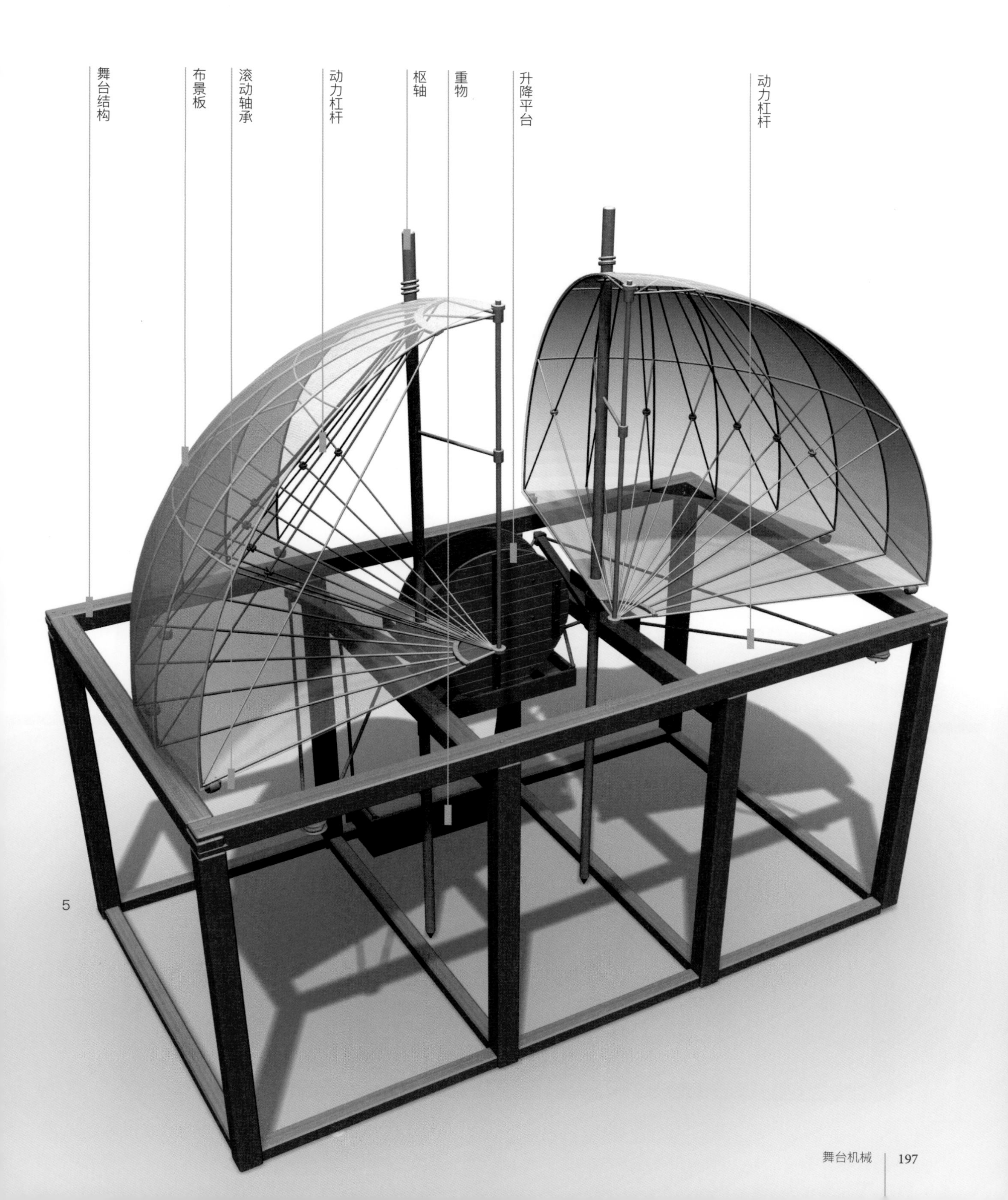
舞台结构
布景板
滚动轴承
动力杠杆
枢轴
重物
升降平台
动力杠杆
5

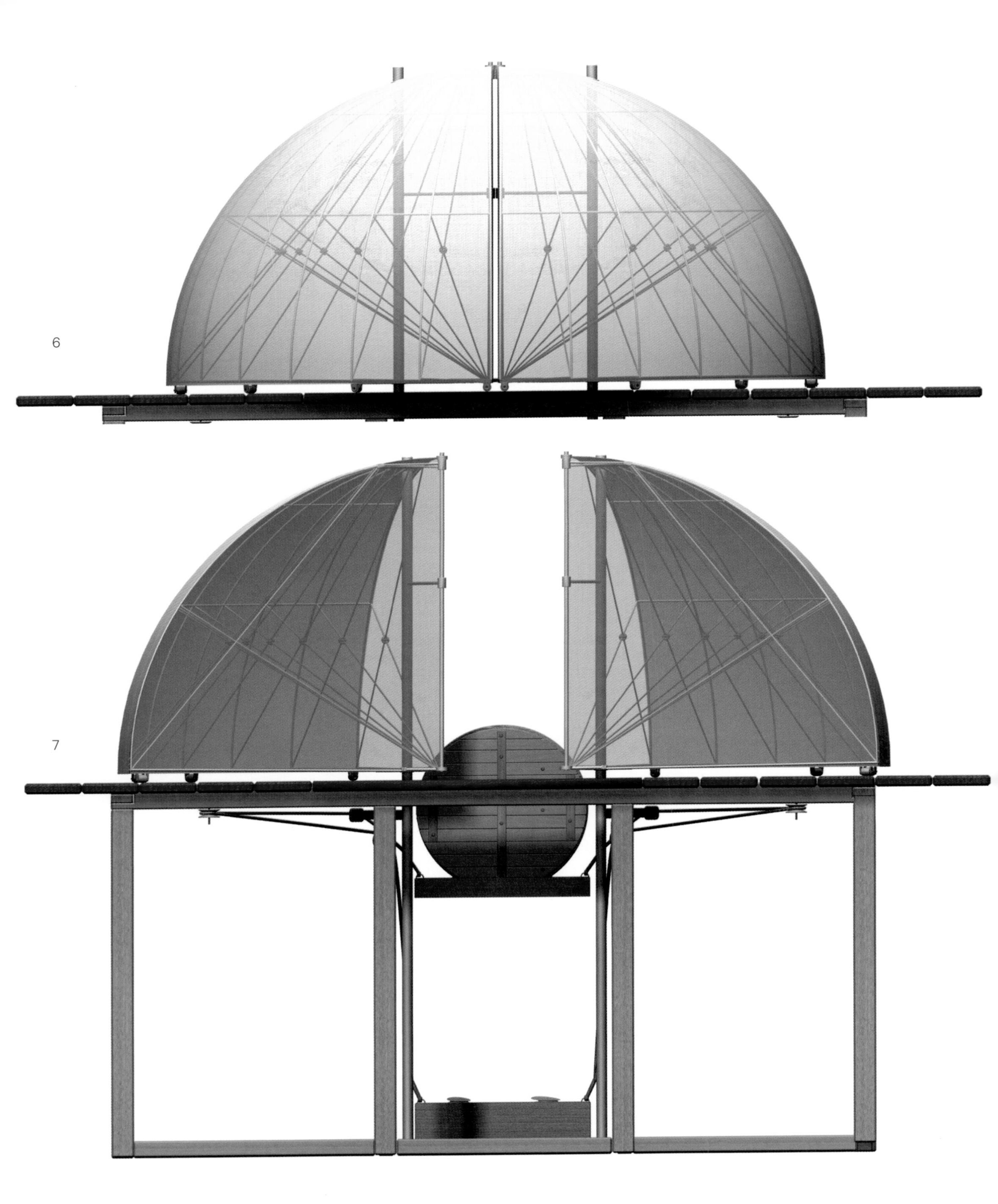
6
7

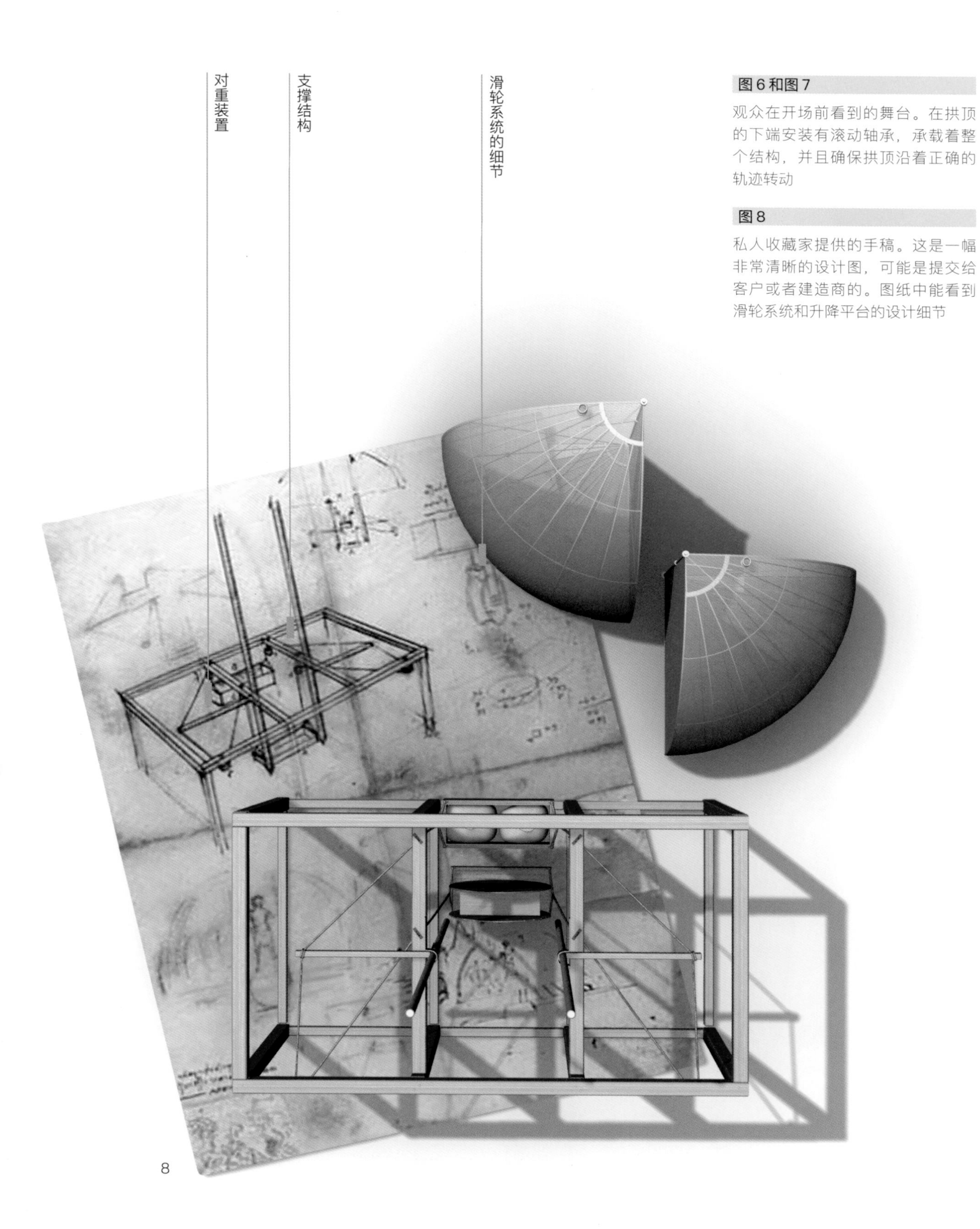

图6和图7

观众在开场前看到的舞台。在拱顶的下端安装有滚动轴承，承载着整个结构，并且确保拱顶沿着正确的轨迹转动

图8

私人收藏家提供的手稿。这是一幅非常清晰的设计图，可能是提交给客户或者建造商的。图纸中能看到滑轮系统和升降平台的设计细节

006

乐器

Musical Instruments

颅骨形竖琴

机械鼓

大提琴钢琴

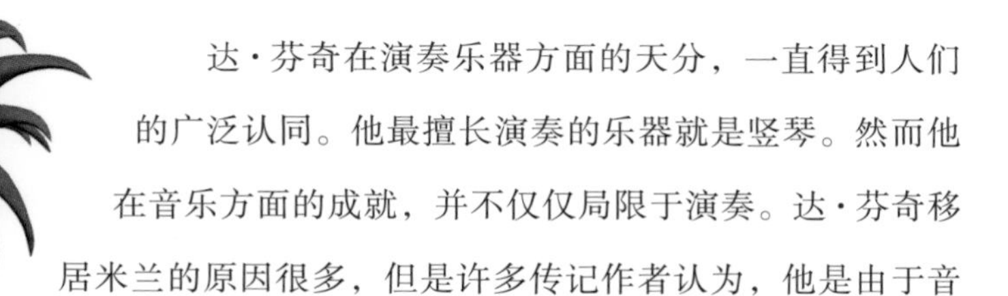

达·芬奇在演奏乐器方面的天分，一直得到人们的广泛认同。他最擅长演奏的乐器就是竖琴。然而他在音乐方面的成就，并不仅仅局限于演奏。达·芬奇移居米兰的原因很多，但是许多传记作者认为，他是由于音乐活动，才最终来到了斯福尔扎的宫廷。“豪华者”洛伦佐给了达·芬奇一个差事，让他把自己制作的竖琴送给莫罗公爵。这架竖琴由纯银打造，制作成马的头骨形状。除了外形典雅、材质名贵之外，独特的设计使它的声音听起来“更为响亮，有着强烈的共鸣”（瓦萨里语）。由于达·芬奇的演奏十分奇妙，他很快便技压群芳，成为公爵府上的首席乐师。看来，达·芬奇的多才多艺深受莫罗公爵的赏识，这也使他得以继续留在米兰。

达·芬奇旅居米兰，是他人生的一个重要分水岭。根据传记作家和达·芬奇写给莫罗公爵的信件判断，他之所以得到这份工作，并不是因为绘画方面的才能。正相反，莫罗公爵更赏识他的音乐造诣和乐器设计能力，同时也看中他的武器设计天分。如果我们了解当时的历史环境，莫罗公爵的行为就不难理解了。由于战事频繁，军事工程师更容易在公爵府混出名堂。而在文艺复兴时期，音乐家在宫廷里的地位十分崇高。大公们不惜花重金，竞相搜求最著名的乐师和作曲家。一旦受聘，这些人将会获得巨额的工资、土地、赏金等各种好处。15 世纪末，斯福尔扎被赶出米兰，费拉拉大公立即派人前往米兰抢购宫廷乐师。经过努力，他们最终请到了若斯坎·普雷兹。和当时的许多音乐名师一样，普雷兹并不是意大利人。在蒙特威尔第诞生之前，意大利的音乐界一直被北欧人统治着。达·芬奇在米兰期间，认识了伟大的音乐家弗兰奇诺·加弗里奥（1451—1522），并且曾经为他画过一幅肖像，现存于安布罗斯画廊。加弗里奥是作曲家、管风琴家，并且撰写过音乐专著《论和声》。

达·芬奇认识加弗里奥的时候，加弗里奥正担任宋兰大教堂乐队指挥。在达·芬奇绘制的肖像画中，加弗里奥手里拿着一张纸片，上面写着“Cant Ang”二词，这可能是暗指他创作的名曲《天使之乐》。这样的乐章，大公们都愿意出重金购买。达·芬奇与加弗里奥的相识，证明他和音乐界渊源很深，特别是在斯福尔扎手下工作的那几年。因为在15世纪80年代，他一直在斯福尔扎手下工作，却并不是以画家的身份。他的主要工作是举办庆典和游行。（注：达·芬奇1483年绘制的《岩间圣母》并不是为米兰宫廷创作的，而是为一个私人团体）在节庆和游行中，一般都会有音乐表演，所以需要有人谱写乐章、设计乐器。这一点也证明了文献中的记载：达·芬奇最初是以音乐家和机械师的身份获得了尊重，而不是以画家和科学家的身份。他在米兰时期设计的一件乐器似乎正是那段时光的见证。《艾仕本罕手稿》2037绘制的是一架形似动物头骨的竖琴，使人不禁想起他敬献给斯福尔扎的那件著名礼物。从对史料的分析得知，达·芬奇在设计乐器的时候十分敢于创新。其实，准确地重塑那个时代的乐器，是一项棘手的工作。首先，当时的乐器很少能够保留到今天。因此16世纪的一些乐器和音乐专著，就成了我们手头最可靠的资料来源。另外一个重要来源便是描绘乐器的画作和艺术品。

随着文艺复兴的推进，乐器的使用和音乐在宫廷中的盛行，促进了新乐器的发展。同时，人们也在不断改造传统的乐器。

到了达·芬奇的时代，从古典脱胎而来的六弦琴和三弦琴十分流行。可惜这两种乐器在现代音乐中没能占据一席之地。

当时较为先进的乐器包括中音竖琴、六弦提琴、中音提琴和古大提琴。和其他乐器一样，提琴是根据人声的音域来制作的，可以分成女高音、女低音、男高音和男低音。一般来说，乐器越小，它的音调就越高。时至今日，小提琴、中提琴和大提琴仍然存在，它们都是从文艺复兴时期的弦乐器发展而来。弹拨乐器是乐器的另一大类，其中以鲁特琴最为流行。第一支专门为鲁特琴谱写的乐曲出版于1507年，由此奠定了它在乐器中的主导地位。鲁特琴原本是阿拉伯乐器，但是却完全融入了西方的音乐文化。在15世纪末到16世纪初的几十年间，鲁特琴的弹奏技术经历了巨大的变化，舍弃了琴拨的使用，改用右手的手指直接拨弦。这项改良极大地拓宽了乐器的表现力，使它能够同时弹出多个音调。16世纪的鲁特琴有六对琴弦，按照八度调音。竖琴是当时的另一种流行拨弦乐器。宫廷歌手在演唱的时候，几乎少不了鲁特琴和竖琴的伴奏。在描绘天使歌唱的场面中，这两样乐器也常常作为宗教符号出现。

打击乐器通常是宫廷盛宴的主角，特别是军队的宴会和庆典。当时流行的打击乐器包括鼓、铃鼓和三角铁，而键盘乐器则处在蜕变之中。除了有利用空气压力发声的管风琴之外，常见的还有古钢琴、羽管键琴、小型立式钢琴和小键琴。后面的这几种乐器都是由手指按压键盘，直接促使琴弦震动而发声的。达·芬奇的乐器设计，正是在这样一种机械“环境”中诞生的。虽然数量不多，却相当有趣。例如，他发明的“大提琴钢琴”，创造了键盘的新用法，充满奇思异想。他还希望能设计出声音丰富多变的打击乐器，并且在《图谱抄本》837r中设计了一面与众不同的大鼓。除此之外，他还设计过经典简单的管乐器（《艾仕本罕手稿》2037）和比较复杂、充满创新的管乐器（《马德里手稿Ⅱ》76r），其中最特别的是一支用手肘鼓风的双管风笛。

芬奇镇，1452
1460
1470
1480
1482—1487
1490
1500
1510
安博瓦兹，1519

《艾仕本罕手稿 I 》Cr

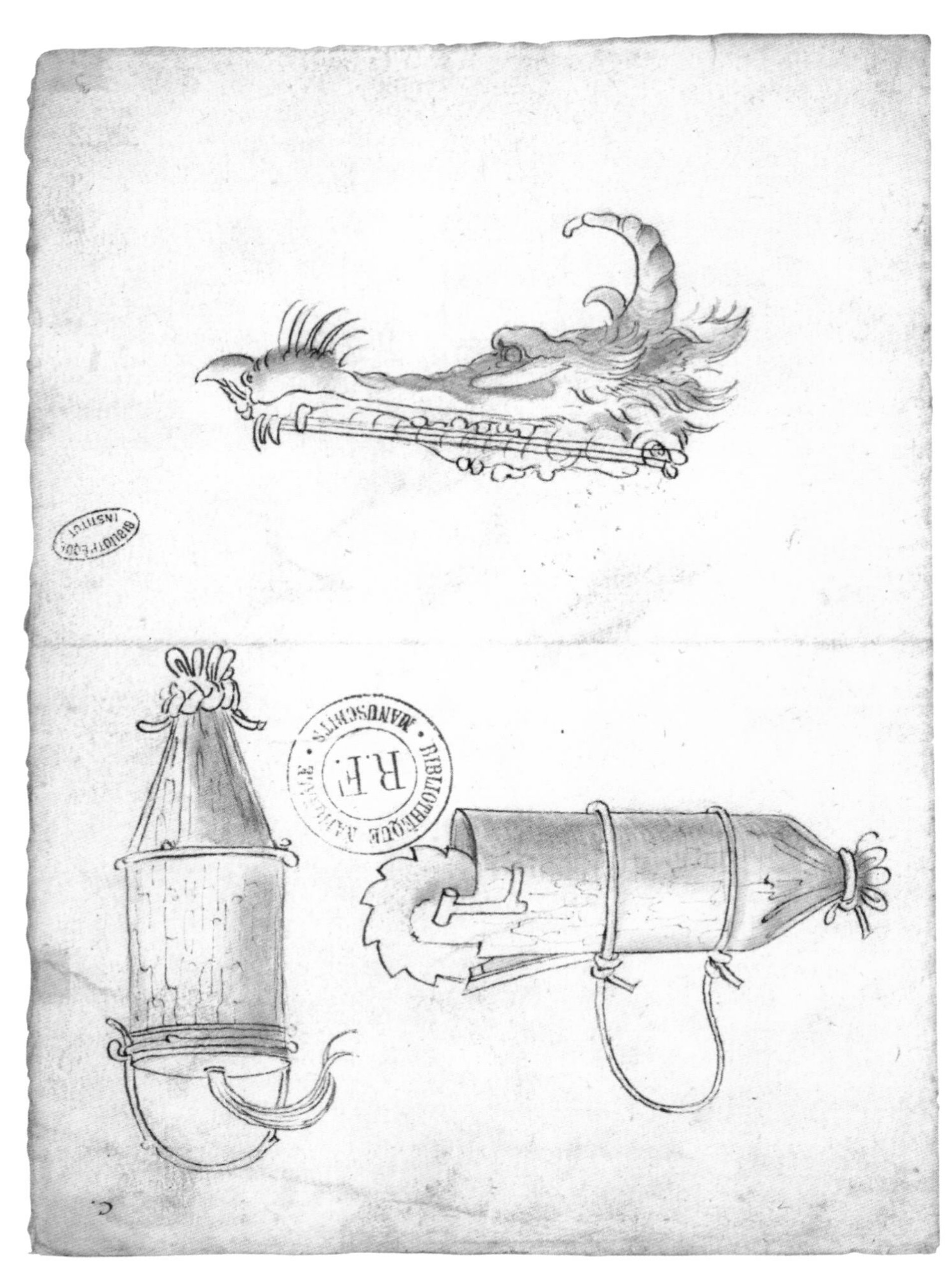

1

颅骨形竖琴

这页手稿上的颅骨形竖琴绘画风格比较简单，与《艾仕本罕手稿》的乐器设计图十分相似。如果不是出现在达·芬奇的手稿合辑中，人们很难把它们和大师的画作联系在一起。这种简单的画风，比较符合乐器大众化的特点，例如长笛。而达·芬奇设计的颅骨形竖琴，不仅暗示了竖琴在当时流行文化中的地位，还为他打通了前往米兰的道路。有两位传记作家，都认为是竖琴促成了达·芬奇人生的重要转折。16 世纪的作家阿纳尼莫·加迪阿诺是这样描述这个著名事件的："在 30 岁时，他被'豪华者'洛伦佐派往米兰，谒见莫罗公爵。与他同行的还有阿塔兰特·米格里奥罗蒂。两人此行是为了敬献一架音色奇特的竖琴。"从这一小段信息中我们得知，他前往米兰时正好 30 岁。由于达·芬奇出生于 1452 年，因此可以推断出他前往米兰的时间是 1482 年。达·芬奇并非独自前往，他还带了一个学音乐的学生——阿塔兰特·米格里奥罗蒂。多年以后，米格里奥罗蒂以建筑师的身份，再度出现在米兰。根据一位佚名的作家记载，他们前往米兰的任务非常明确，有着文化外交的意义："豪华者"洛伦佐作为佛罗伦萨的统治者，给米兰大公送去了一件礼物。这件礼物并不平凡，它是一架竖琴。很明显，这架竖琴成为洛伦佐笼络政治盟友的有力工具。瓦萨里也证实了这个事件的真实性："竖琴是纯银打造的，由达·芬奇亲自制作，被打造成马的颅骨形状。"我们眼前的这幅手稿则是大师后期的作品，但是它和那架著名的马颅骨竖琴非常相似：琴弦安装在动物的牙齿部位，共鸣箱则掩藏在动物的头颅部位。

根据以上的资料来看，达·芬奇米兰之旅的背后，是他的音乐天分。当时送完礼物后，他并没有立即离开，而是和宫廷乐师、歌唱家们进行了一场比赛。这次他挑战的是演奏中提琴，一种在文艺复兴时期宫廷中颇受欢迎的消遣。人们通常会一边拨动中提琴，一边吟唱诗歌。这种艺术形式来源于吟游诗人，有着深厚的历史根源，可以一直追溯到荷马史诗的创作年代。

图 1

为了方便读者观看，这里的手稿是倒着放置的。手稿上绘制了 3 种流行乐器。它们的设计目的都不是为了改良音质，而是为了弹奏出更大的声音。手稿的顶部就是颅骨形竖琴

下对开页 2

颅骨形竖琴的三维数码图，展现了一架制作完成的竖琴。它有琴弦、指板，可能还有一个小小的响板

A 这架竖琴可能是达·芬奇设计的一件舞台道具，而不是普通的乐器。和他设计的其他乐器相比，它在技术和音乐上都没有特殊的创新之处。用动物的骨骼制造乐器古已有之，但是设计师还是给它添加了一些新的元素。例如，他把动物的颚骨设计成指板（就像现代吉他中的琴格），把牙齿的部位设计成调音弦轴（类似于小提琴的调音轴），并把头盖骨做成了共鸣箱

A

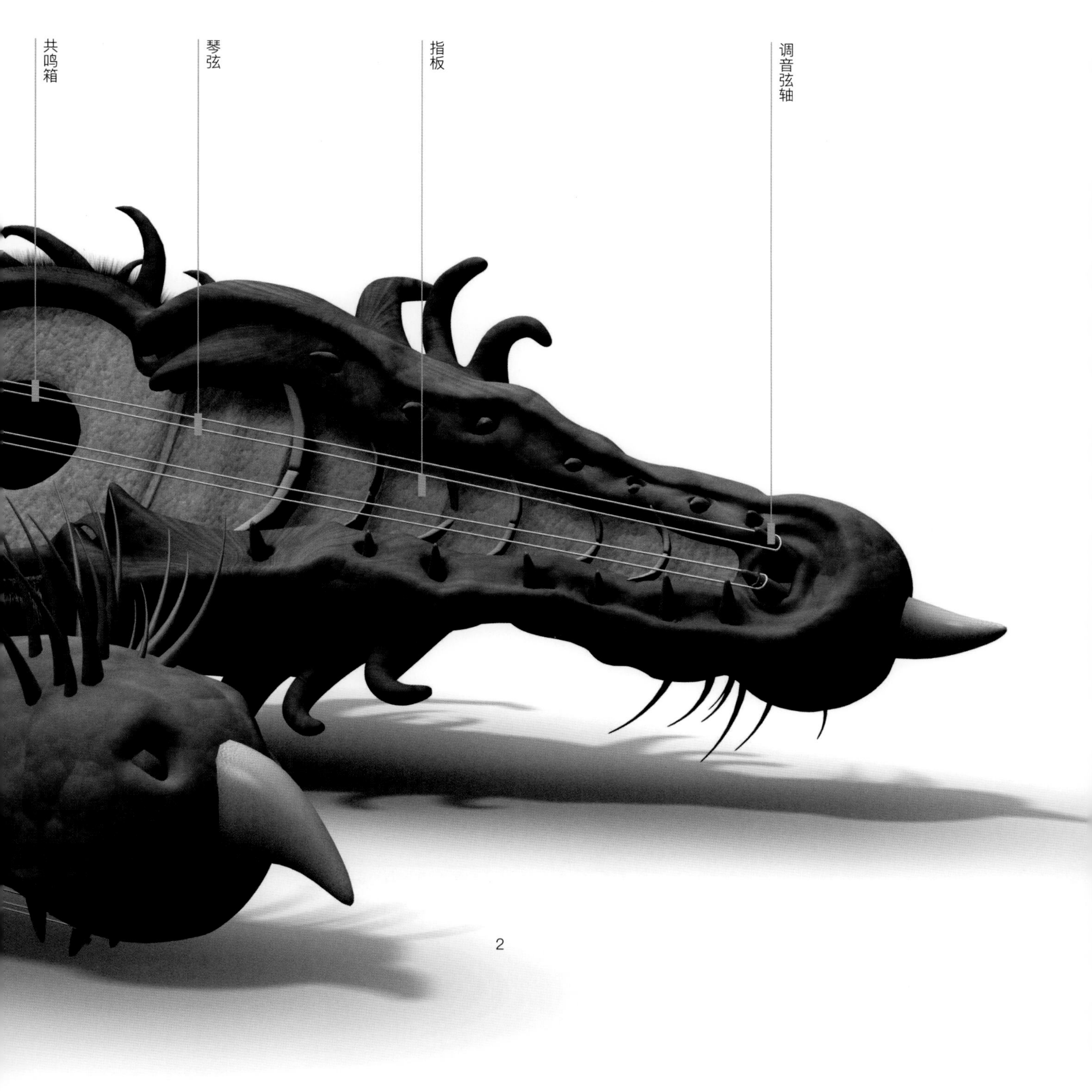
共鸣箱
琴弦
指板
调音弦轴
2

芬奇镇，1452

1460

1470

1480

1490

1500

1503—1505

1510

安博瓦兹，1519

《图谱抄本》837r

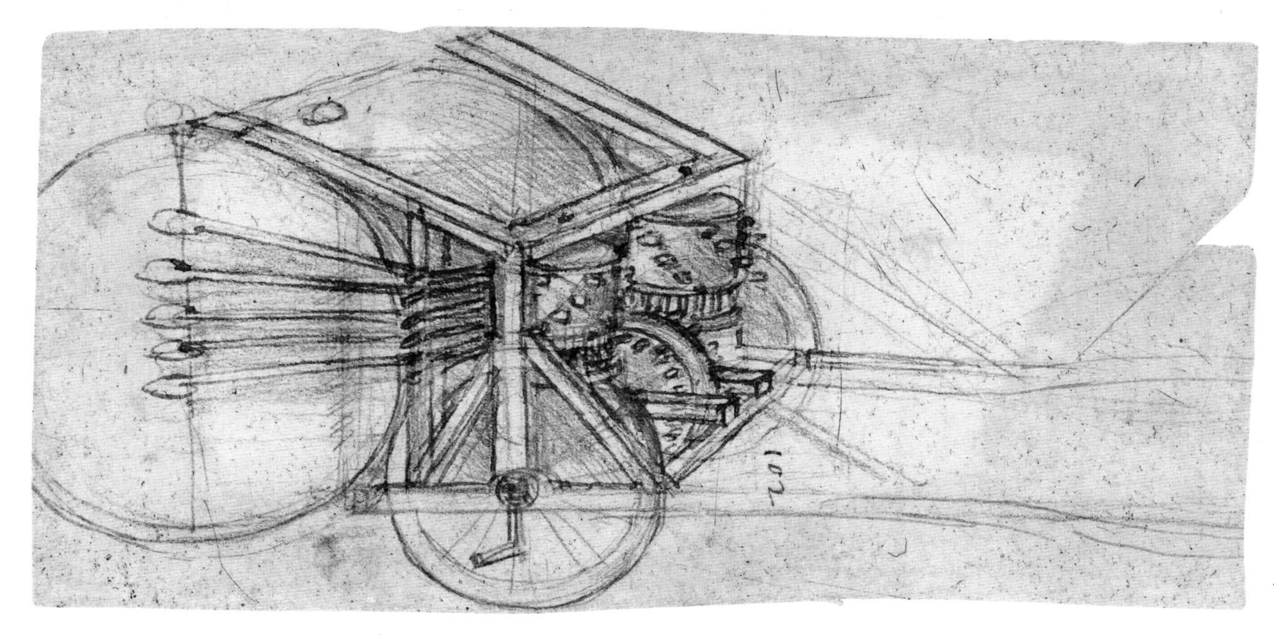

1

机械鼓

2

达·芬奇设计了大量的打击乐器，这页手稿上的机械鼓只是其中之一。打击乐器操作简单，音质清晰，在很多场合比弦乐要实用，也因此成为达·芬奇最热衷研究的项目。事实上，他的许多设计理念远远地超越了他的时代。在打击乐器方面，达·芬奇主要关注两点：其一，他希望能够改变鼓的大小和形状，借此来改变它的音质和音色，为此，他尝试过改变鼓面的张力、将一系列小鼓连接起来等各种方式；其二，他希望创造出自动机械装置。而《图谱抄本》中的这一页手稿，主要是解决机械自动的问题。

16世纪，乐器的发展达到了成熟期。但是达·芬奇对打击乐器的兴趣并非来源于此。演奏音乐与声乐的结合逐渐紧密，并创造出新的、独特的艺术形式。乐器专著的出现，更是确立了这种发展的地位。从这些作品中，我们能够感觉到打击乐器被边缘化了。塞巴斯蒂安·韦尔东在《乐器论》一书中，甚至把定音鼓称作“魔鬼的发明”，包括阿格里科拉在内的后期作家也随声附和。因此，达·芬奇对打击乐器的研究和兴趣，可以从另一个方面得到解释：他的设计与舞台表演有关、与大型集会和战争有关。这页手稿上的设计图可能就是用于军事。达·芬奇用红色铅笔绘制底稿，然后用墨水笔描边。在《图谱抄本》877r上，达·芬奇也绘制了一系列类似的军鼓。我们眼前的设计图并不完整，似乎处于素描和最后的定稿之间。总体来说，达·芬奇在定稿的时候，很少使用红铅笔打底。这面设计极为复杂的机械鼓，应该能在战场上制造出雷鸣般的声音。它的设计格调和设计目的，不禁使人们想起文艺复兴时期最实用、最宝贵的一种艺术形式——战争艺术。

图1

原手稿非常清晰明了。通过仔细分析，我们发现同一个设计可能有两种执行方案：第一，使用车轮做动力；第二，使用手柄代替车轮

图2

推车使用方法的推测

A

达·芬奇在同一张图上提供了两套解决方案。车轮边的浅色线条展现了机械鼓的两种状态：可移动状态和固定状态。操作员拉动机械鼓，在行进的过程中，车轮的转动带动着与之相连的机械系统。机械鼓的中部装有一只齿轮和两个大型的、可编程的滚筒。滚筒转动时，鼓槌就能有节奏地敲打鼓面。除了能够在轮子旋转时自动敲击，这面鼓还能够按照预设的程序完成动作。把滚筒上的木塞插在不同的位置，鼓的击打节奏就会产生变化

B

这幅图还有一种解读方式。在推车静止的时候，鼓处于静止状态。此时操作员可以转动两侧的手柄，为机械提供动力。

这个功能是为了空间狭小、移动不便的场合设计的

图3

两种状态下的机械鼓：A. 可移动状态；B. 静止状态

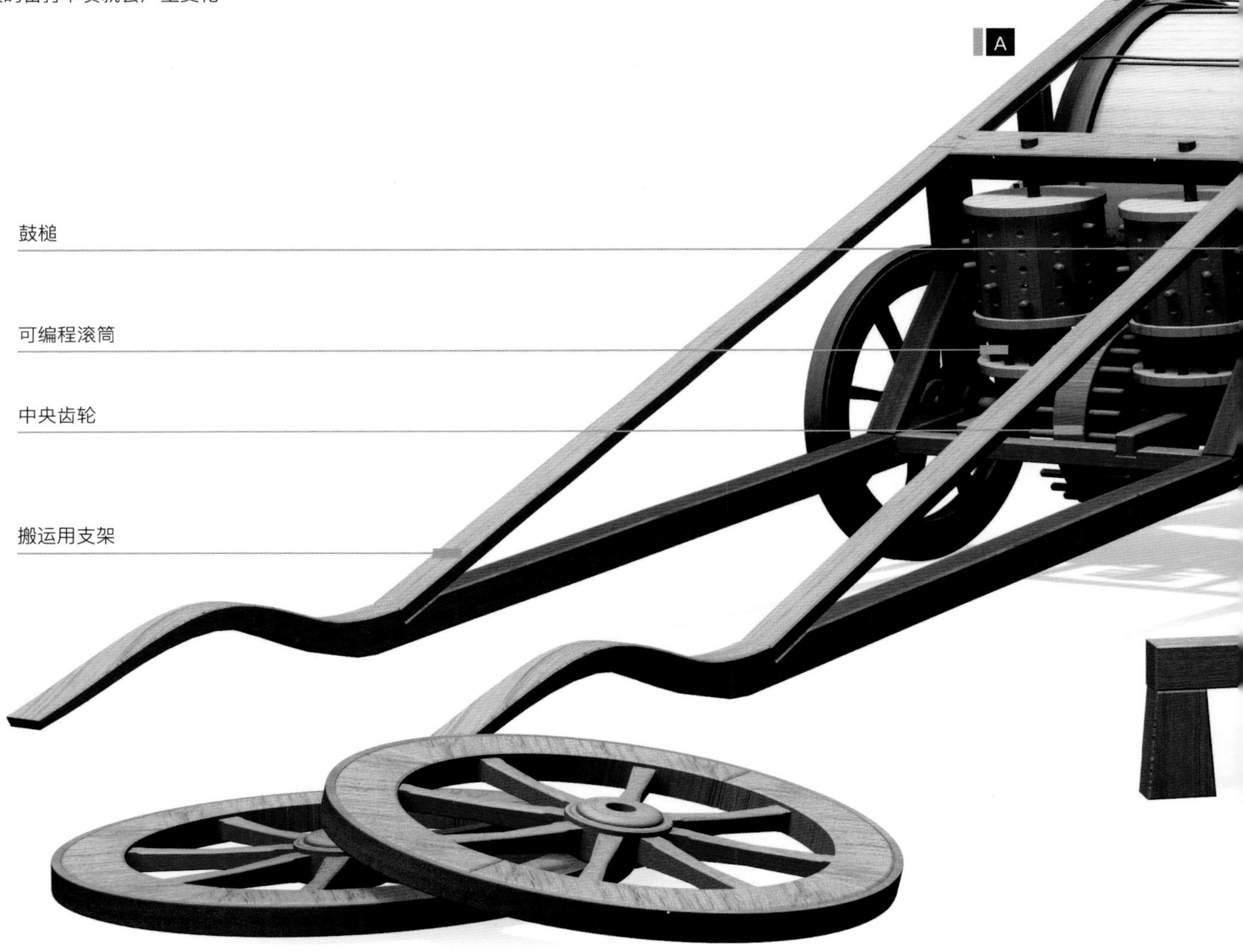

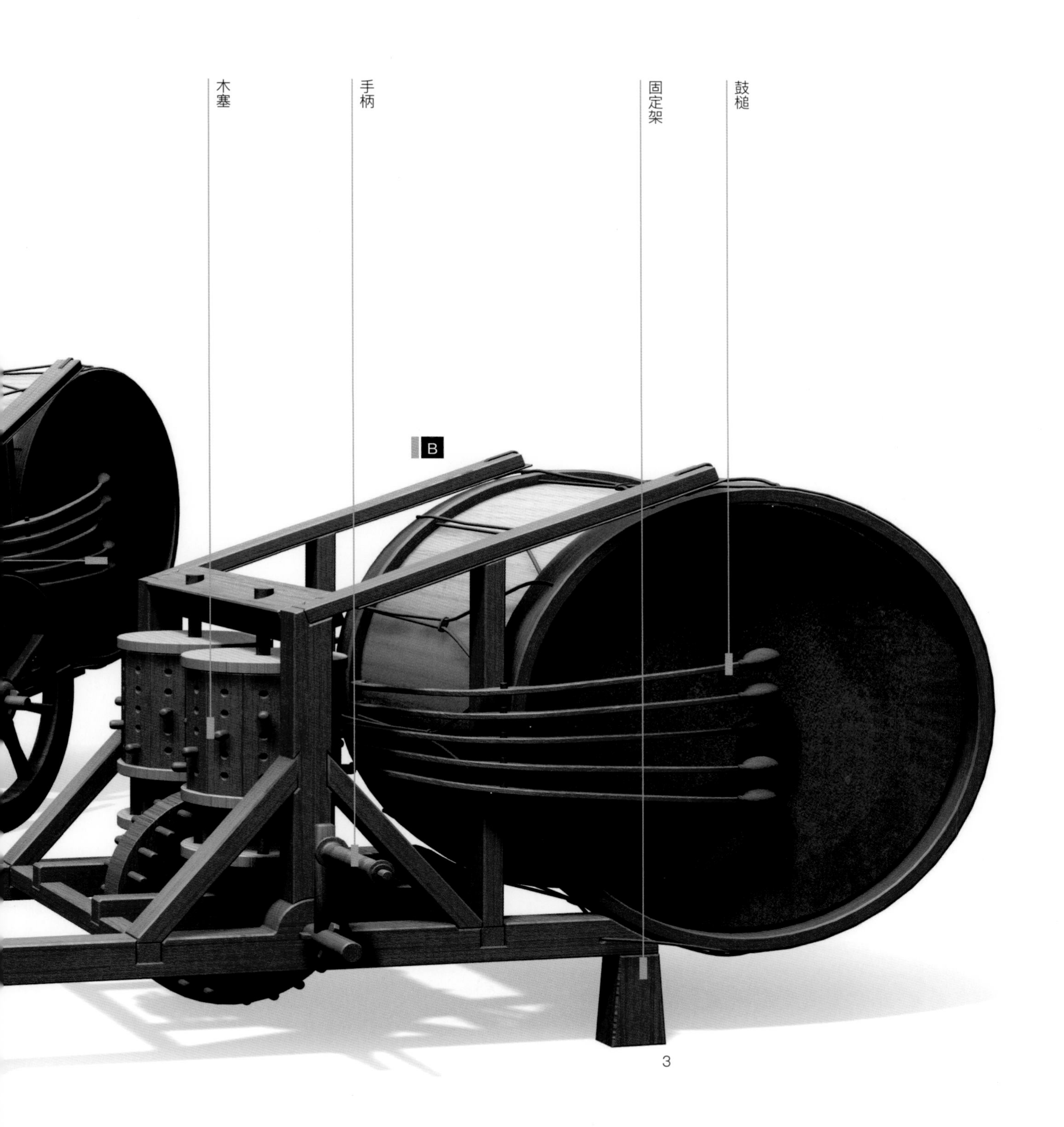
木塞
手柄
固定架
鼓槌
B
3

C 这面鼓的创新之处不仅仅在于它的自动化，更在于它可以预设程序。鼓手可以预先设定击鼓的节奏。设置好了之后，只需要匀速前进，就可以达到预期的效果。但鼓的程序设计范围十分有限。事实上，木塞可以按直线摆放，发出不间断的击打声；当两边的木塞一起摆放的时候，也仅仅是增大音量而已。但是在没有木塞的情况下，鼓是完全不发声的

图 4

前进中的机械鼓。操作员在拉动车辆或转动手柄的时候，中间的齿轮就会随之转动，带动滚筒下面的机械装置。鼓手可以把木塞放置在滚筒的任何一个小孔里，使鼓槌在鼓面上敲击出有节奏的声音

图 5

木塞是机械鼓用于编程的装置。把它们塞进滚筒上的不同小孔，鼓就能击打出不同的节奏

图 6

可编程的滚筒分成上下两个部分。上面用于安插木塞，下面则是一个笼状齿轮，连接着中央齿轮

图 7

主要部件的爆炸图

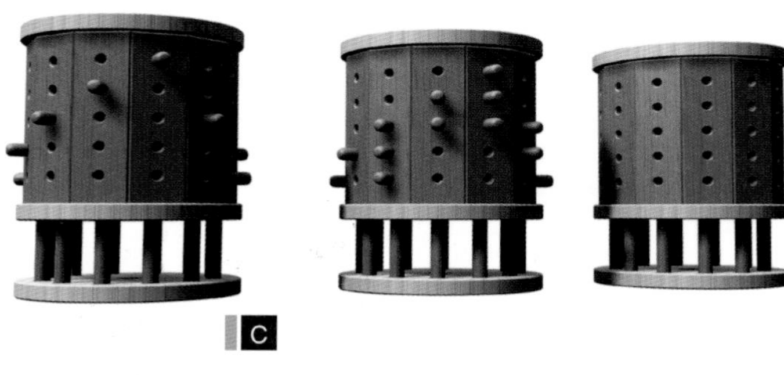

C

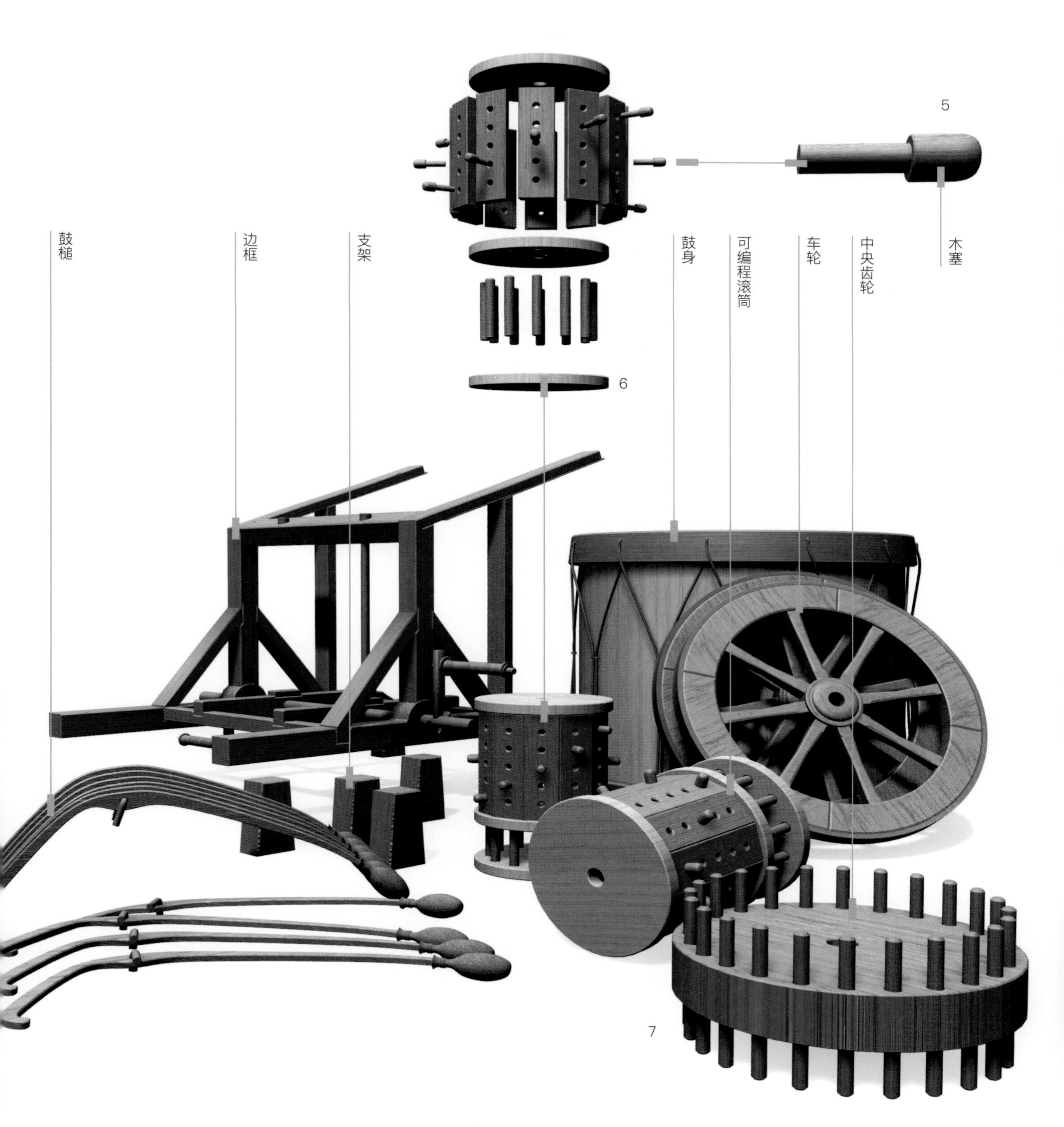
5
木塞
鼓槌
边框
支架
鼓身
可编程滚筒
车轮
中央齿轮
6
7

芬奇镇，1452
1460
1470
1480
1490
1493—1495
1500
1510
安博瓦兹，1519

《图谱抄本》93r

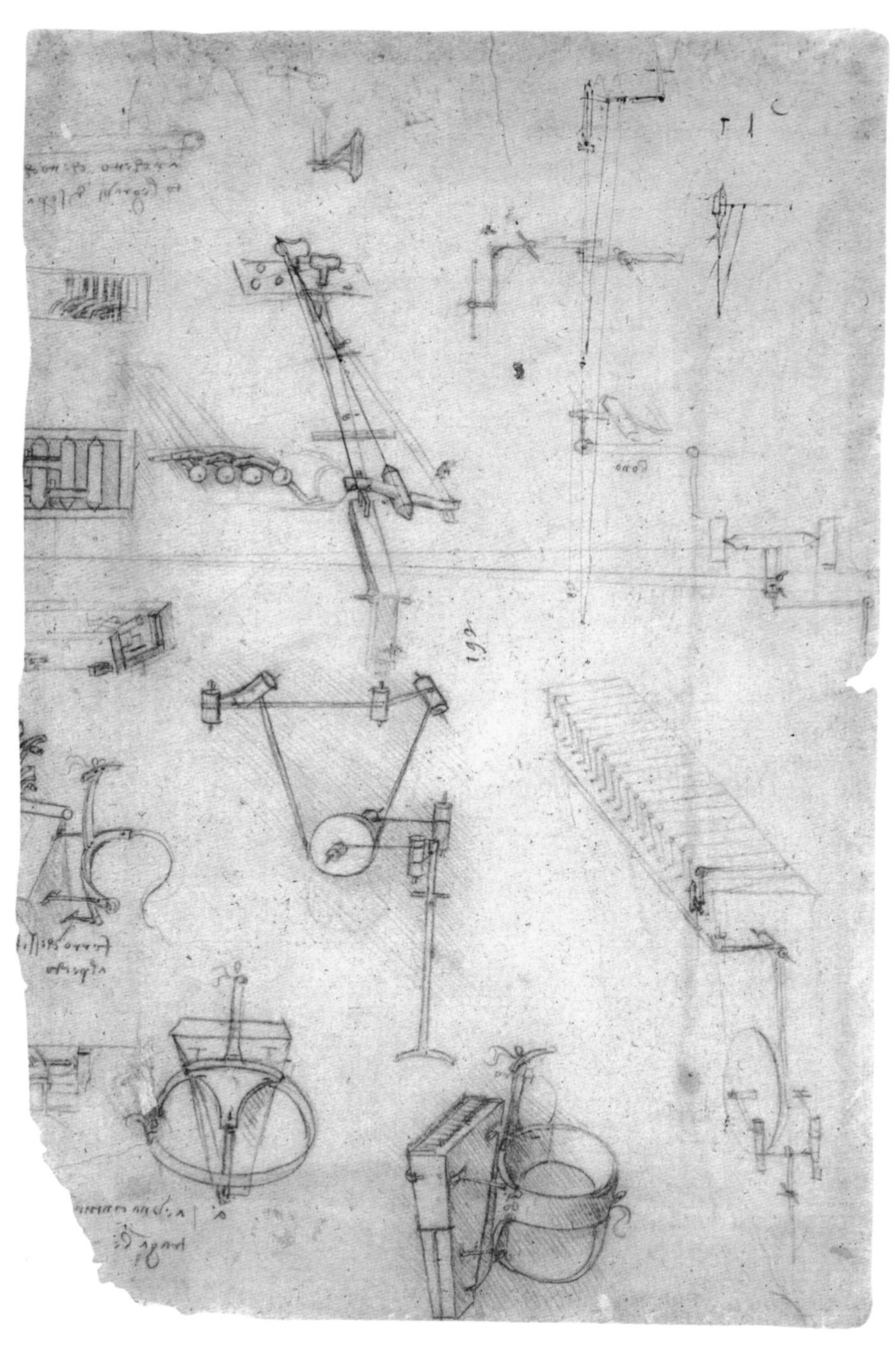

1

大提琴钢琴

2

这页手稿是用红色铅笔绘制的。达·芬奇从15世纪90年代开始使用红黑铅笔作画。在此之前，他更喜欢用墨水笔。墨水笔在绘画风格上显得清晰明朗，而铅笔画则更优美、更柔和。达·芬奇使用铅笔的习惯在16世纪初完全定型，这标志着他完成了人生的一个重要转折。铅笔的使用，并不是一个无关紧要的细节。在16世纪的意大利，几乎所有伟大艺术家都更青睐铅笔，与一个世纪前的风格迥然不同。铅笔在表现力上更为强大、复杂同时又模糊而隐晦。达·芬奇可以说是钟爱铅笔的第一人，铅笔也参与了他所有领域的研究，包括我们眼前的这幅手稿。尽管如此，我们还是必须指出：由于这是一幅设计初稿，所以达·芬奇在使用铅笔的时候，绘制的线条相当清晰有力，就像他使用墨水笔一样。手稿上所有的小图都与设计的主体有关：这是一件当时十分著名的乐器，被称为大提琴钢琴，它内部装有琴弦，可以用机械拉动。达·芬奇希望这件乐器的所有声音都能调节，因此他提出了许多不同的假设。可惜，他并没有完成最终的设计。关于大提琴钢琴最完整的设计稿，应该就是《图谱抄本》上的这页手稿了。它不仅画出了相关的机械结构，还描绘了乐器固定在人体上时的细节（在手稿的左下方）。这页手稿只是一张残片，原稿上可能还绘制了其他的图样，能让我们更多地了解他的整体设计构思。除了钢琴和大提琴之外，他可能还想添加其他的演奏功能。达·芬奇绘制这幅手稿的时间，大约是在15世纪90年代。当时他在各个领域的研究都达到了巅峰状态。《马德里手稿Ⅰ》中那些线条锐利的机器，也是在这段时期完成的。他严格按照机械设计的理念，独立绘制机械的各个基础部件。这件乐器清晰的线条，特别是中间的那张速写，让人很容易联想到这种风格。达·芬奇在设计这件乐器的时候，也是将机械零件拆开设计的，包括齿轮和绳索等。它和其他设计的相似之处（例如机器人和飞行器），也可以从这个角度得到诠释。

图1

《图谱抄本》93r是一幅乐器设计图，其中所有的小图都是同一件乐器的零件。手稿左下方是一幅相对完整的乐器全图

图2

制作完毕的大提琴钢琴

下对开页3

乐器演奏者的样子。乐师可以一边走一边演奏

下对开页4和图5

根据手稿制作的三维图。在这个版本中，主操纵杆放在上方。这样处理可能会影响乐器的使用，因为乐师得腾出一只手来操纵杠杆，只剩下一只手弹奏键盘。而主操纵杆是用于拉动琴体内的马鬃的

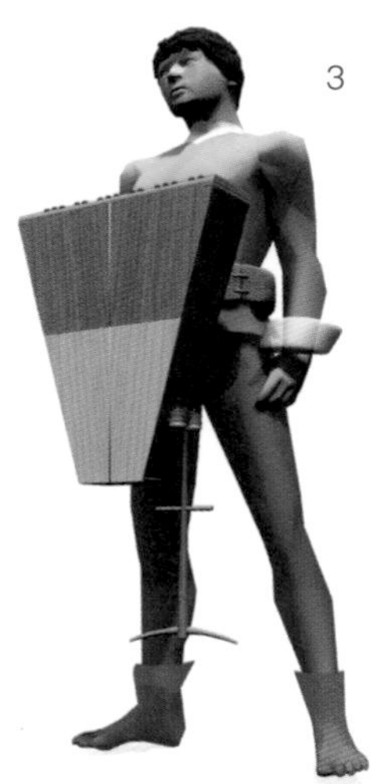

A 根据《图谱抄本》93r 左下角那幅比较完整的设计图判断，操纵杆是连接在乐器右边的。通过交替的旋转运动，它控制着共鸣箱里的飞轮。有趣的是，达·芬奇在这部分设计上提出了好几个不同的方案。就在同一页的另一幅图中，他把这个操纵杆设计在了乐器的下方。

我们可以想象演奏者把乐器绑在身体上的情形。当乐师向前走动，双腿就会不断碰撞操纵杆，飞轮就能持续转动，带动其他的机械部件

B 大提琴钢琴是用索具绑在演奏者身上的。乐师可以一边演奏，一边四处走动，双手都解放了出来

C 键盘类似于钢琴键盘，跨越3个八度，能演奏相当复杂的音乐。正因为如此，达·芬奇力图让乐师的双手都能空出来弹奏。乐师双腿的力量，已经足够带动其他的机械部件

D 共鸣箱掩藏着包括琴弦、琴弓和其他许多复杂的压力装置。据推测，琴弓的材料应该与现代提琴相同，都是使用马鬃。此外，共鸣箱里还有一套连接操纵杆的飞轮装置

A
C
B
D
5

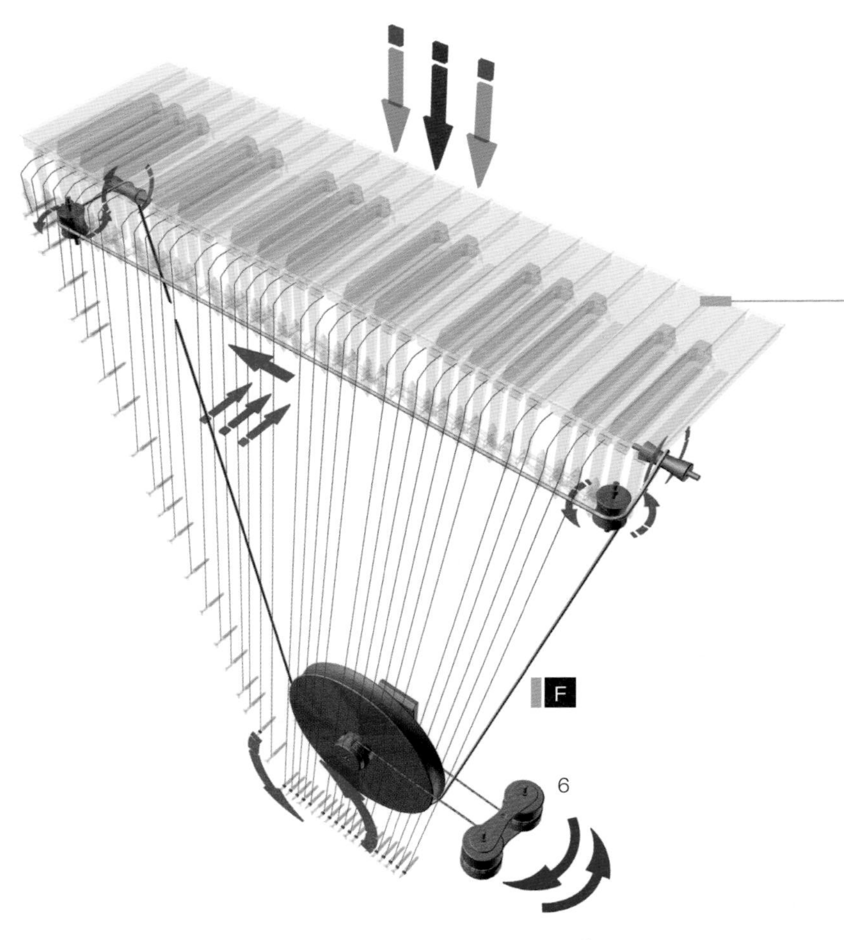

键盘的放大图

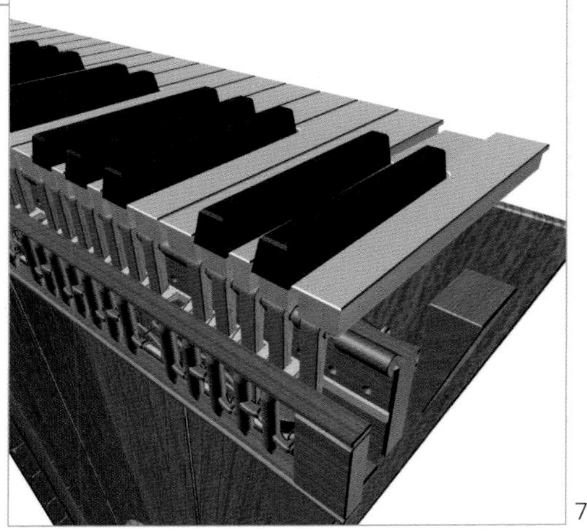

7

8

F 乐师走路的时候，双腿交替踢向操纵杆，就可以带动马鬃制成的琴弦。除此之外，飞轮应该比较大，才能有足够大的惯性，使马鬃持续运动几秒钟。乐师按压键盘的同时（图9）也启动了一只很小的机械臂，把琴弦推向马鬃。琴弦和马鬃摩擦时，能够根据指压的强度，发出相应的、充满活力的声音

图6

键盘叩击系统的细节

图7和图8

机械系统的运作原理

图9

一个更合理的结构：操纵杆放置在下方，垂向地面。共鸣箱应该是可以打开的，否则就无法给乐器调音。手稿上方绘制的调音弦轴事实上在共鸣箱里面

E 达·芬奇为机器设计了几种不同的方案。在这个版本中，操纵杆放置在乐器底部（见图 4）。根据这个方案，乐师只要移动双腿，就可以移动操纵杆，启动所有的机器部件。特别是在游行的时候，他可以一边走，一边用双手弹奏。共鸣箱里的马鬃就像提琴一样，通过摩擦琴弦发声。在不断运动的条件下，每当乐师按下琴键时，它就能摩擦一次琴弦

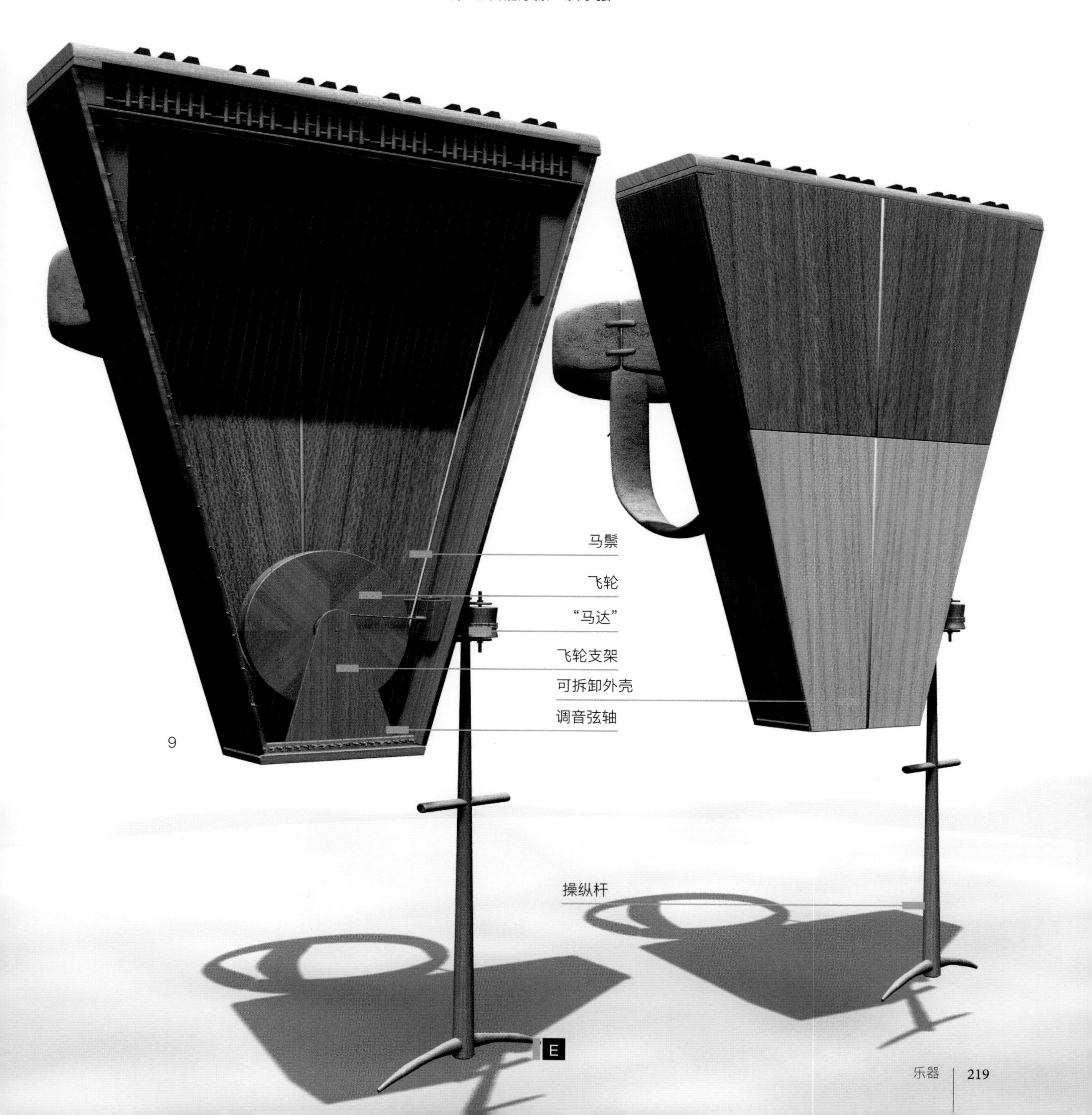

007

另类机械

Other types of Machines

印刷机

里程计

罗盘和圆规

《马德里手稿Ⅰ》包括两个部分：机械设计和斜面重力研究，也就是静力学和重力学研究。《鸟类的飞行》手稿结构与之非常相似，除了研究自然界的飞行之外，其余的部分都是关于重力学和静力学的探讨。

几百年来，在机械理论（静力学、动力学和运动学）和机械设计之间，一直有着鲜明的界限。理论是完全抽象的叙述，而设计则是为了实用。达·芬奇的成就之一，就是尝试把机械理论和实践融为一体。《马德里手稿Ⅰ》和《鸟类的飞行》在研究理论方面，并不是解析现有的机械。它们类似于参考资料，是达·芬奇设计和理解机械运作及自然飞行的前提。

达·芬奇的另一个创举，就是抛开某个具体的机械及其功能来进行研究。他研究过机械的基础部件：螺丝、齿轮、弹簧、滚筒和绳索等。在《力学因素论》这本书中，他把这些零件称为机械的元素。20 世纪 60 年代，人们在马德里发现了他的两本手稿，其中《马德里手稿Ⅰ》和他曾经提到的《力学因素论》十分相仿。根据达·芬奇自己的说法，这本论著在结构上应该比《马德里手稿Ⅰ》更为复杂。它所包含的理论知识非常广博，包括几何学、静力学、动力学、运动学和基础机械零件的论述，同时还展示了一些完整的机器构造。

研究机械的基础部件，是达·芬奇的一个基本态度。比如说，在研究解剖的时候，他会将人体和动物进行比对，甚至将不同的物种进行比对，目的是找出最基础的生物特性。通过融合机械理论和机械实践，再加上他对基础零件的了解，达·芬奇希望能够把机械设计从人文科学的范畴中跳脱出来，使它拥有独特的技术地位。

在欧洲，古老的“机械艺术”指的就是手工制作，包括绘画、打铁、雕刻、建筑和工程。在当时的文化背景下，只要涉及体力劳动，这门职业就会低人一等。当时的医生就深受这种文化的困扰。在整个中世纪，医生们一直致力于将医学推上科学的高度，以便提高自己的社会地位。但是，他们的工作不仅仅是脑力劳动，同时也要依赖自己灵巧的双手。15 世纪的画家、雕塑家和工程师，同样希望证实自己的工作与科学相关。通过研究几何学和透视学，他们掌握了正确表达空间的技巧；解剖学则使他们能更准确地描绘肌体；而研究比例则使他们创造出更美的画面。经过近 100 年的努力，画家和雕塑家终于为艺术夯实了科学基础。15 世纪上半叶，许多工程师开始撰写专著，使他们摆脱了工匠的地位。达·芬奇的论述可以说是把这种文化蜕变推向了顶峰。他把机械和零件提升到理论的高度，并通过绘图清晰地展现了它们的科学价值。他在描写机械元素的时候，曾经流露过这种思想："这里展示了蜗杆螺钉的原理，同时展示了它在推动和拉动时的运用方法。在杠杆长度相同、受力相同的清况下，单螺钉比双螺钉力度大，薄的螺钉比厚的更加强壮。我将论述螺钉的多种用途和多种类型，以及螺纹的原理……"虽然只是讨论一根简单的螺钉，但是他的论述口吻、论述结构，科学而又严谨，堪与亚里士多德对静力学和动力学的论述相媲美。在论述弹簧原理的时候，他使用了同样的方法，将弹簧和时间、运动与动力结合在一起进行研究。仅是动力一项，他就列举了光、水和其他常见的力量来源。

从 15 世纪 90 年代开始，达·芬奇在理论研究上进行了细微的调整。而在一则论述杠杆的笔记中，他阐述了这种调整的原因。

这一则笔记的内容，显示出他当时对摩擦原理产生了浓厚的兴趣，并希望撰写一本相关的著作。达·芬奇在机械设计的过程中，由于涉猎过于广泛，导致他在某些时候不能清晰界定自己的理论研究。他设计的计步器（《图谱抄本》1rb）就是一个很好的例子。在同一页手稿上，他还绘制了一个里程计，用于计算行进的路程。这个工具可能有比较特殊的实际用途，因为他设计过许多城堡，常常需要丈量城堡的周长。也许，他的计步器用途和里程计的用途相仿。有趣的是，用人体运动（走路）来丈量长度的想法，是在他用几何法分析人体动作的时候产生的。这两者的结合存在着一定的时间巧合，而不是理论巧合（见16世纪受达·芬奇启发而绘制的《惠更斯手稿》）。

即使在深入研究理论的时候，达·芬奇也从未远离过实践。《马德里手稿Ⅰ》中关于滑轮和索具的论述，其最终目的是提高起重机械的效率。他对于车轮的论述也有着相同的目的。达·芬奇发明的棘轮系统极为实用，可以阻止车轮向错误的方向滑动。

达·芬奇机械设计的第三个成就是，除了实用和理论价值，它们还有极高的美学价值。这些机器不仅新奇实用，而且外形也十分漂亮。他设计的圆规和罗盘就是最有力的证明。这些工具都有具体的用途，是他工作台上最常见的工具。他在设计的过程中，非常注重美学与实用的结合。例如，圆规的设计要求之一，是开启后能够固定在一个位置上。圆规的开度增大，两脚的摩擦力必须随之增强。在《图谱抄本》48r和48v中，达·芬奇不仅通过增加铰链的数量达到了这个目的，他还抓住这个机会，将圆规的顶部设计成一个独创而优雅的形状。这个小小的步骤，是整个设计旅程中最迷人的环节，甚至可以把它称为“从小众艺术到工业设计”的蜕变。

芬奇镇，1452

1460

1470

1478—1482

1480

1490

1500

1510

安博瓦兹，1519

《图谱抄本》995r

1

印刷机

2

这幅手稿就像一部静止的纪录片，展现了年轻的艺术家在佛罗伦萨那充满活力的文化环境中如何自处。手稿只是一截碎片，原作中应该还有其他的图画。值得注意的是，在圣母速写的旁边，绘有一台印刷机。这幅圣母像是否出自达·芬奇的手笔无人知晓。圣母胸部的阴影线，是从右上向左下绘制的，而达·芬奇是个左撇子，他画阴影的时候，通常会朝着相反的方向运笔。但是这幅图本身线条紧凑，寥寥几笔就勾勒出了圣母的表情和姿态，因此一般被认为是大师本人的作品。虽然我们不能确定圣母像的作者，但是艺术绘画和机械设计出现在同一页手稿上，是一个有趣的现象。在韦罗基奥的作坊里，武器和艺术雕刻混乱堆放的现象比比皆是。对于文艺复兴时期的工匠来说，艺术包含了所有的实用器具，而科学只包含理论知识。许多艺术家渴望通过科学来脱胎换骨，但是他们并没有想过把机械设计和艺术创作结合在一起。他们只是希望在进行机械设计和艺术创作的时候，能够进行基础的科学研究。

1470年左右，印刷机的出现给佛罗伦萨的艺术作坊带来了不小的震荡。意大利的第一间专业印刷厂并不是私人机构，而是由新圣母教堂的修士们创办的。由于当时大部分书籍都是修士们抄写的，所以第一家印刷厂出现在教堂里并不是怪事。使用活字印刷和纸张来代替羊皮纸，书籍的印刷就变得更为经济，因此等级高的工匠们就有了接触文化的机会。许多思想先进的匠人，开始把科学和自己的手工劳作结合起来。正是出于这个原因，达·芬奇对印刷机产生了兴趣。就像在其他领域一样，他希望提高印刷机的自动化，以节省时间和劳动力。虽然我们并不能证明达·芬奇印刷过自己的作品，但是从《温莎手稿》19007v的一段文字中可以看出，他更希望用铜版蚀刻来印刷自己的绘画，因为木刻印刷技术不够精准。《马德里手稿Ⅱ》119r中设计的印刷机也备受争议。人们仍在讨论它的原创性，以及它是否能够同时印刷文字和图像。

图1

在画稿中可以看到这个机械的两种版本。右边是用控制杆操作的印刷机，左边则是用双蜗杆螺钉操作的。有趣的是，他曾经画过一幅和左图非常相似的速写，而那幅速写是用于研究飞行器的

图2

用于启动蜗杆螺钉和印刷机的控制杆系统

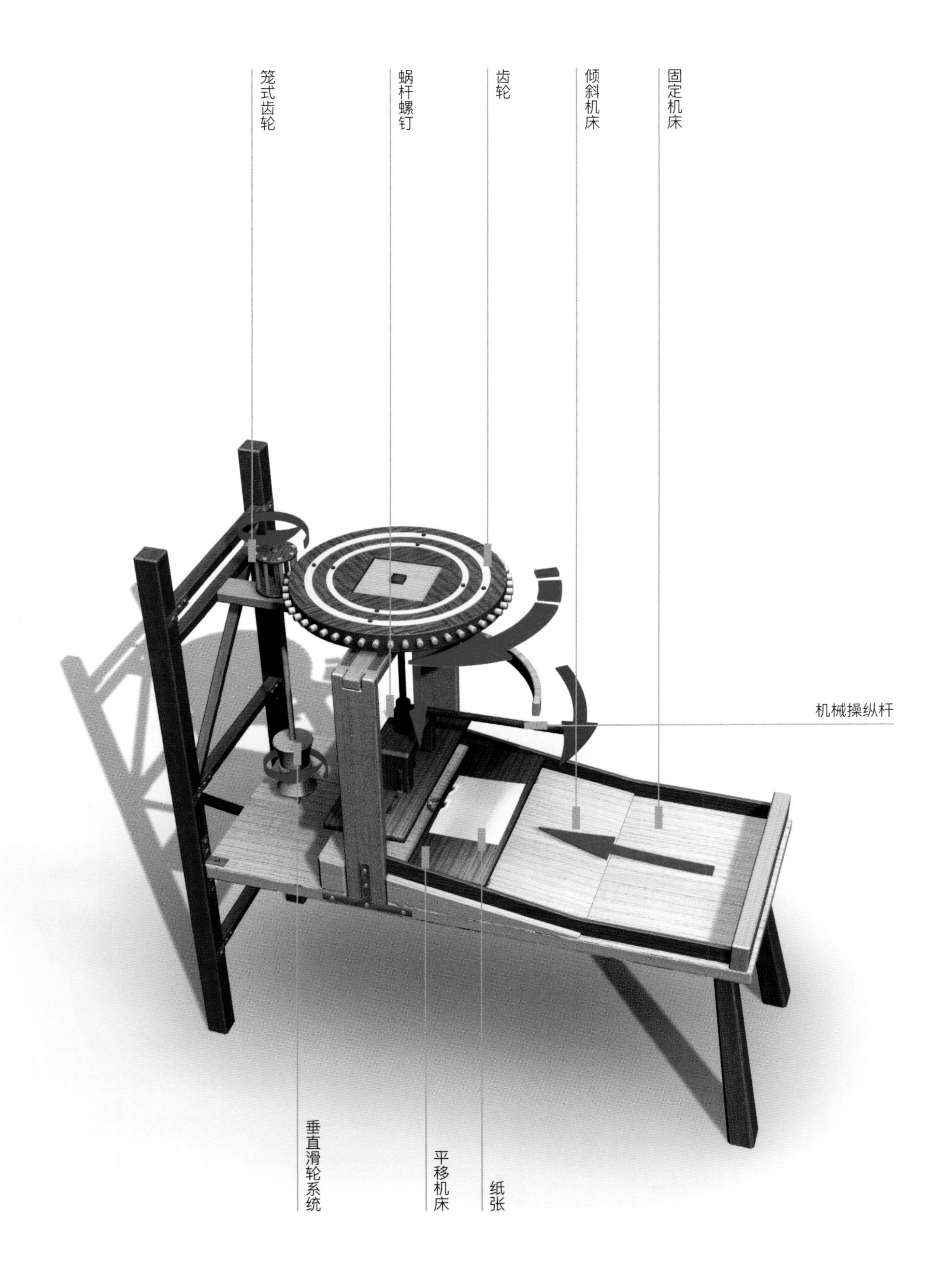
笼式齿轮
蜗杆螺钉
齿轮
倾斜机床
固定机床
机械操纵杆
垂直滑轮系统
平移机床
纸张

A

印刷工人移动操作杆，所有的齿轮开始运转，机器就能同时做出许多动作。压板在蜗杆螺钉的作用下缓缓向下移动，将油墨印在下方的纸张上。压板上方有一只巨大的齿轮用于移动垂直的滑轮系统和其他零件。它上面缠绕着绳索，连接平移机床。机器运作的时候，滑轮系统转动绳索，使机床和纸张靠近压板。动作完成后，压板上升，机床复位

B

操纵杆可能是木质的。达·芬奇在它旁边绘制了一条曲线，也许是为了描绘操纵杆的运动方向，但是也有可能是在暗示一个安全防护装置。印刷工作不仅是重复性工作，还需要体力。为了防止操作员在用力时，身体过于靠近机器，他可能在这个位置设计了一块挡板

C

这台印刷机的另一个有趣之处就是它的平移机床。像许多后期的印刷机那样，这台机器不需要人工送纸。当工人拉动操作杆后，在滑轮系统的作用下，这件装着小轮子的平移板就会沿着机床滑动。当压板下降到离机床几厘米的距离时，平移板就停了下来，等待印刷。印刷完毕，它会带着印好的纸张回到原位。所有这些操作只需要一个工人做一个动作就能完成

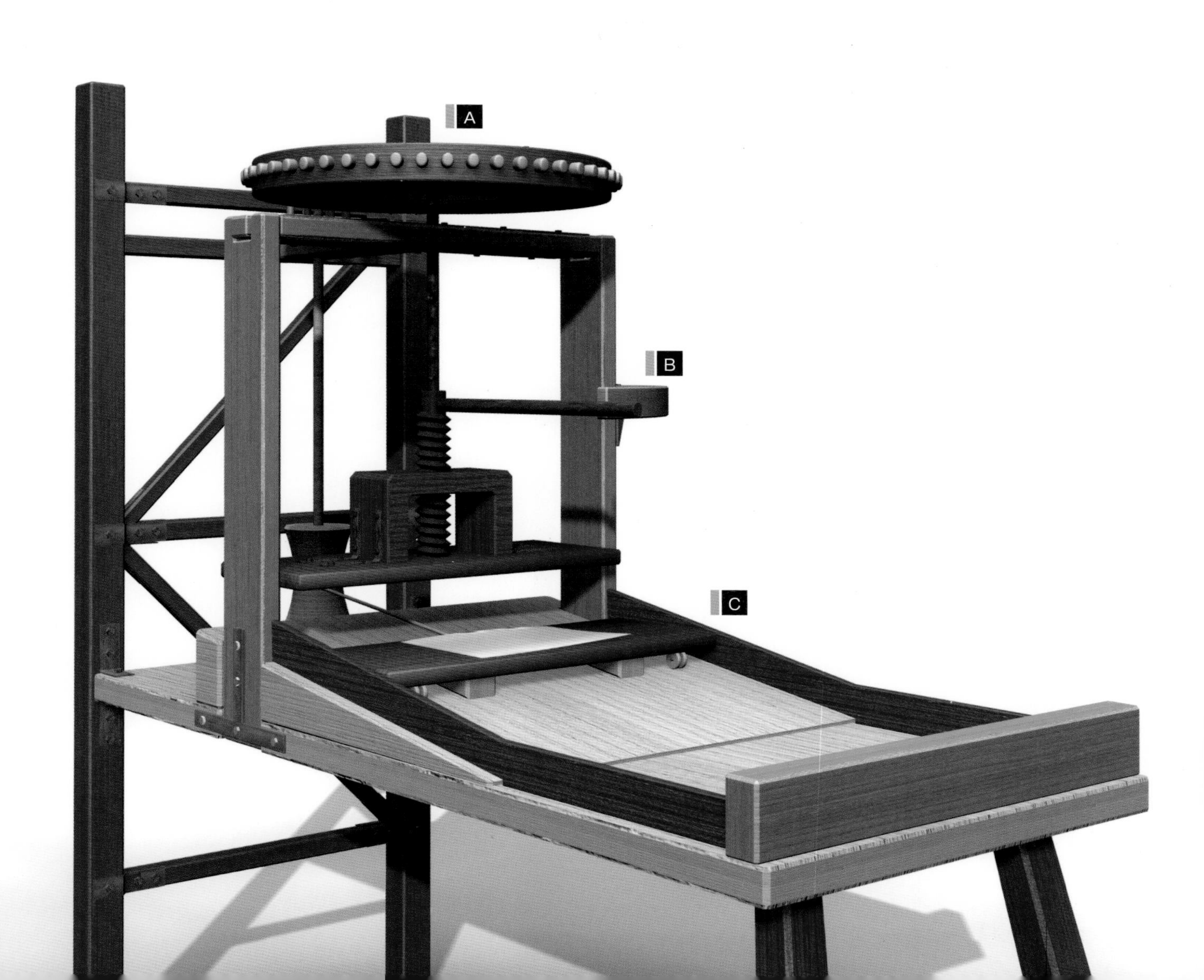

芬奇镇，1452
1460
1470
1480
1490
1500
约 1504
1510
安博瓦兹，1519

《图谱抄本》1br

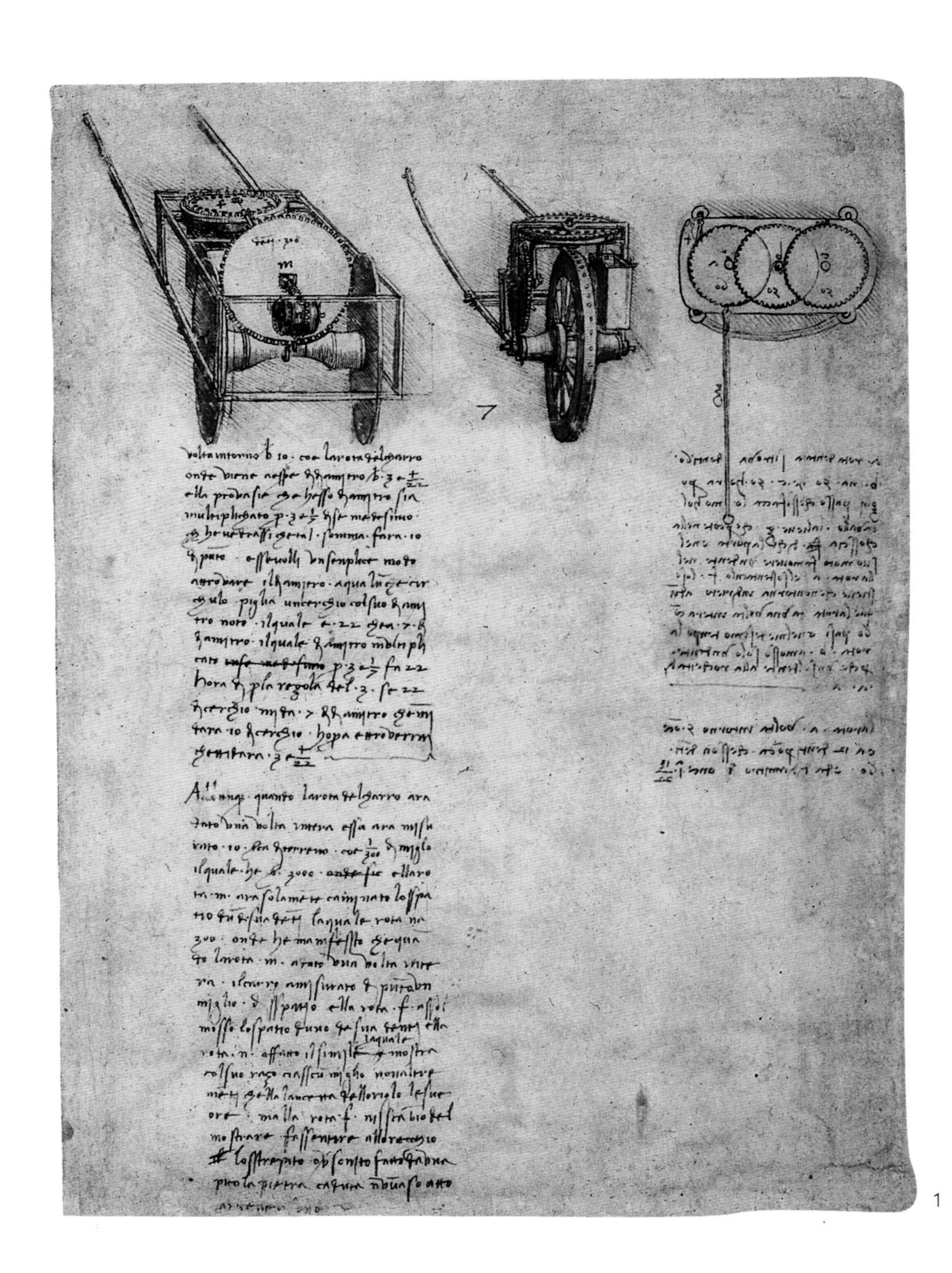

1

里程计

这是达·芬奇最完整的一幅机械设计图。绘画风格清晰，文字被规整地书写成两栏。左边一栏的文字是按照传统的方式从左到右书写的。这一切都不禁令人心生疑惑：难道达·芬奇是想要出版这页手稿吗？这种推论合理吗？在研究《马德里手稿Ⅱ》的过程中，我们也产生过类似的疑问。达·芬奇曾经研究过印刷学，在1510年的一张解剖学手稿中，他提到过怎样才能如实地印制出复杂的绘画作品。尽管如此，这页手稿的绘制目的仍然没有定论。他很可能是为了某个特殊的目的才将设计图绘制得如此清晰，例如，向某位对里程计感兴趣的客户展示作品。这幅画是预先打了底稿，然后再添加上精细的线条和渲染。这样的风格一般都出现在他用来展示的作品上。可是右边一栏的注释却是从右到左镜像书写的，常人难以看懂。也许右边的图像和文字都是后期添加的，因为计步器的绘图比起前两幅显得更利落，也少了许多渲染。可能达·芬奇在展示了左边的两幅设计图之后，决定利用右边的空白位置画一幅新设计图。这幅图是他自己私人使用的，不需要担心展示的问题。

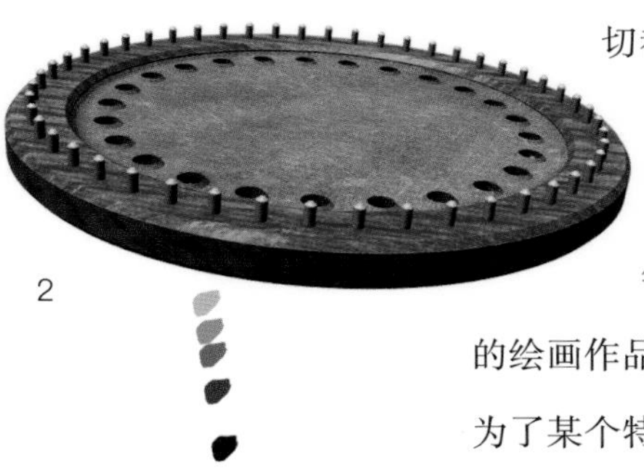

这三幅图有着惊人的美感。阴影线和水墨渲染都十分饱和，将每一个细节都准确地表达了出来。两幅里程计的设计图主要展现连接推车的核心机件。和达·芬奇惯常的手法一样，阴影线的作用是为了解析设计的各个部件。通过阴影线的绘制，达·芬奇为里程计设立了一个核心理论，然后再把这个核心理论运用于两种不同的实际情况，并由此给出了两种解决方案。

2

图1

里程计的两个设计方案。第三幅图中设计的是一个计步器

图2

里程计中最重要的元素是中央的大轮子。大轮子上的孔洞中装满鹅卵石。轮子旋转的时候，这些鹅卵石就会掉落在下面的容器中

A

里程计是用于计算距离的仪器。里程计的种类很多，其中最小型的可以放在地形图上丈量，大型的里程计则可以直接在陆地上使用。达·芬奇设计的里程计外形像一辆车子。测量员直接在需要丈量的土地上启动车子，完成测量工作。垂直的车轮把旋转的动力传输到机械的各个部位。主轴上安装有一根蜗杆螺钉。齿轮则能够带动机器前端的笼式齿轮和机器后端的两只小齿轮。很明显，这只齿轮的作用是推动安装在机器正中的大转盘。对于里程计后端的装置，人们有着不同的猜测。我们认为，后端下方的齿轮组是用于击打连接在支架上的金属条的。两者撞击的时候能够发出“咔咔”声，表明机器在正常运作

B

中央转盘是整部机器最核心的一个组件。转盘上有许多孔洞，里面可能填满了鹅卵石或者小木球。每当车轮转动一圈，一块鹅卵石就会从小孔里掉出来，跌进下方的容器。测量工作完成之后，测量员只需要数一数容器里石块的数目，就能算出测量的距离

C

里程计的外框结构简单，类似于一辆推车。我们推侧，推车由动物或人拉着走，测量员在旁边徒步跟随，不断地往转盘中添加小石子或小木球。因为转盘上的每一个小孔只能装一块鹅卵石

D

车子上装着一个很大的容器，用于承载掉下来的鹅卵石。中央转盘每转动一次，就会掉落一块鹅卵石。需要丈量的里程越长，容器里的石子也就越多

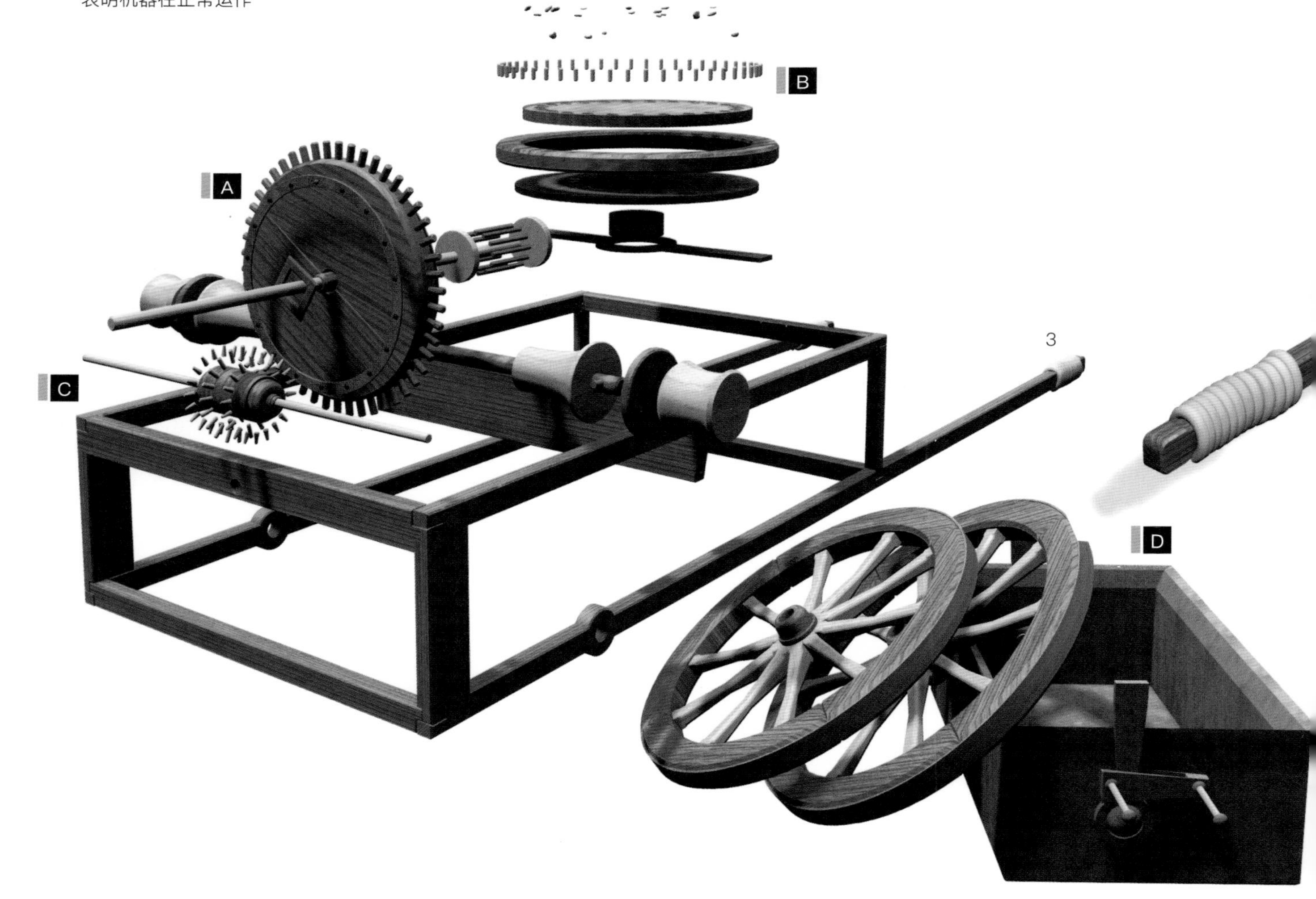

图 3

里程计爆炸图

图 4

里程计主要组装部件

芬奇镇，1452　1460　1470　1480　1490　1500　1510　1514—1515　安博瓦兹，1519

《图谱抄本》696r

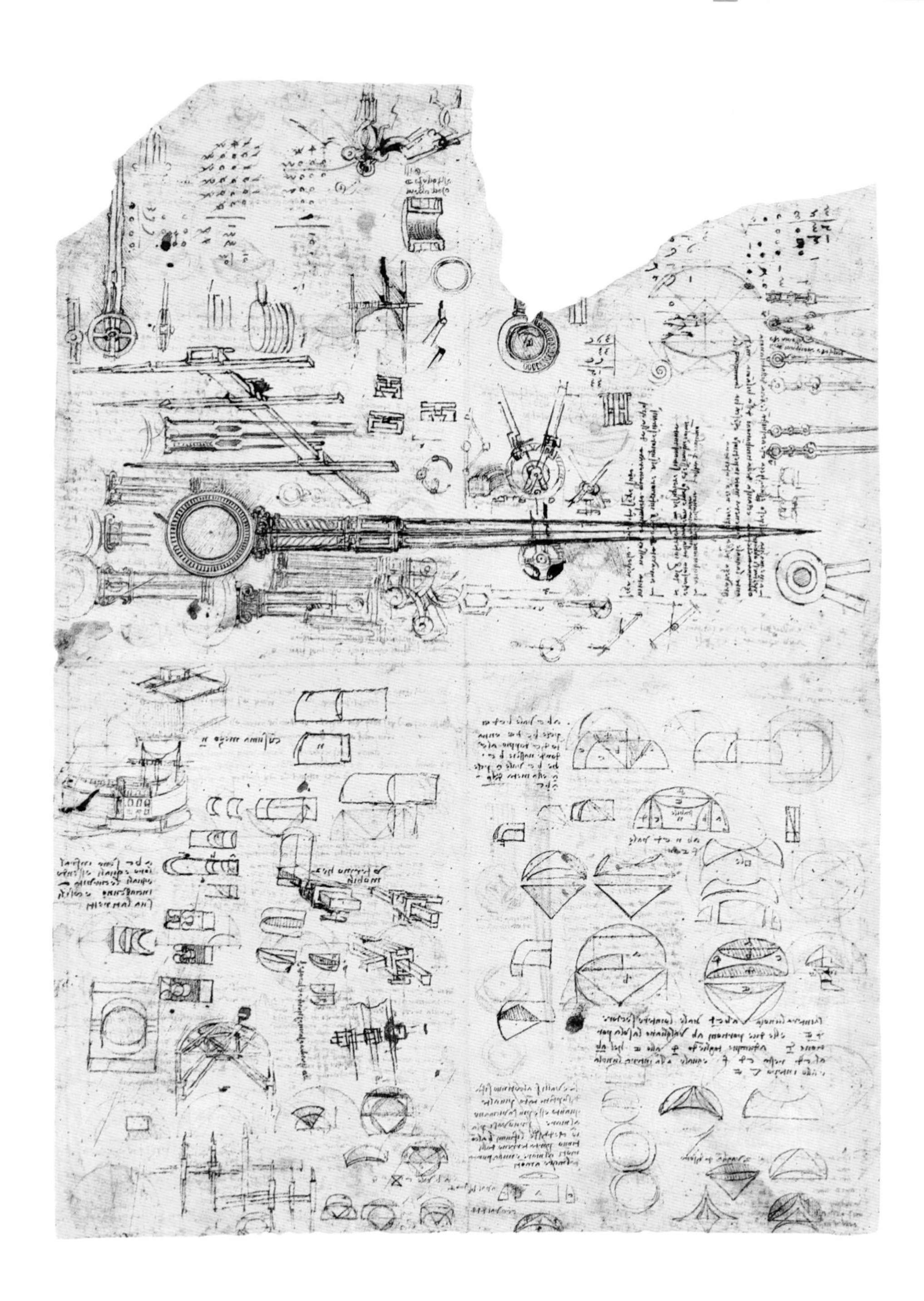

罗盘和圆规

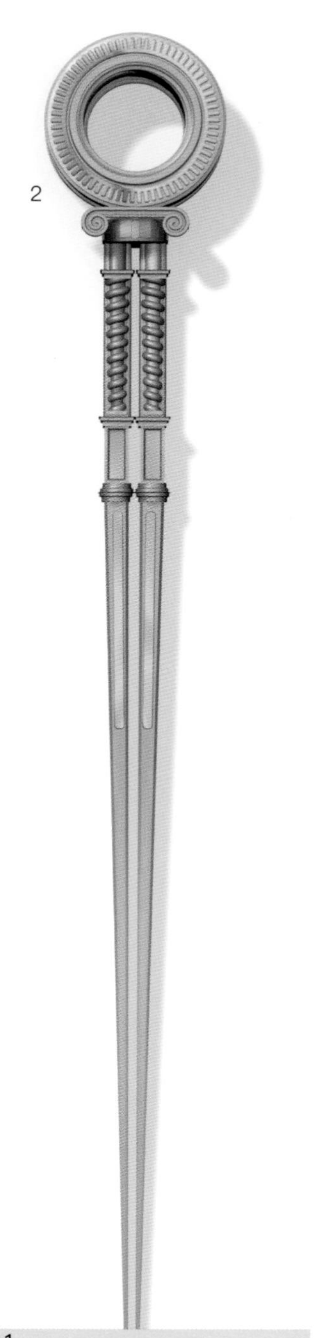

《图谱抄本》中有许多达·芬奇晚年的杂记，品类繁多。他常常把几何学和建筑设计、机械设计结合起来进行研究。例如，在这页手稿的左下方，画了一幅穹顶的桁架设计图，类似于他在罗马时期的设计风格。当时，圣彼得大教堂的方厅正在建设当中，而达·芬奇的工作室就在工地附近。手稿的上半部画满了圆规和罗盘的设计稿。主图和大部分小图画的都是简单的两脚圆规，但是图上也画了一个长臂圆规，它位于一根水平的横架上，有两个平移点。

在设计上将美学和实用相结合，无疑是达·芬奇最令人着迷的地方。无论是武器、大炮还是工程机械，他总能传达出美感。他设计的矛尖和大炮外形如此多样，以至于人们很轻易就能看出，他的“发明游戏”早就超越了“实用”这个唯一目的。他设计的工作机器也是如此，就像这页手稿里的圆规那样。达·芬奇很可能使用过他自己设计的圆规。著名画作《维特鲁威人》的圆形外框，还残存着圆规画过的痕迹。很明显，这个外框是后来用墨水笔描边的。在他设计的所有圆规之中，这页手稿里的主图无疑是最漂亮的。为了保证圆规在双脚拉开之后，保持稳定的角度，达·芬奇增加了接合点的接触面积，甚至增加了接合点的数量（这类设计出现在小图中）。但是无论是增加接触面积，还是设计多个铰接点，达·芬奇最终把这次设计变成了一场创造的游戏：各种奇怪的形状在他的笔下分离与结合。原本是为了提升工具的效率，结果却成了他追求美学装饰的跳板。他的这种精神，和现代工业设计的精神如出一辙。主图中的两脚圆规后来有人临摹过，而且这幅摹本也得以保存了下来，藏于威尼斯马尔恰那图书馆。摹本应该是洛伦佐·戈帕雅或他的儿子本文努托绘制的。洛伦佐是佛罗伦萨城的著名工程师，曾经和达·芬奇一起负责安放米开朗琪罗雕刻的《大卫》。有趣的是，这位大建筑师竟然对达·芬奇设计的小玩意儿如此感兴趣。这东西虽小，但对于当时的大师们来说，仍然让他们的内心充满了震撼。

图 1

这页手稿中混杂着圆规设计图和建筑图纸。在设计工具的时候，将科技知识和美学思考相结合，使这页手稿变得精彩有趣

图 2 和下页对页

达·芬奇设计的圆规

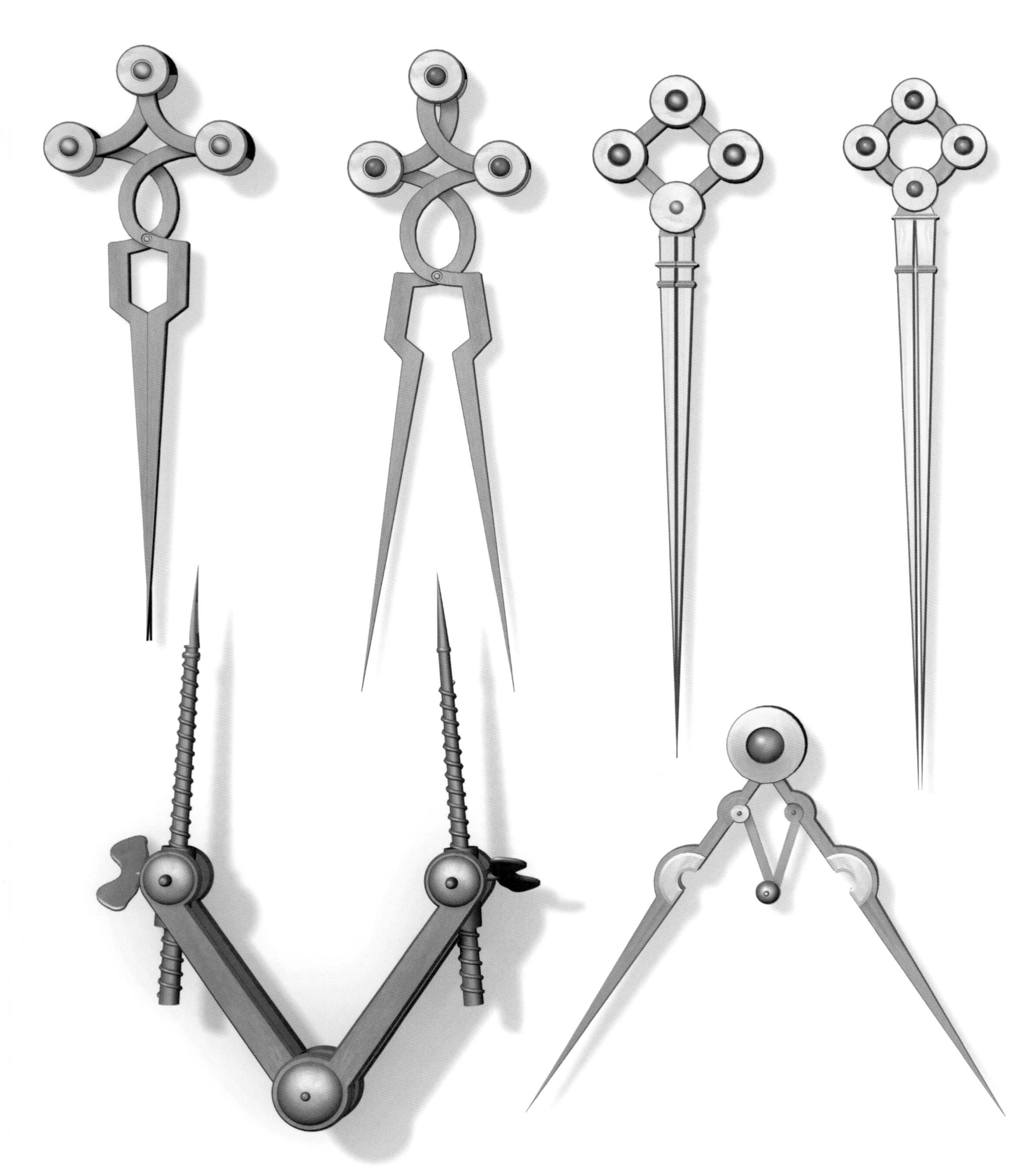

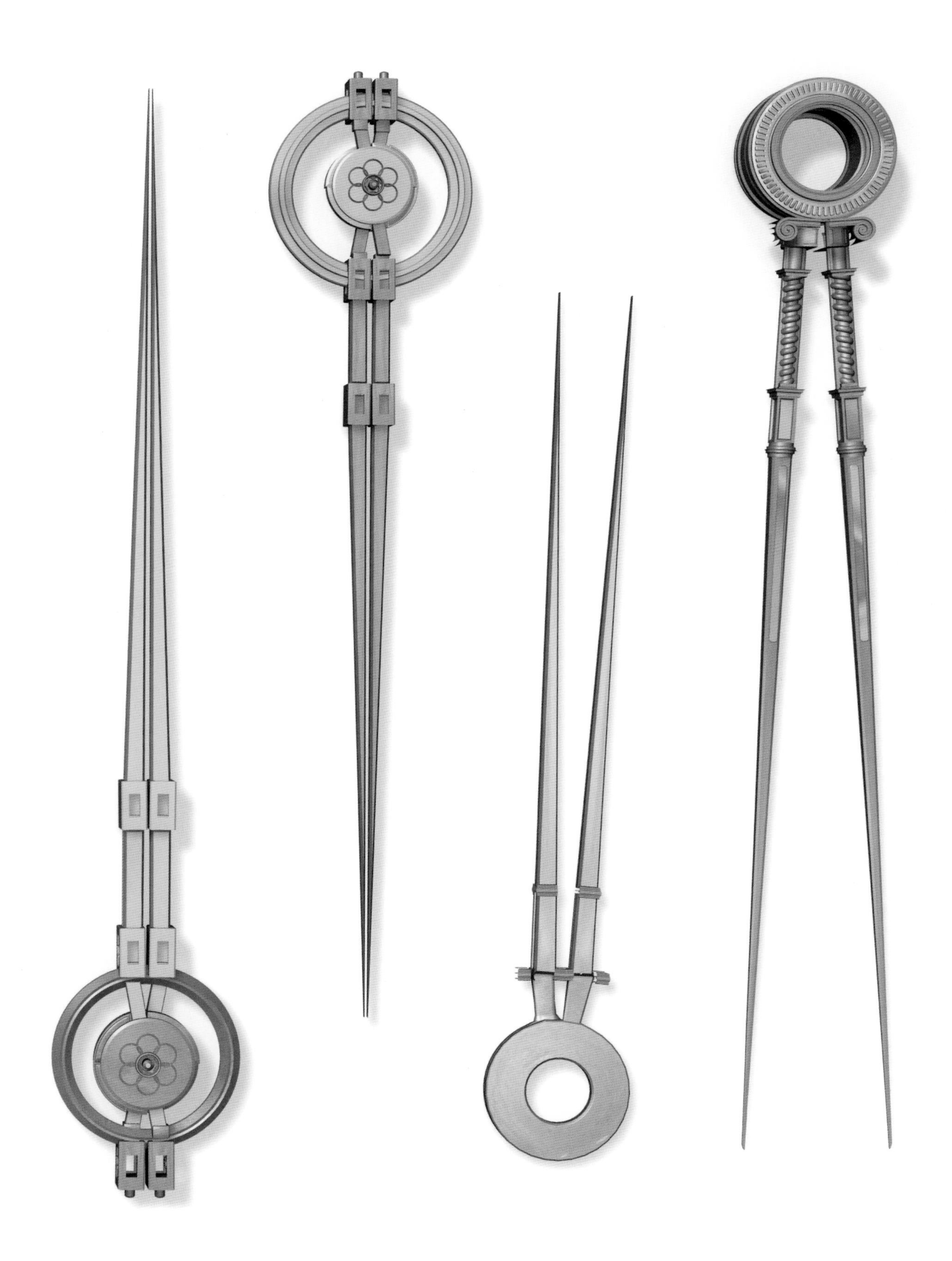

参考文献

T. Beck, *Beiträge zur geschichte des Machinenbaues*, Berlin, 1900 (I edizione 1899).

L. Beltrami, *Leonardo da Vinci e l'aviazione*, Milano, 1912.

F. M. Feldhaus, *Leonardo der Techicher und Erfinder*, Jena, 1913.

I. B. Hart, *Leonardo da Vinci as a pioneer of aviation*, "The Journal of the Royal aeronautical Society", XXVII, 1923, pp. 244-269.

I. B. Hart, *The mechanical Investigations of Leonardo da Vinci*, London, 1925 (riedito in Idem, *The world of Leonardo da Vinci*, London, 1961)

R. Giacomelli, *Leonardo da Vinci e il volo meccanico*, "L'Aerotecnica", VI, 1927, pp. 486-524.

R. Marcolongo, *Le invenzioni di Leonardo da Vinci. Parte prima, Opere idrauliche, aviazione*, "Scientia", 41, 180, 1927, pp. 245-254.

R. Giacomelli, *Les machines volantes de Léonard de Vinci et le vol à voile, Extr. du tome 3 des Comptes rendus du 4.me Congrès de navigation aérienne tenu à Rome du 24 au 29 octobre 1927*, Roma, 1928.

R. Giacomelli, *I modelli delle macchine volanti di Leonardo da Vinci*, "L'Ingegnere", V, 1931, pp. 74-83.

R. Giacomelli, *Progetti vinciani di macchine volanti all'Esposizione aeronautica di Milano*, "L'aeronautica", 14, 1934, 8-9, pp. 1047-1065

R. Giacomelli, *Gli scritti di Leonardo da Vinci sul volo*, Roma, 1936.

G. Canestrini, *Leonardo costruttore di macchine e di veicoli*, Milano-Roma, 1939.

A. Uccelli, *Leonardo da Vinci. I libri di meccanica*, Milano, 1940.

R. Marcolongo, *Leonardo da Vinci artista e scienziato*, Milano, 1950, pp. 205-216.

C. Zammattio, *Gli studi di Leonardo da Vinci sul volo*, "Pirelli", IV, 1951, pp. 16-17.

A. Uccelli, con la collaborazione di C. Zammattio, *I libri del volo di Leonardo da Vinci* , Milano, 1952.

I. Calvi, *L'ingegneria militare di Leonardo*, Milano, 1952.

L. Tursini, *Le armi di Leonardo da Vinci*, Milano, 1952.

M. R. Dugas, *Léonard de Vinci dans l'histoire de la mécanique*, in *Léonard de Vinci et l'expérience scientifique au XVI siecle, Atti del convegno di Parigi*, 1952, Paris, 1953, pp. 88-114.

C. Pedretti, *Macchine volanti inedite di Leonardo*, "Ali", 3, 1953, 4, pp. 48-50.

C. Pedretti, *Spigolature aeronautiche vinciane*, "Raccolta Vinciana", XVII, 1954, pp. 117-128.

C. Pedretti, *La macchina idraulica costruita da Leonardo per conto di Bernardo Rucellai e i primi contatori ad acqua*, "Raccolta Vinciana", XVII, 1954, pp. 177-215.

C. Pedretti, *L'elicottero*, in *Studi Vinciani*, Genève, 1957, pp. 125-129.

L. Reti, *Helicopters and whirligigs*, "Raccolta vinciana", XX, 1964, pp. 331-338.

I. B. Hart, *The world of Leonardo da Vinci man of science, engineer and dreamer of flight*, London, 1961, pp. 307-339.

B. Gille, *Les ingénieurs de la Renaissance*, Paris, 1964.

M. Cooper, *The Inventions of Leonardo da Vinci*, New York, 1965.

C. H. Gibbs-Smith, *Léonard de Vinci et l'aéronauthique*, "Bulletin de l'Association Léonard de Vinci", 9, 1970, pp. 1-9.

Leonardo, a cura di L. Reti, Milano, 1974.

Leonardo nella scienza e nella tecnica, Atti del simposio internazionale di storia della scienza (Firenze-Vinci 1969), Firenze, 1975, pp. 105-110.

C. Pedretti, *The Literary works of Leonardo da Vinci edited by J. P. Richter. Commentary*, 2 voll., Oxford, 1977.

G. Scaglia, *Alle origini degli studi tecnologici di Leonardo*, "Lettura vinciana", XX, 1981.

Leonardo e l'Età della Ragione, a cura di E. Bellone, P. Rossi, Milano, 1982.

E. Winternitz, *Leonardo da Vinci as a musician*, New Haven-London, 1982.

Laboratorio su Leonardo da Vinci, catalogo della mostra, Milano, 1983.

Leonardo e gli spettacoli del suo tempo, catalogo della mostra a cura di M. Mazzocchi Doglio, G. Tintori, M. Padovan, M. Tiella, Milano, 1983.

M. Tiella, *Gli strumenti musicali disegnati da Leonardo*, in *Leonardo e gli spettacoli del suo tempo*, catalogo della mostra a cura di M. Mazzocchi Doglio, G. Tintori, M. Padovan, M. Tiella, Milano, 1983, pp. 87-100.

M. Tiella, *Strumenti musicali dell'epoca di Leonardo nell'Italia del Nord*, in *Leonardo e gli spettacoli del suo tempo*, catalogo della mostra a cura di M. Mazzocchi Doglio, G. Tintori, M. Padovan, M. Tiella, Milano, 1983, pp. 101-116.

Leonardo e le vie d'acqua, catalogo della mostra, Milano, 1984.

P. C. Marani, *L'architettura fortificata negli studi di Leonardo da Vinci. Con il catalogo completo dei disegni*, Firenze, 1984.

C. Hart, *The prehistory of flight*, Berkeley, 1985, pp. 94-115.

M. Carpiceci, *Leonardo. La misura e il segno*, Roma, 1986.

P. Galluzzi, *La carrière d'un technologue*, in *Léonard de Vinci ingénieur et architecte*, catalogo della mostra, Montréal, 1987, pp. 80-83.

M. Kemp, *Les inventions de la nature e la nature de l'invention*, in *Léonard de Vinci ingénieur et architecte*, catalogo della mostra, Montréal, 1987, pp. 138-144.

M. Cianchi, *Le macchine di Leonardo da Vinci*, Firenze, 1988.

G. P. Galdi, *Leonardo's Helicopter and Archimedes' Screw: The Principle of Action and Reaction*, "Achademia Leonardi Vinci", IV, 1991, pp. 193-201.

Prima di Leonardo. Cultura delle macchine a Siena nel Rinascimento, catalogo della mostra a cura di P. Galluzzi, Siena, 1991.

M. Pidcock, *The Hang Glider*, "Achademia Leonardi Vinci", VI, 1993, pp. 222-225.

P. Galluzzi, *Leonardo da Vinci: dalle tecniche alla tecnologia*, in *Gli ingegneri del Rinascimento da Brunelleschi a Leonardo da Vinci*, catalogo della mostra, Firenze, 1996, pp. 69-70.

D. Laurenza, *Gli studi leonardiani sul volo. Spunti per una riconsiderazione*, in *Tutte le opere non son per istancarmi. Raccolta di scritti per i settant'anni di Carlo Pedretti*, Roma, 1998, pp. 189-202.

C. Pedretti, *Leonardo. Le macchine*, Firenze, 1999.

D. Laurenza, *Leonardo: le macchine volanti*, in *Le macchine del Rinascimento*, Roma, 2000, pp. 145-187.

S. Sutera, *Leonardo. Le fantastiche macchine di Leonardo da Vinci al Museo Nazionale della Scienza e della Tecnologia di Milano. Disegni e modelli*, Milano, 2001.

Leonardo, l'acqua e il Rinascimento, a cura di M. Taddei, E. Zanon, testi di A. Bernardoni, Milano, 2004.

D. Laurenza, *Leonardo. Il volo*, Firenze, 2004.

D. Laurenza, *Leonardo: il disegno tecnologico*, in E. Bellone, D. Laurenza, P. C. Marani, *Breve viaggio nell'universo di Leonardo*, Genova, 2004, pp. 25-50 e 69-91.

声明：经多方努力，始终未能联系上译者，请老师看到尽快与出版社总编室联系。